监理工程师学习丛书

建设工程质量控制

（土木建筑工程）

中国建设监理协会　组织编写

中国建筑工业出版社

图书在版编目（CIP）数据

建设工程质量控制：土木建筑工程／中国建设监理
协会组织编写. — 北京：中国建筑工业出版社，2021.2（2024.12重印）
（监理工程师学习丛书）
ISBN 978-7-112-25917-5

Ⅰ. ①建… Ⅱ. ①中… Ⅲ. ①土木工程－工程质量－
质量控制－资格考试－自学参考资料 Ⅳ. ①TU712

中国版本图书馆 CIP 数据核字（2021）第 034424 号

　　本书全面阐释《建设工程目标控制》科目考试大纲中"建设工程质量控制"内容，可作为土木建筑工程专业技术人员业务培训、继续教育和参加全国监理工程师职业资格考试的参考用书。

　　本书紧扣考试大纲内容，共分8章。分别是：建设工程质量管理制度和责任体系；ISO质量管理体系及卓越绩效模式；建设工程质量的统计分析和试验检测方法；建设工程勘察设计阶段质量管理；建设工程施工质量控制和安全生产管理；建设工程施工质量验收和保修；建设工程质量缺陷及事故处理；设备采购和监造质量控制。

　　本书还可作为工程监理单位、建设单位、勘察设计单位、施工单位和政府各级建设主管部门有关人员及大专院校工程管理、工程造价、土木工程类专业学生的学习参考书。

　　　　责任编辑：范业庶　张　磊　万　李
　　　　责任校对：党　蕾

监理工程师学习丛书
建设工程质量控制（土木建筑工程）
中国建设监理协会　组织编写

*

中国建筑工业出版社出版、发行（北京海淀三里河路9号）
各地新华书店、建筑书店经销
北京红光制版公司制版
北京圣夫亚美印刷有限公司印刷

*

开本：787毫米×1092毫米　1/16　印张：13½　字数：331千字
2021年3月第一版　　2024年12月第十四次印刷
定价：**53.00**元（含增值服务）
ISBN 978 - 7 - 112 - 25917 - 5
（44139）

工程卫士

建设管家

前　言

为了更好地适应《监理工程师职业资格制度规定》及《监理工程师职业资格考试实施办法》要求，诠释《建设工程目标控制》科目考试大纲中的建设工程质量控制，中国建设监理协会组织专家编写本书。

本书按照新的考试大纲，吸收最新颁布的有关法律法规及标准文本，结合《建设工程监理规范》GB/T 50319—2013编写，充分考虑全国监理工程师培训和职业资格考试的特点，力求可操作性，重点阐述建设工程施工阶段质量控制的具体工作内容、程序及方法。

本书共分8章。包括：建设工程质量管理制度和责任体系；ISO质量管理体系及卓越绩效模式；建设工程质量的统计分析和试验检测方法；建设工程勘察设计阶段质量管理；建设工程施工质量控制和安全生产管理；建设工程施工质量验收和保修；建设工程质量缺陷及事故处理；设备采购和监造质量控制。

本书由邓铁军（湖南大学教授）主编，孙占国（同济大学副教授）、李伟（北京方圆工程监理有限公司教授级高级工程师）主审。第一章、第五章由邓铁军编写，第二章由李清立（北京交通大学副教授）编写，第三章由龚花强（上海市建设工程监理有限公司教授级高级工程师）、陈大川（湖南大学教授）编写，第四章由杨卫东（上海同济工程咨询有限公司教授级高级工程师）、邓铁军编写，第六章由李明安（中国中元国际工程有限公司教授级高级工程师）、邓铁军、杨卫东编写，第七章、第八章由杨卫东编写。

本书是在原全国监理工程师培训考试用书《建设工程质量控制》的基础上编写而成，在此，谨向原书编审者致以诚挚的谢意！

由于水平有限，难免有不妥之处，请广大读者批评指正。

《建设工程质量控制（土木建筑工程）》编写组

2024 年 12 月

目　　录

第一章　建设工程质量管理制度和责任体系

建设工程质量是实现建设工程功能与效果的基本要素。项目监理机构要进行有效的建设工程质量控制，必须熟悉建设工程质量形成过程及其影响因素，了解建设工程质量管理的制度，掌握建设工程参与主体单位的建设工程质量责任。

第一节　工程质量形成过程和影响因素

一、建设工程质量特性

建设工程质量简称工程质量，是指建设工程满足相关标准规定和合同约定要求的程度，包括其在安全、使用功能及在耐久性能、节能与环境保护等方面所有明示和隐含的固有特性。

建设工程作为一种特殊的产品，除具有一般产品共有的质量特性外，还具有特定的内涵。建设工程质量的特性主要表现在以下七个方面：

（1）适用性，即功能，是指工程满足使用目的的各种性能。包括：理化性能，如：尺寸、规格、保温、隔热、隔声等物理性能，耐酸、耐碱、耐腐蚀、防火、防风化、防尘等化学性能；结构性能，指地基基础牢固程度，结构的足够强度、刚度和稳定性；使用性能，如民用住宅工程要能使居住者安居，工业厂房要能满足生产活动需要，道路、桥梁、铁路、航道要能通达便捷等，建设工程的组成部件，配件，水、暖、电、卫器具、设备也要能满足其使用功能；外观性能，指建筑物的造型、布置、室内装饰效果、色彩等美观大方、协调等。

（2）耐久性，即寿命，是指工程在规定的条件下，满足规定功能要求使用的年限，也就是工程竣工后的合理使用寿命期。由于建筑物本身结构类型不同、质量要求不同、施工方法不同、使用性能不同的个性特点，目前国家对建设工程的合理使用寿命期还缺乏统一规定，仅在少数技术标准中，提出了明确要求。如民用建筑的设计使用年限分为四类（1类5年，2类25年，3类50年，4类100年），公路工程设计年限一般按等级控制在10~20年，城市道路工程设计年限，视不同道路构成和所用的材料，设计的使用年限也有所不同。对工程组成部件（如塑料管道、屋面防水、卫生洁具、电梯等）也视生产厂家设计的产品性质及工程的合理使用寿命期而规定不同的耐用年限。

（3）安全性，是指工程建成后在使用过程中保证结构安全、保证人身和环境免受危害的程度。建设工程产品的结构安全度、抗震、耐火及防火能力，人民防空的抗辐射、抗核污染、抗冲击波等能力是否能达到特定的要求，都是安全性的重要标志。工程交付使用之后，必须保证人身财产、工程整体都能免遭工程结构破坏及外来危害的伤害。工程组成部件，如阳台栏杆、楼梯扶手、电器产品漏电保护、电梯及各类设备等，也要保证使用者的安全。

（4）可靠性，是指工程在规定的时间和规定的条件下完成规定功能的能力。工程不仅要求在交工验收时要达到规定的指标，而且在一定的使用时期内要保持应有的正常功能。

如工程上的防洪与抗震能力、防水隔热、恒温恒湿措施、工业生产用的管道防"跑、冒、滴、漏"等，都属可靠性的质量范畴。

（5）经济性，是指工程从规划、勘察、设计、施工到整个产品使用寿命周期内的成本和消耗的费用。工程经济性具体表现为设计成本、施工成本、使用成本三者之和，包括从征地、拆迁、勘察、设计、采购（材料、设备）、施工、配套设施等建设全过程的总投资和工程使用阶段的能耗、水耗、维护、保养乃至改建更新的使用维修费用。通过分析比较，判断工程是否符合经济性要求。

（6）节能性，是指工程在设计与建造过程及使用过程中满足节能减排、降低能耗的标准和有关要求的程度。

（7）与环境的协调性，是指工程与其周围生态环境协调，与所在地区经济环境协调以及与周围已建工程相协调，以适应可持续发展的要求。

上述七个方面的质量特性彼此之间是相互依存的。总体而言，适用、耐久、安全、可靠、经济、节能与环境协调性，都是必须达到的基本要求，缺一不可。但是对于不同门类不同专业的工程，如工业建筑、民用建筑、公共建筑、住宅建筑、道路建筑，可根据其所处的特定地域环境条件、技术经济条件的差异，有不同的侧重面。

二、工程建设阶段对质量形成的作用与影响

工程建设的不同阶段，对工程项目质量的形成起着不同的作用和影响。

1. 项目可行性研究

项目可行性研究是在项目建议书和项目策划的基础上，运用经济学原理对投资项目的有关技术、经济、社会、环境及所有其他方面进行调查研究，对各种可能的拟建方案和建成投产后的经济效益、社会效益和环境效益等进行技术经济分析、预测和论证，确定项目建设的可行性，并在可行的情况下，通过多方案比较从中选择出最佳建设方案，作为项目决策和设计的依据。在此过程中，需要确定工程项目的质量要求，并与投资目标相协调。因此，项目的可行性研究直接影响项目的决策质量和设计质量。

2. 项目决策

项目决策阶段是通过项目可行性研究和项目评估，对项目的建设方案做出决策，使项目的建设充分反映业主的意愿，并与地区环境相适应，做到投资、质量、进度三者协调统一。所以，项目决策阶段对工程质量的影响主要是确定工程项目应达到的质量目标和水平。

3. 工程勘察、设计

工程勘察包括工程测量、工程地质和水文地质勘察等内容。而工程设计是根据建设项目总体需求（包括已确定的质量目标和水平）和地质勘察报告，对工程的外形和内在的实体进行筹划、研究、构思、设计和描绘，形成设计说明书和图纸等相关文件，使得质量目标和水平具体化，为施工提供直接依据。

工程设计质量是决定工程质量的关键环节。工程采用什么样的平面布置和空间形式、选用什么样的结构类型，使用什么样的材料、构配件及设备等，都直接关系到工程主体结构的安全可靠，关系到建设投资的综合功能是否充分体现规划意图。在一定程度上，设计的完美性也反映了一个国家的科技水平和文化水平。设计的严密性、合理性也决定了工程建设的成败，是建设工程的安全、适用、经济与环境保护等措施得以实现的保证。

第一章

4. 工程施工

工程施工是指按照设计图纸和相关文件的要求，通过测量、作业、检验等手段，在建设场地上将设计意图付诸实现，形成工程实体、建成最终产品的活动。任何优秀的设计成果，只有通过施工才能变为现实。因此工程施工活动决定了设计意图能否体现，直接关系到工程的安全可靠、使用功能的保证，以及外表观感能否体现建筑设计的艺术水平。在一定程度上，工程施工是形成实体质量的决定性环节。

5. 工程竣工验收

工程竣工验收就是对工程施工质量通过检查评定、试车运转，考核施工质量是否达到设计要求；是否符合决策阶段确定的质量目标和水平，并通过验收确保工程项目质量。所以工程竣工验收对质量的影响是保证最终产品的质量。

三、影响工程质量的因素

影响工程质量的因素很多，但归纳起来主要有五个方面，即人（Man）、机械（Machine）、材料（Material）、方法（Method）和环境（Environment），简称4M1E。

1. 人员素质

人是生产经营活动的主体，也是工程项目建设的决策者、管理者、操作者，工程建设的规划、决策、勘察、设计、施工与竣工验收等全过程，都是通过人的工作来完成的。人员的素质，即人的文化水平、技术水平、决策能力、管理能力、组织能力、作业能力、控制能力、身体素质及职业道德等，都将直接和间接地对工程质量产生不同程度的影响。因此，建筑行业实行资质管理和各类专业从业人员持证上岗制度是保证人员素质的重要管理措施。

2. 机械设备

机械设备可分为两类：一类是指组成工程实体及配套的工艺设备和各类机具，如电梯、泵机、通风设备等，它们构成了建筑设备安装工程或工业设备安装工程，形成完整的使用功能。另一类是指施工过程中使用的各类机具设备，包括大型垂直与横向运输设备、各类操作工具、各种施工安全设施、各类测量仪器和计量器具等，简称施工机具设备，它们是施工生产的手段。工程所用机具设备，其产品质量优劣直接影响工程使用功能质量，其类型是否符合工程施工特点、性能是否先进稳定、操作是否方便安全等，都将影响工程项目的质量。

3. 工程材料

工程材料是指构成工程实体的各类建筑材料、构配件、半成品等，它是工程建设的物质条件，是工程质量的基础。工程材料选用是否合理、产品是否合格、材质是否经过检验、保管使用是否得当等，都将直接影响建设工程的结构刚度和强度，影响工程外表及观感，影响工程的使用功能，影响工程的使用安全。

4. 建造方法

建造方法是指工艺方法、操作方法和施工方案。在工程施工中，施工方案是否合理、施工工艺是否先进，施工操作是否正确，都将对工程质量产生重大的影响。采用新技术、新工艺、新方法，不断提高工艺技术水平，是保证工程质量稳定提高的重要因素。

5. 环境条件

环境条件是指对工程质量特性起重要作用的环境因素，包括工程的技术环境、作业环境、管理环境和周边环境。技术环境有工程地质、水文、气象等，作业环境有施工作业面大小、防护设施、通风照明和通信条件等，管理环境涉及工程实施的合同环境与管理关系的确定、组织体制及管理制度等，周边环境有工程邻近的地下管线、建（构）筑物等。环境条件往往对工程质量产生特定的影响。加强环境条件管理，辅以必要措施，是控制环境条件影响工程质量的重要保证。

第二节　工程质量控制原则

一、工程质量控制主体

工程质量控制贯穿于工程项目实施的全过程，其侧重点是按照既定目标、准则、程序，使产品和过程的实施保持受控状态，预防不合格的发生，持续稳定地生产合格品。

工程质量控制按其实施主体不同，分为自控主体和监控主体。前者是指直接从事质量职能的活动者，后者是指对他人质量能力和效果的监控者。工程质量控制的主体主要包括：

（1）政府的工程质量控制。政府属于监控主体，它主要是以法律法规为依据，通过抓工程报建、施工图设计文件审查、施工许可、材料和设备准用、工程质量监督、工程竣工验收备案等主要环节实施监控。

（2）建设单位的工程质量控制。建设单位属于监控主体，工程质量控制按工程质量形成过程进行，建设单位的质量控制包括建设全过程各阶段：

1）决策阶段的质量控制，主要是通过项目的可行性研究，选择最佳建设方案，使项目的质量要求符合业主的意图，并与投资目标相协调，与所在地区环境相协调。

2）工程勘察设计阶段的质量控制，主要是要选择好勘察设计单位，要保证工程设计符合决策阶段确定的质量要求，保证设计符合有关技术规范和标准的规定，要保证设计文件、图纸符合现场和施工的实际条件，其深度能满足施工的需要。

3）工程施工阶段的质量控制，一是择优选择能保证工程质量的施工单位，二是择优选择服务质量好的监理单位，委托其严格监督施工单位按设计图纸进行施工，并形成符合合同文件规定质量要求的最终建设产品。

（3）工程监理单位的质量控制。工程监理单位属于监控主体，主要是受建设单位的委托，根据法律法规、工程建设标准、勘察设计文件及合同，制定和实施相应的监理措施，采用旁站、巡视、平行检验和检查验收等方式，代表建设单位在施工阶段对工程质量进行监督和控制，以满足建设单位对工程质量的要求。

（4）勘察设计单位的质量控制。勘察设计单位属于自控主体，它是以法律、法规及合同为依据，对勘察设计的整个过程进行控制，包括工作质量和成果文件质量的控制，确保提交的勘察设计文件所包含的功能和使用价值，满足建设单位工程建造的要求。

（5）施工单位的质量控制。施工单位属于自控主体，它是以工程合同、设计图纸和技术规范为依据，对施工准备阶段、施工阶段、竣工验收交付阶段等施工全过程的工作质量和工程质量进行的控制，以达到施工合同文件规定的质量要求。

二、工程质量控制的原则

工程质量控制应遵循以下原则：

1. 坚持质量第一的原则

建设工程质量不仅关系工程的适用性和建设项目投资效果，而且关系到人民群众生命财产的安全。所以，项目监理机构在进行投资、进度、质量三大目标控制时，在处理三者关系时，应坚持"百年大计，质量第一"，在工程建设中自始至终把"质量第一"作为对工程质量控制的基本原则。

2. 坚持以人为核心的原则

人是工程建设的决策者、组织者、管理者和操作者。工程建设中各单位、各部门、各岗位人员的工作质量水平，都直接和间接地影响工程质量。所以在工程质量控制中，要以人为核心，重点控制人的素质和人的行为，充分发挥人的积极性和创造性，以人的工作质量保证工程质量。

3. 坚持预防为主的原则

工程质量控制应该是积极主动的，应事先对影响质量的各种因素加以控制，而不能是消极被动的，等出现质量问题再进行处理，以免造成不必要的损失。所以，要重点做好质量的事前控制和事中控制，以预防为主，加强过程和中间产品的质量检查和控制。

4. 以合同为依据，坚持质量标准的原则

质量标准是评价产品质量的尺度，工程质量是否符合合同规定的质量标准要求，应通过质量检验并与质量标准对照。符合质量标准要求的才是合格，不符合质量标准要求的就是不合格，必须返工处理。

5. 坚持科学、公平、守法的职业道德规范

在工程质量控制中，项目监理机构必须坚持科学、公平、守法的职业道德规范，要尊重科学，尊重事实，以数据资料为依据，客观、公平地进行质量问题的处理。要坚持原则，遵纪守法，依法依规。

第三节　工程质量管理制度

一、工程质量管理制度体系

（一）工程质量管理体制

1. 建设工程管理的行为主体

根据我国投资建设项目管理体制，建设工程管理的行为主体可分为三类。

第一类是政府部门，包括中央政府和地方政府的发展和改革部门、住房和城乡建设部门、国土资源部门、环境保护部门、安全生产管理部门等相关部门。政府部门对建设工程的管理属行政管理范畴，主要是从行政上对建设工程进行管理，其目标是保证建设工程符合国家经济和社会发展的要求，维护国家经济安全、监督建设工程活动不危害社会公众利益。其中，政府对工程质量的监督管理就是为保障公众安全与社会利益不受到危害。

第二类是建设单位。在建设工程管理中，建设单位自始至终是建设工程管理的主导者和责任人，其主要责任是对建设工程的全过程、全方位实施有效管理，保证建设工程总体目标的实现，并承担项目的风险以及经济、法律责任。

第三类是工程建设参与方，包括工程勘察设计单位、工程施工承包单位、材料设备供应单位，以及工程咨询、工程监理、招标代理、造价咨询单位等工程服务机构。他们的主

要任务是按照合同约定，对其承担的建设工程相关任务进行管理，并承担相应的经济和法律责任。

2. 工程质量管理体系

工程质量管理体系是指为实现工程项目质量管理目标，围绕着工程项目质量管理而建立的管理体系。工程质量管理体系包含三个层次：一是承建方的自控，二是建设方（含监理等咨询服务方）的监控，三是政府和社会的监督。其中，承建方包括勘察单位、设计单位、施工单位、材料供应单位等；咨询服务方包括监理单位、咨询单位、项目管理公司、审图机构、检测机构等。

因此，我国工程建设实行"政府监督、社会监理与检测、企业自控"的质量管理与保证体系。但社会监理的实施，并不能取代建设单位和承建方按法律法规规定的应有的质量责任。

（二）政府监督管理职能

1. 建立和完善工程质量管理法规

包括行政性法规和工程技术规范标准，前者如《建筑法》《招标投标法》《建设工程质量管理条例》等，后者如工程设计规范、建筑工程施工质量验收统一标准、工程施工质量验收规范等。

2. 建立和落实工程质量责任制

包括工程质量行政领导的责任、项目法定代表人的责任、参建单位法定代表人的责任和工程质量终身负责制等。

3. 建设活动主体资格的管理

国家对从事建设活动的单位实行严格的从业许可证制度，对从事建设活动的专业技术人员实行严格的执业资格制度。建设行政主管部门及有关专业部门按各自分工，负责各类资质标准的审查、从业单位的资质等级的最后认定、专业技术人员资格等级的核查和注册，并对资质等级和从业范围等实施动态管理。

4. 工程承发包管理

包括规定工程招标投标承发包的范围、类型、条件，对招标投标承发包活动的依法监督和工程合同内容的规范性管理。

5. 工程建设程序管理

包括工程报建、施工图设计文件审查、工程施工许可、工程材料和设备准用、工程质量监督、施工验收备案等管理。

6. 工程质量监督管理

根据《建设工程质量管理条例》，国务院建设行政主管部门对全国的建设工程质量实施统一监督管理。国务院交通、水利等有关部门按照国务院规定的职责分工，负责对全国的有关专业建设工程质量的监督管理。国务院发展计划部门按照国务院规定的职责，组织稽察特派员，对国家出资的重大建设项目实施监督检查。国务院经济贸易主管部门按照国务院规定的职责，对国家重大技术改造项目实施监督检查。

建设行政主管部门及有关专业部门应当加强对有关建设工程质量的法律、法规和强制性标准执行情况的监督检查。

二、工程质量管理主要制度

我国建设行政主管部门颁发了多项建设工程质量管理制度规定。主要制度有：

（一）工程质量监督

根据《建设工程质量管理条例》，县级以上地方人民政府建设行政主管部门对本行政区域内的建设工程质量实施监督管理。县级以上地方人民政府交通、水利等有关部门在各自的职责范围内，负责对本行政区域内的专业建设工程质量的监督管理。

建设工程质量监督管理，可以由建设行政主管部门或者其他有关部门委托的建设工程质量监督机构具体实施。从事房屋建筑工程和市政基础设施工程质量监督的机构，必须按照国家有关规定经国务院建设行政主管部门或者省、自治区、直辖市人民政府建设行政主管部门考核；从事专业建设工程质量监督的机构，必须按照国家有关规定经国务院有关部门或者省、自治区、直辖市人民政府有关部门考核。经考核合格后，方可实施质量监督。

县级以上人民政府建设行政主管部门和其他有关部门履行监督检查职责时，有权采取下列措施：

（1）要求被检查的单位提供有关工程质量的文件和资料；

（2）进入被检查单位的施工现场进行检查；

（3）发现有影响工程质量的问题时，责令改正。

有关单位和个人对县级以上人民政府建设行政主管部门和其他有关部门进行的监督检查应当支持与配合，不得拒绝或者阻碍建设工程质量监督检查人员依法执行职务。

建设单位应当自建设工程竣工验收合格之日起 15 日内，将建设工程竣工验收报告和规划、公安消防、环保等部门出具的认可文件或者准许使用文件报建设行政主管部门或者其他有关部门备案。建设行政主管部门或者其他有关部门发现建设单位在竣工验收过程中有违反国家有关建设工程质量管理规定行为的，责令停止使用，重新组织竣工验收。

建设工程发生质量事故，有关单位应当在 24 小时内向当地建设行政主管部门和其他有关部门报告。对重大质量事故，事故发生地的建设行政主管部门和其他有关部门应当按照事故类别和等级向当地人民政府和上级建设行政主管部门和其他有关部门报告。

根据《房屋建筑和市政基础设施工程质量监督管理规定》，工程质量监督管理，是指主管部门依据有关法律法规和工程建设强制性标准，对工程实体质量和工程建设、勘察、设计、施工、监理单位和质量检测等单位的工程质量行为实施监督。具体工作可由县级以上地方人民政府建设主管部门委托所属的工程质量监督机构实施。

工程实体质量监督，是对涉及工程主体结构安全、主要使用功能的工程实体质量情况实施监督；工程质量行为监督，是对履行法定质量责任和义务的情况实施监督。

工程质量监督管理包括下列内容：

（1）执行法律法规和工程建设强制性标准的情况；

（2）抽查涉及工程主体结构安全和主要使用功能的工程实体质量；

（3）抽查工程质量责任主体（建设、勘察、设计、施工和监理单位）和质量检测等单位的工程质量行为；

（4）抽查主要建筑材料、建筑构配件的质量；

（5）对工程竣工验收进行监督；

（6）组织或者参与工程质量事故的调查处理；

（7）定期对本地区工程质量状况进行统计分析；

（8）依法对违法违规行为实施处罚。

（二）施工图设计文件审查

根据2018年12月修改的《房屋建筑和市政基础设施工程施工图设计文件审查管理办法》（住房和城乡建设部令第13号），国家实施施工图设计文件（含勘察文件，以下简称施工图）审查制度，是指施工图审查机构（以下简称审查机构）按照有关法律、法规，对施工图涉及公共利益、公众安全和工程建设强制性标准的内容进行的审查。施工图审查应当坚持先勘察、后设计的原则。

施工图未经审查合格的，不得使用。从事房屋建筑工程、市政基础设施工程施工、监理等活动，以及实施对房屋建筑和市政基础设施工程质量安全监督管理，应当以审查合格的施工图为依据。

（三）建筑工程施工许可

根据2019年4月修订的《中华人民共和国建筑法》，建筑工程开工前，建设单位应当按照国家有关规定向工程所在地县级以上人民政府建设行政主管部门申请领取施工许可证；但是，国务院建设行政主管部门确定的限额以下的小型工程除外。按照国务院规定的权限和程序批准开工报告的建筑工程，不再领取施工许可证。

申请领取施工许可证，应具备下列条件：

（1）已经办理该建筑工程用地批准手续；

（2）依法应当办理建设工程规划许可证的，已经取得建设工程规划许可证；

（3）需要拆迁的，其拆迁进度符合施工要求；

（4）已经确定施工企业；

（5）有满足施工需要的资金安排、施工图纸及技术资料；

（6）有保证工程质量和安全的具体措施。

建设行政主管部门应当自收到申请之日起7日内，对符合条件的申请颁发施工许可证。

建设单位应当自领取施工许可证之日起3个月内开工。因故不能按期开工的，应当向发证机关申请延期；延期以两次为限，每次不超过3个月。既不开工又不申请延期或者超过延期时限的，施工许可证自行废止。

在建的建筑工程因故中止施工的，建设单位应当自中止施工之日起1个月内，向发证机关报告，并按照规定做好建筑工程的维护管理工作。

建筑工程恢复施工时，应当向发证机关报告；中止施工满1年的工程恢复施工前，建设单位应当报发证机关核验施工许可证。

按照国务院规定批准开工报告的建筑工程，因故不能按期开工或者中止施工的，应当及时向批准机关报告情况。因故不能按期开工超过6个月的，应当重新办理开工报告的批准手续。

建设行政主管部门对未取得施工许可证或者开工报告未经批准擅自施工的，责令改正，对不符合开工条件的责令停止施工，可以处以罚款。

（四）工程质量检测

建设工程质量检测，是指工程质量检测机构（以下简称检测机构）接受委托，依据国家有关法律、法规和工程建设强制性标准，对涉及结构安全项目的抽样检测和对进入施工现场的建筑材料、构配件的见证取样检测。根据《建设工程质量检测管理办法》（住房和城乡建设部令第 24 号修正），国务院建设主管部门负责对全国质量检测活动实施监督管理，并负责制定检测机构资质标准。省、自治区、直辖市人民政府建设主管部门负责对本行政区域内的质量检测活动实施监督管理，并负责检测机构的资质审批。市、县人民政府建设主管部门负责对本行政区域内的质量检测活动实施监督管理。

检测机构是具有独立法人资格的中介机构。检测机构从事《建设工程质量检测管理办法》规定的质量检测业务，应当依据《建设工程质量检测管理办法》取得相应的资质证书。

（五）工程竣工验收与备案

根据《建设工程质量管理条例》，建设单位收到建设工程竣工报告后，应当组织设计、施工、工程监理等有关单位进行竣工验收。

建设工程竣工验收应当具备下列条件：

（1）完成建设工程设计和合同约定的各项内容；

（2）有完整的技术档案和施工管理资料；

（3）有工程使用的主要建筑材料、建筑构配件和设备的进场试验报告；

（4）有勘察、设计、施工、工程监理等单位分别签署的质量合格文件；

（5）有施工单位签署的工程保修书。

建设工程经验收合格的，方可交付使用。

根据 2009 年修正的《房屋建筑和市政基础设施工程竣工验收备案管理办法》（建设部令第 78 号），建设单位应当自工程竣工验收合格之日起 15 日内，依照本办法规定，向工程所在地的县级以上地方人民政府建设主管部门备案。

建设单位办理工程竣工验收备案应当提交下列文件：

（1）工程竣工验收备案表；

（2）工程竣工验收报告；竣工验收报告应当包括工程报建日期，施工许可证号，施工图设计文件审查意见，勘察、设计、施工、工程监理等单位分别签署的质量合格文件及验收人员签署的竣工验收原始文件，市政基础设施的有关质量检测和功能性试验资料以及备案机关认为需要提供的有关资料；

（3）法律、行政法规规定应当由规划、环保等部门出具的认可文件或者准许使用文件；

（4）法律规定应当由消防部门出具的对大型的人员密集场所和其他特殊建设工程验收合格的证明文件；

（5）施工单位签署的工程质量保修书；

（6）法规、规章规定必须提供的其他文件。

住宅工程还应当提交《住宅质量保证书》和《住宅使用说明书》。

备案机关收到建设单位报送的竣工验收备案文件、验证文件齐全后，应当在工程竣工验收备案表上签署文件收讫。工程竣工验收备案表一式二份，一份由建设单位保存，一份留备案机关存档。备案机关发现建设单位在竣工验收过程中有违反国家有关建设工程质量管理规定行为的，应当在收讫竣工验收备案文件 15 日内，责令停止使用，重新组织竣工验收。备案机关决定重新组织竣工验收并责令停止使用的工程，建设单位在备案之前已投入使用或者建设单位擅自继续使用造成使用人损失的，由建设单位依法承担赔偿责任。

（六）工程质量保修

根据《建设工程质量管理条例》，建设工程实行质量保修制度。建设工程承包单位在向建设单位提交工程竣工验收报告时，应当向建设单位出具质量保修书。质量保修书中应当明确建设工程的保修范围、保修期限和保修责任等。

根据《房屋建筑工程质量保修办法》（建设部令第 80 号），房屋建筑工程质量保修，是指对房屋建筑工程（包括新建、扩建、改建、装修工程）竣工验收后在保修期限内出现的质量缺陷，予以修复。所称质量缺陷，是指房屋建筑工程的质量不符合工程建设强制性标准以及合同的约定。房屋建筑工程在保修范围和保修期限内出现质量缺陷，施工单位应当履行保修义务。建设单位和施工单位应当在工程质量保修书中约定保修范围、保修期限和保修责任等，双方约定的保修范围、保修期限必须符合国家有关规定。

在正常使用下，房屋建筑工程的最低保修期限为：

（1）地基基础工程和主体结构工程，为设计文件规定的该工程的合理使用年限；

（2）屋面防水工程、有防水要求的卫生间、房间和外墙面的防渗漏，为 5 年；

（3）供热与供冷系统，为 2 个采暖期、供冷期；

（4）电气管线、给水排水管道、设备安装为 2 年；

（5）装修工程为 2 年。

其他项目的保修期由发包方与承包方约定。

房屋建筑工程保修期从工程竣工验收合格之日起计算。房屋建筑工程在保修期限内出现质量缺陷，建设单位或者房屋建筑所有人应当向施工单位发出保修通知。施工单位接到保修通知后，应当到现场核查情况，在保修书约定的时间内予以保修。发生涉及结构安全或者严重影响使用功能的紧急抢修事故，施工单位接到保修通知后，应当立即到达现场抢修。

发生涉及结构安全的质量缺陷，建设单位或者房屋建筑所有人应当立即向当地建设行政主管部门报告，采取安全防范措施；由原设计单位或者具有相应资质等级的设计单位提出保修方案，施工单位实施保修，原工程质量监督机构负责监督。保修完成后，由建设单位或者房屋建筑所有人组织验收。涉及结构安全的，应当报当地建设行政主管部门备案。

施工单位不按工程质量保修书约定保修的，建设单位可以另行委托其他单位保修，由原施工单位承担相应责任。

保修费用由质量缺陷的责任方承担。在保修期内，因房屋建筑工程质量缺陷造成房屋所有人、使用人或者第三方人身、财产损害的，房屋所有人、使用人或者第三方可以向建设单位提出赔偿要求。建设单位向造成房屋建筑工程质量缺陷的责任方追偿。因保修不及时造成新的人身、财产损害，由造成拖延的责任方承担赔偿责任。

房地产开发企业售出的商品房保修，还应当执行《城市房地产开发经营管理条例》和其他有关规定。

下列情况不属于规定的施工单位保修范围：

（1）因使用不当或者第三方造成的质量缺陷；

（2）不可抗力造成的质量缺陷。

第四节　工程参建各方的质量责任和义务

在工程项目建设中，与工程相关的建设、勘察、设计、施工、监理、检测等单位依法对工程质量负责。根据《建筑法》《建设工程质量管理条例》《建设工程勘察设计管理条例》及相关部门规章，建设、勘察、设计、施工、监理、检测单位应分别履行以下质量责任和义务。

一、建设单位的质量责任和义务

根据《建设工程质量管理条例》，建设单位的质量责任和义务是：

（1）应当将工程发包给具有相应资质等级的单位，不得将建设工程肢解发包。

建设单位不得将工程发包给个人或不具有相应资质等级的单位；不得将一个单位工程的施工分解成若干部分发包给不同的施工总承包或专业承包单位；不得将施工合同范围内的单位工程或分部分项工程又另行发包；不得违反合同约定，通过各种形式要求承包单位选择指定的分包单位。

（2）应当依法对工程建设项目的勘察、设计、施工、监理以及与工程建设有关的重要设备、材料等的采购进行招标。

（3）必须向建设工程的勘察、设计、施工、工程监理等单位提供与建设工程有关的原始资料。原始资料必须真实、准确、齐全。

（4）建设工程发包时，不得迫使承包方以低于成本的价格竞标，不得任意压缩合理工期。不得明示或者暗示设计单位或者施工单位违反工程建设强制性标准，降低建设工程质量。

建设单位在组织发包时应当提出合理的造价和工期要求。确需压缩工期的，应当组织专家予以论证，并采取保证建设工程质量安全的相应措施，支付相应的费用。

（5）施工图设计文件未经审查批准的，不得使用。施工图设计文件审查的具体办法，由国务院建设行政主管部门、国务院其他有关部门制定。

（6）实行监理的建设工程，应当委托具有相应资质等级的工程监理单位进行监理，也可以委托具有工程监理相应资质等级并与被监理工程的施工承包单位没有隶属关系或者其他利害关系的该工程的设计单位进行监理。下列建设工程必须实行监理：

1）国家重点建设工程；

2）大中型公用事业工程；

3）成片开发建设的住宅小区工程；

4）利用外国政府或者国际组织贷款、援助资金的工程；

5）国家规定必须实行监理的其他工程。

（7）在建设工程开工前，应当按照国家有关规定办理工程质量监督手续，工程质量监督手续可以与施工许可证或者开工报告合并办理。

（8）按照合同约定采购建筑材料、建筑构配件和设备的，应当保证建筑材料、建筑构配件和设备符合设计文件和合同要求。不得明示或者暗示施工单位使用不合格的建筑材料、建筑构配件和设备。

（9）涉及建筑主体和承重结构变动的装修工程，应当在施工前委托原设计单位或者具有相应资质等级的设计单位提出设计方案；没有设计方案的，不得施工。房屋建筑使用者在装修过程中，不得擅自变动房屋建筑主体和承重结构。

(10) 收到建设工程竣工报告后，应当组织设计、施工、工程监理等有关单位进行竣工验收。建设工程竣工验收应当具备下列条件：

1) 完成建设工程设计和合同约定的各项内容；

2) 有完整的技术档案和施工管理资料；

3) 有工程使用的主要建筑材料、建筑构配件和设备的进场试验报告；

4) 有勘察、设计、施工、工程监理等单位分别签署的质量合格文件；

5) 有施工单位签署的工程保修书。

建设工程经验收合格后，方可交付使用。

(11) 应当严格按照国家有关档案管理的规定，及时收集、整理建设项目各环节的文件资料，建立、健全建设项目档案，并在建设工程竣工验收后，及时向建设行政主管部门或者其他有关部门移交建设项目档案。

二、勘察单位的质量责任和义务

根据《建设工程质量管理条例》和《建设工程勘察设计管理条例》，勘察单位的质量责任和义务是：

(1) 应当依法取得相应等级的资质证书，并在其资质等级许可的范围内承揽工程。禁止超越其资质等级许可的范围或者以其他勘察单位的名义承揽工程。禁止允许其他单位或者个人以本单位的名义承揽工程。不得转包或者违法分包所承揽的工程。

(2) 必须按照工程建设强制性标准进行勘察，并对其勘察的质量负责。

应当依据有关法律法规、工程建设强制性标准和勘察合同（包括勘察任务委托书），组织编写勘察纲要，就相关要求向勘察人员交底，组织开展工程勘察工作。承担项目的勘察人员符合相应的注册执业资格要求，具备相应的专业技术能力，观测员、记录员、机长等现场作业人员符合专业培训要求。

应当对原始取样、记录的真实性和准确性负责，组织人员及时整理、核对原始记录，核验有关现场和试验人员在记录上的签字，对原始记录、测试报告、土工试验成果等各项作业资料验收签字。

(3) 提供的地质、测量、水文等勘察成果必须真实、准确。

应当对勘察成果的真实性和准确性负责，保证勘察文件符合国家规定的深度要求，并在勘察文件上签字盖章。

(4) 应当对勘察后期服务工作负责。

组织相关勘察人员及时解决工程设计和施工中与勘察工作有关的问题；组织参与施工验槽；组织勘察人员参加工程竣工验收，验收合格后在相关验收文件上签字，对城市轨道交通工程，还应参加单位工程、项目工程验收并在验收文件上签字；组织勘察人员参与相关工程质量安全事故分析，并对因勘察原因造成的质量安全事故，提出与勘察工作有关的技术处理措施。

三、设计单位的质量责任和义务

根据《建设工程质量管理条例》和《建设工程勘察设计管理条例》，设计单位的质量责任和义务是：

（1）应当依法取得相应等级的资质证书，并在其资质等级许可的范围内承揽工程。禁止超越其资质等级许可的范围或者以其他设计单位的名义承揽工程。禁止允许其他单位或者个人以本单位的名义承揽工程。不得转包或者违法分包所承揽的工程。

（2）必须按照工程建设强制性标准进行设计，并对其设计的质量负责。注册建筑师、注册结构工程师等注册执业人员应当在设计文件上签字，对设计文件负责。

应当依据有关法律法规、项目批准文件、城乡规划、设计合同（包括设计任务书）组织开展工程设计工作。

（3）应当根据勘察成果文件进行建设工程设计。设计文件应当符合国家规定的设计深度要求，注明工程合理使用年限。

（4）在设计文件中选用的建筑材料、建筑构配件和设备，应当注明规格、型号、性能等技术指标，其质量要求必须符合国家规定的标准。除有特殊要求的建筑材料、专用设备、工艺生产线等外，不得指定生产厂、供应商。

（5）应当就审查合格的施工图设计文件向施工单位做出详细说明。

应当在施工前就审查合格的施工图设计文件，组织设计人员向施工及监理单位做出详细说明；组织设计人员解决施工中出现的设计问题。不得在违反强制性标准或不满足设计要求的变更文件上签字。应当组织设计人员参加建筑工程竣工验收，验收合格后在相关验收文件上签字。

（6）应当参与建设工程质量事故分析，并对因设计造成的质量事故，提出相应的技术处理方案。

四、施工单位的质量责任和义务

根据《建设工程质量管理条例》，施工单位的质量责任和义务是：

（1）应当依法取得相应等级的资质证书，并在其资质等级许可的范围内承揽工程。禁止超越本单位资质等级许可的业务范围或者以其他施工单位的名义承揽工程。禁止允许其他单位或者个人以本单位的名义承揽工程。不得转包或者违法分包工程。

（2）对建设工程的施工质量负责。应当建立质量责任制，确定工程项目的项目经理、技术负责人和施工管理负责人。建设工程实行总承包的，总承包单位应当对全部建设工程质量负责；建设工程勘察、设计、施工、设备采购的一项或者多项实行总承包的，总承包单位应当对其承包的建设工程或者采购的设备的质量负责。

（3）总承包单位依法将建设工程分包给其他单位的，分包单位应当按照分包合同的约定对其分包工程的质量向总承包单位负责，总承包单位与分包单位对分包工程的质量承担连带责任。

（4）必须按照工程设计图纸和施工技术标准施工，不得擅自修改工程设计，不得偷工减料。在施工过程中发现设计文件和图纸有差错的，应当及时提出意见和建议。

（5）必须按照工程设计要求、施工技术标准和合同约定，对建筑材料、建筑构配件、设备和商品混凝土进行检验，检验应当有书面记录和专人签字；未经检验或者检验不合格的，不得使用。

（6）必须建立、健全施工质量的检验制度，严格工序管理，做好隐蔽工程的质量检查和记录。隐蔽工程在隐蔽前，应当通知建设单位和建设工程质量监督机构。

（7）施工人员对涉及结构安全的试块、试件以及有关材料，应当在建设单位或者工程监理单位监督下现场取样,并送具有相应资质等级的质量检测单位进行检测。

(8) 对施工中出现质量问题的建设工程或者竣工验收不合格的建设工程,应当负责返修。

(9) 应当建立、健全教育培训制度,加强对职工的教育培训;未经教育培训或者考核不合格的人员,不得上岗作业。

五、工程监理单位的质量责任和义务

根据《建设工程质量管理条例》,监理单位的质量责任和义务是:

(1) 应当依法取得相应等级的资质证书,并在其资质等级许可的范围内承担工程监理业务。禁止超越本单位资质等级许可的范围或者以其他工程监理单位的名义承担工程监理业务。禁止允许其他单位或者个人以本单位的名义承担工程监理业务。不得转让工程监理业务。

(2) 与被监理工程的施工承包单位以及建筑材料、建筑构配件和设备供应单位有隶属关系或者其他利害关系的,不得承担该项建设工程的监理业务。

(3) 应当依照法律、法规以及有关技术标准、设计文件和建设工程承包合同,代表建设单位对施工质量实施监理,并对施工质量承担监理责任。

(4) 应当选派具备相应资格的总监理工程师和监理工程师进驻施工现场。未经监理工程师签字,建筑材料、建筑构配件和设备不得在工程上使用或者安装,施工单位不得进行下一道工序的施工。未经总监理工程师签字,建设单位不拨付工程款,不进行竣工验收。

(5) 监理工程师应当按照工程监理规范的要求,采取旁站、巡视和平行检验等形式,对建设工程实施监理。

六、工程质量检测单位的质量责任和义务

根据《建设工程质量检测管理办法》,任何单位和个人不得涂改、倒卖、出租、出借或者以其他形式非法转让建设工程质量检测资质证书。建设工程质量检测业务,由建设单位委托具有相应资质的检测机构进行检测。委托方与被委托方应当签订书面合同。检测结果利害关系人对检测结果发生争议的,由双方共同认可的检测机构复检,复检结果由提出复检的一方报当地建设主管部门备案。工程质量检测单位应履行下列质量责任和义务:

(1) 质量检测试样的取样应当严格执行有关工程建设标准和国家有关规定,在建设单位或者工程监理单位监督下现场取样。提供质量检测试样的单位和个人,应当对试样的真实性负责。

(2) 完成检测业务后,应当及时出具检测报告。检测报告经检测人员签字、检测机构法定代表人或者其授权的签字人签署,并加盖检测机构公章或者检测专用章后方可生效。检测报告经建设单位或者工程监理单位确认后,由施工单位归档。

见证取样检测的检测报告中应当注明见证人单位及姓名。

(3) 任何单位和个人不得明示或者暗示检测机构出具虚假检测报告,不得篡改或者伪造检测报告。

(4) 不得转包检测业务。检测人员不得同时受聘于两个或者两个以上的检测机构。

检测机构和检测人员不得推荐或者监制建筑材料、构配件和设备。检测机构不得与行政机关,法律、法规授权的具有管理公共事务职能的组织以及所检测工程项目相关的设计单位、施工单位、监理单位有隶属关系或者其他利害关系。

（5）应当对其检测数据和检测报告的真实性和准确性负责。违反法律、法规和工程建设强制性标准，给他人造成损失的，应当依法承担相应的赔偿责任。

（6）应当将检测过程中发现的建设单位、监理单位、施工单位违反有关法律、法规和工程建设强制性标准的情况，以及涉及结构安全检测结果的不合格情况，及时报告工程所在地建设主管部门。

（7）应当建立档案管理制度。检测合同、委托单、原始记录、检测报告应当按年度统一编号，编号应当连续，不得随意抽撤、涂改。应当单独建立检测结果不合格项目台账。

思　考　题

1. 建设工程质量有哪些特性？
2. 试述工程建设各阶段对质量形成的影响。
3. 试述影响工程质量的因素。
4. 简述工程质量控制的主体及其控制内容。
5. 简述工程质量控制应遵循的原则。
6. 简述工程质量管理体制及政府质量监督管理的职能。
7. 工程质量管理有哪些主要制度？
8. 简述建设单位、勘察单位、设计单位、施工单位、工程监理单位的质量责任和义务，简述工程检测机构的质量责任和义务。

第二章 ISO质量管理体系及卓越绩效模式

工程监理企业建立与实施企业质量管理体系可有效完善组织内部管理，使质量管理制度化、体系化、法制化，从而提高产品质量，提高企业的市场竞争能力；卓越绩效模式是当前国际上广泛认同的通过综合的组织绩效管理方法，为相关各方不断创造价值，提升组织整体绩效，使组织获得持续成功的先进方法。

第一节 ISO质量管理体系构成和质量管理原则

一、ISO质量管理体系的内涵和构成

（一）质量管理体系的内涵

质量管理体系是组织内部建立的、为实现质量目标所必需的、系统的质量管理模式，是组织的一项战略决策。它将资源与过程结合，以过程管理方法进行系统管理，根据企业特点选用若干体系要素加以组合。一般包括与管理活动、资源提供、产品实现以及测量、分析与改进活动相关的过程组成，可以理解为涵盖了从确定顾客需求、设计研制、生产、检验、销售、交付之前全过程的策划、实施、监控、纠正与改进活动的要求。一般以文件化的方式，成为组织内部质量管理工作的要求。

针对质量管理体系的要求，质量管理体系国际标准化组织（ISO）的质量管理和质量保证技术委员会制定了ISO 9000族系列标准，以适用于不同类型、产品、规模与性质的组织。该类标准由若干相互关联或补充的单个标准组成，其中为大家所熟知的是ISO9001《质量管理体系要求》，它提出的要求是对产品要求的补充，经过数次的改版。

（二）2015版ISO 9000族标准的构成

ISO/TC176制定的所有国际标准称为ISO 9000族。TC176是ISO的第176技术委员会，由它负责制定"质量管理与质量保证"的有关标准和指导性文件。2015版ISO 9000族的构成见表2-1。

2015版ISO 9000族的构成　　　　　　　　　　　　　　　　　　表2-1

核心标准	质量管理体系的指南	质量管理体系技术支持指南	支持质量管理体系的技术报告	特殊行业的质量管理体系要求
ISO 9000 ISO 9001 ISO 9004	ISO 10001 ISO 10002 ISO 10003 ISO 10004 ISO 10008 ISO 10012 ISO 19011	ISO 10005 ISO 10006 ISO 10007 ISO 10014 ISO 10015 ISO 10018 ISO 10019	ISO/TR 10013 ISO/TR 10017	ISO/TS 16949 《质量管理体系　汽车行业生产件与相关服务件的组织实施 ISO 9001：2008 的特殊要求》

1. 核心标准

ISO 9000 族核心标准是系列标准里最基本的标准，其现行有效版本如下：ISO 9000：2015《质量管理体系　基础和术语》；ISO 9001：2015《质量管理体系　要求》；ISO 9004：2009《组织持续成功的管理　一种质量管理方法》。

（1）ISO 9000：2015《质量管理体系　基础和术语》

ISO 9000：2015《质量管理体系　基础和术语》，起着奠定理论基础、统一术语概念和明确指导思想的作用，具有很重要的地位。

在《质量管理体系　基础和术语》的引言中明确了该标准的目的作用和基本框架内容：

1）为质量管理体系提供了基本概念、原理和术语，可作为其他质量管理体系的基础。可帮助使用者理解质量管理的基本概念、原理和术语，以便能够有效和高效地实施质量管理体系，并实现其他质量管理体系的价值。

2）该标准基于汇集当前有关质量的基本概念、原理、过程和资源的框架，来准确定义质量管理体系，以帮助组织实现其目标。它适用于所有组织，旨在增强组织在满足顾客和相关方的需求和期望方面、在实现其产品和服务的满意方面的义务和承诺意识。

3）该标准包含七个质量管理原则。针对每一个质量管理原则，通过"简述"介绍每一个原则；通过"理论依据"解释组织应该重视它的原因；通过"获益之处"告之应用这一原则的结果；通过"可开展的活动"给出组织应用这一原则能够采取的措施。

4）该标准包括了在发布之前，ISO/TC176 起草的全部质量管理和质量管理体系标准，及其他特定行业质量管理体系标准中应用的术语和定义。在该标准的最后，提供了按字母顺序排列的术语和定义的索引。

标准给出了与质量管理体系有关的 13 个方面，共 138 个术语和定义，用较通俗的语言阐明了质量管理领域所用术语的概念，它统一了各国的标准使用者对标准内容的理解，为理解 ISO 9000 族标准奠定了基础。

在标准的附录中，用概念图的方式表达了每一部分概念中各术语的相互关系，帮助使用者形象地理解相关术语之间的关系，系统地掌握其内涵。

（2）ISO 9001：2015《质量管理体系　要求》

标准规定了质量管理体系的要求，采用质量管理体系是组织的一项战略决策，能够帮助其提高整体绩效，为推动可持续发展奠定良好基础。

组织根据标准实施质量管理体系的潜在益处是：

1）稳定提供满足顾客要求以及适用的法律法规要求的产品和服务能力；

2）促成增强顾客满意的机会；

3）应对与组织环境和目标相关的风险和机遇；

4）证实有符合规定的质量管理体系要求的能力。

标准可用于内部和外部（第二方或第三方）评价组织提供满足组织自身要求、顾客要求、法律法规要求的产品的能力。

标准倡导在建立、实施质量管理体系以及提高其有效性时采用过程方法。通过满足顾客要求增强顾客满意。将相互关联的过程作为一个体系加以理解和管理有助于组织有效和高效地实现其预期结果。这种方法使组织能够对其体系的过程之间相互关联和相互依赖的关系进行有效控制以提高组织整体绩效。

过程方法包括按照组织的质量方针和战略方向，对各过程及其相互作用进行系统的规定和管理，从而实现预期结果。可通过采用PDCA循环以及始终基于风险的思维对过程和整个体系进行管理，旨在有效利用机遇并防止发生不良结果。单一过程各要素及其相互作用如图2-1所示。每一过程均有特定的监视和测量检查点以用于控制，这些检查点根据相关的风险有所不同。

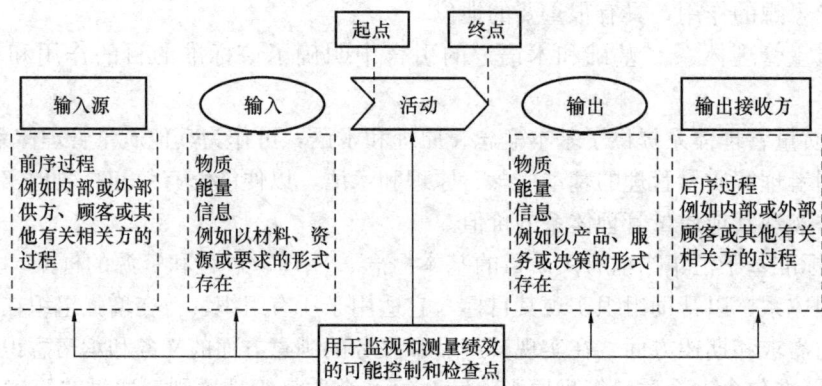

图 2-1　单一过程要素示意图

该方法结合了"策划—实施—检查—处置"（PDCA）循环与基于风险的思维。过程方法使组织能够策划过程及其相互作用。

标准中"1 范围"给出了 ISO 9001 标准的适用范围，说明了标准中提出的质量管理体系要求是通用的，旨在适用于各种类型、不同规模和提供不同产品的组织。

标准中"2 规范性引用文件"和"3 术语和定义"说明了 ISO 9001 标准所引用的标准和采用的术语和定义。

标准中"4 组织环境""5 领导作用""6 策划""7 支持""8 运行""9 绩效评价"和"10 改进"对质量管理体系及其所需的过程提出了具体的要求。

（3）ISO 9004：2009《组织持续成功的管理　一种质量管理方法》

ISO 9004 是一个指导性标准，它不用于认证，也不具有强制性。但是，它有着更广阔的目的，特别是在如何改进组织的整体业绩、效率和有效性，以使组织持续获得成功方面，对组织完善质量管理体系提供具体的指导。

ISO 9004 无论在深度上和广度上都比 ISO 9001 有很大提高，对于组织建立一个更为完善、更有竞争力的，能使组织获得持续成功的质量管理体系来说，它有重要的参考价值。因此，组织在通过 ISO 9001 认证之后，按 ISO 9004 来改善业绩，以期获得持续成功，便是应当追求的下一个目标。

由上述可见，ISO 9001 只是提出对组织质量管理体系的基本要求，而不提供如何达到这些要求的方法和途径。而 ISO 9004 则为组织如何达到基本要求及进一步保持和提高竞争力，取得持续成功，提供了许多可资借鉴的方法和途径。参考 ISO 9004 来贯标，就可以站得高、看得远，从而对组织的未来走向更为清晰。

2. 质量管理体系的指南

ISO 10001：2007《质量管理 顾客满意度 组织行为规范指南》；

ISO 10002：2004《质量管理 顾客满意度 组织处理投诉指南》；

ISO 10003：2007《质量管理 顾客满意度 组织外部争议解决指南》；

ISO 10004：2015《质量管理 顾客满意度 监视和测量指南》；

ISO 10008：2015《质量管理 顾客满意度 商家对消费者电子商务交易指南（B2C ECT）》；

ISO 10012：2003《质量管理体系 测量过程和测量设备管理指南》；

ISO 19011：2011《管理体系审核指南》。

3. 质量管理体系技术支持指南

ISO 10005：2005《质量管理体系 质量计划指南》；

ISO 10006：2003《质量管理 项目管理质量指南》；

ISO 10007：2003《质量管理 技术状态管理指南》；

ISO 10014：2006《质量管理 财务和经济效益实现指南》；

ISO 10015：1999《质量管理 培训指南》；

ISO 10018：2015《影响人们参与和能力的指南》；

ISO 10019：2005《质量管理体系 咨询师的选择及其服务指南》。

4. 支持质量管理体系的技术报告

ISO /TR 10013：2001《质量管理体系文件指南》；

ISO /TR 10017：2003《统计技术应用指南》。

5. 特殊行业的质量管理体系要求

特殊行业的质量管理体系要求，是针对某些特定行业的质量管理体系要求的特定标准。一般是在 ISO 9001 要求基础上加上行业的特殊要求。

二、ISO 质量管理体系的质量管理原则及特征

（一）ISO 质量管理体系的质量管理原则

为了确保质量目标的实现，ISO 质量管理体系明确了以下七项质量管理原则：

1. 以顾客为关注焦点

组织依存于其顾客。因此，组织应当关注和理解顾客当前和未来的需求，满足顾客要求，并争取超越顾客期望。

就是一切要以顾客为中心，没有了顾客，产品销售不出去，市场自然也就没有了。所以，无论什么样的组织，都要满足顾客的需求，顾客的需求是第一位的。要满足顾客需求，首先就要了解顾客的需求，这里说的需求，包含顾客明示的和隐含的需求，明示的需求就是顾客明确提出来的对产品或服务的要求，隐含的需求或者说是顾客的期望，是指顾客没有明示但是必须要遵守的，比如说法律法规的要求，还有产品相关的标准的要求。作为一个组织，还应该了解顾客和市场的反馈信息，并把它转化为质量要求，采取有效措施来实现这些要求。想顾客所想，这样才能做到超越顾客期望。此外，要注意到随着时间的迁移，经济和技术的发展，顾客的需求也会发生相应的变化。所以，组织必须对顾客进行动态的跟踪，及时地掌握顾客需求的变化，不断地进行质量等方面的改进，争取同步地满足顾客的需求与期望。

以顾客为关注焦点的基本内容包括：

（1）确保在组织范围内树立顾客意识：以顾客为关注点的理念，不仅在领导层中要牢

固树立，而且应确保全体员工理解组织与顾客的依存关系，理解让顾客满意是关系到组织生存攸关的大事，从而自觉树立"涉及顾客的无小事"的观念。这是贯彻好"以顾客为关注焦点"原则的前提。只有在这个基础上才可能实现从高层领导到部门、班组和全员的协调一致，共同为让顾客满意努力尽其职责。顾客意识应表现在用心了解顾客、真心方便顾客、贴心为顾客服务上，真正实现从"为组织创造价值"到"为顾客创造价值"的观念转变。

（2）充分理解顾客的需求和期望：顾客的需求和期望主要体现在对产品特性和组织对产品的提供能力方面。这些方面的要求为组织的活动提供了目标。例如，对产品的适用性、可靠性、可交付性、价格、使用寿命及使用期间的维护费用、产品安全性、产品责任和质量保证及对环境的影响等方面的要求。为此，组织首先应在市场调研与分析中明确谁是自己的顾客，搞准市场定位，进而确切搞清这个层面的顾客的具体需求，包括当前的和未来的，并对这些需求与顾客关联的重要程度做出判断。

（3）保证顾客和其他受益者平衡的途径：任何组织都会有不同类型的利益相关者，每个相关者都对组织有不同的需求和期望。其他的利益相关者主要有投资者、经营者、员工和供应商等，组织会为利益相关者带来不同的利益，所以，组织应均衡地考虑所有的利益相关者，采取适当的措施来满足各方的需求和期望。

（4）将顾客的需求转化为要求，传达要求至各个层面：组织应根据顾客的需求和期望，采用一定的方法，将顾客的需求和期望及时传达到组织的各个层面，使这些需要和期望转化为组织为实现和满足这些需求的要求，从而得以在组织内传达和实施。

（5）加强与顾客的沟通与联络：组织应加强与顾客的沟通和联络，从而准确地了解和掌握顾客的需求和期望，及时把信息准确地反馈到组织的有关部门。

（6）测量顾客的满意程度：组织可采用一定的方法测量顾客的满意程度，通过测量结果和预期结果的对比，得出组织活动和产品存在的问题和偏差。

（7）利用测量结果，持续改进组织的过程和产品：通过测量结果，从而可以得出组织应采取的进一步活动或改进措施，以不断地提高顾客的满意程度。

2. 领导作用

领导者建立组织统一的宗旨和方向。他们应当创造并保持能使员工充分参与实现组织目标的内部环境和条件。

作为组织的最高管理层和决策层，领导者在一个组织的质量管理活动中起着关键的作用。领导者要制定适宜的质量方针和质量目标，同时还要创造一个良好的组织内部环境，激励员工积极地工作，充分参与质量管理，为实现质量方针和质量目标做出应有的贡献。领导的作用，应确保关注顾客要求，确保建立和实施一个有效的质量管理体系，确保提供相应的资源，并随时将组织运行的结果与目标比较，根据情况决定实现质量方针，目标的措施，决定持续改进的措施。在领导作风上还要做到透明、务实和以身作则。

领导作用的基本内容包括：

（1）确定质量方针、质量目标：质量方针是由组织的最高管理者正式发布的该组织总的质量宗旨和方向，质量目标是组织在质量方面的追求目的，组织应确立明确的质量方针和质量目标。

（2）建立组织的发展前景：建立组织明确的发展前景主要包括确立组织未来的发展方

向，明确组织质量方针和质量目标的方向。

（3）形成内部环境：组织应形成一个良好的内部环境，内部环境有助于质量管理工作的顺利进行，是组织进行质量管理工作的重要影响环境。

（4）确立组织结构、职责权限和相互关系：组织应选择适宜的组织结构模式来构建组织结构；组织应明确各部门、员工的权限责任和他们之间的相互联系；组织应赋予各部门、员工职责范围内的任务必需的权限。

（5）提供所需资源：组织应为员工提供完成其工作活动所需的资源，包括工作环境、条件；完成工作所必需的设备和设施；相应的技能培训等。

（6）培训教育，人才资源：一个组织应重视对员工基本素质和人才的培养，组织应提供合适的培训教育来提高员工技能等方面的素质。

（7）管理评审：组织应建立一定的管理评审机制，一方面用来评估员工的能力和绩效，采取激励措施，使员工认识到自己在组织活动中的作用，积极地投入到工作中；另一方面，通过评审可以发现和改进不合格的活动过程，创新和改善合格的活动过程，从而提高过程质量。

3. 全员参与

各级人员是组织之本，所有人员的胜任、授权和充分参与，是提高组织创造和提供价值能力的必要条件，才能使他们的才干通过有序的系统活动来为组织带来绩效。

全体职工是每个组织的基础。组织的质量管理不仅需要最高管理者的正确领导，还有赖于全员的参与。质量管理应以人为本。组织的质量管理是通过组织内部各级各类人员参与生产经营的各项质量活动来加以实施的，只有不断提高员工的质量，让他们参与质量管理，才能实现组织的质量方针和目标，并带来最大收益。所以，要对职工进行质量意识、职业道德、以顾客为中心的意识和敬业精神的教育，还要激发员工的积极性和责任感。

全员参与的基本内容包括：

（1）让每个员工了解自身贡献的重要性及其在组织中的角色

每个人都应清楚自己的职责、权限及涉及的相互关系，了解工作的目标、内容以及达到目标的要求、方法，理解其活动的结果对后续的活动以及整个目标的贡献和影响，以利于协调地开展各项质量活动。

（2）让员工识别对其活动的约束

在每项工作中，都应使员工了解所进行的活动，将会遇到什么样的困难和阻力、可能的影响，以及如何克服这些困难和阻力，消除不良影响，主动参与，以取得理想的绩效。

（3）让员工以主人翁的责任感去解决各种问题

一般情况下，员工的思想、情绪是经常波动的。一旦做错了事，往往发牢骚、逃避责任、试图把责任推卸给别人。因此，要将此类借口消灭在萌芽中，关键在于在员工中提倡主人翁意识。要让每个人在各自岗位上树立责任感，考虑如何发挥个人潜能，勇于承担责任，而不是逃避和推卸。通过明确规定员工的职责、权限和相互关系，明确工作目标和要求、必须遵守的程序和规范，并采用数据分析方法寻求更佳的工作方法，从而使员工能以主人翁的态度来正确处理问题。

（4）创造宽松的环境，加强内部沟通和契合

第二章

员工发挥潜能的前提是心情舒畅。为此应开展有效的内部沟通。应当鼓励员工发表对质量管理的看法，对改进工作提建议以及对所见不公平、不合理的事提出批评。同时，及时把组织目标、反映顾客的需求和期望以及当前不满意问题的信息，告知员工。为此，建立各级领导与员工间平等的契合关系，尊重员工，同时创造能自由沟通的氛围是极为必要的。

(5) 客观公正地评价员工的业绩

员工可以从自己的工作成绩中获得成就感，并意识到自己对整个组织的贡献，也可以从工作的不足中找到差距，明确改进方向。因此，客观公正地评估员工的业绩，称赏和表彰员工的贡献、钻研精神和进步，并辅以必要的奖惩，可以激励员工的积极性。可以倡导员工对其业绩进行自我评价、自我衡量，以利进取。

(6) 使员工有机会增强其自身能力、知识、技能和经验

应授予员工更多的自主权去思考、判断及行动，提倡公开讨论、分享知识和经验。因而也相应要求员工具有较强的思维判断能力。为此，员工不仅应加强自身的技能，还应学会在不断变化的环境中判断、处理问题的能力，这种能力往往来自其知识和经验。组织应为员工增强其能力提供必要的条件，如培训和适当的工作机遇。

4. 过程方法

将活动和相关资源作为一个连贯的系统相关联的过程进行管理，可以更高效地得到预期的结果。

系统地识别和管理组织所应用的过程，特别是这些过程之间的逻辑系统和相互作用，称之为"过程方法"。现代质量管理是面向过程的管理，过程的输出结果取决于过程策划、过程优化、过程输入、过程控制等。最大限度地获取过程的增值效应，才是使顾客满意最根本的基础。这种面向过程的管理是立足于治本的管理。

过程方法的基本内容包括：

(1) 应用 PDCA 循环

对每一个过程都应按 PDCA 循环实施闭环管理。闭环管理重在有始有终，直到实施的结果符合策划中提出的过程目标为止。当所提出的目标已经达到，就应视需要与可能，适时提出新的目标，进入下一轮 PDCA 循环。如此螺旋式地上升，逐步实现过程的持续改进。PDCA 循环适用于各种过程，包括质量管理体系的"大过程"和具体作业的"小过程"。PDCA 循环能够应用于所有过程以及完整的质量管理体系。

(2) 过程策划

做好过程策划是组织实施好整个过程的前提，在过程策划中必须充分考虑到影响过程的诸因素并使其受控。策划的重点是：

1) 设定目标；

2) 识别必需过程的流程，特别是关键过程和特殊过程；

3) 控制过程输入、输出；

4) 测量和分析关键过程的能力；

5) 识别过程的接口。

(3) 明确管理的职责和权限

活动对输出结果起着重要作用，这些活动应在受控状态之下进行。为使活动有效受

控，应明确过程的"所有者"及从事有关活动的人员的职责和权限。做到"事事有人管"，职责和权限不交叉。特别对关键过程更必须明确相应的人员职责和权限。

（4）配备过程所需资源（包括人力、设施设备、原材料、作业方法、工作环境和信息资源等）

通过过程的有效管理，资源的高效利用及职能交叉障碍的减少，来提升组织的效率。

（5）重点管理能改进组织关键活动的各种因素

一个过程对其有影响的因素可以用"6M1E"（即人、机、料、法、环、测、管）因素来描述，但对于具体过程的改进起主导作用的因素是哪些，则应从实际出发进行具体分析。但应注意首先抓住影响关键活动的因素，并改进控制方法从而确保组织有能力提供合格产品。

（6）评估过程风险以及对顾客、供方和其他相关方可能产生的影响和后果

可用 PFMEA（过程失效模式及后果分析，Process Failure Mode and Effects Analysis）和过程审核的方法进行过程风险评估。对于风险较大的问题，应优先采取纠正措施或预防措施。

5. 改进

组织应从质量管理体系的适宜性、充分性和有效性方面进行"持续改进"。持续改进是组织发展、增强参与市场竞争能力并取得优胜的一个重要条件。市场严格遵循适者生存的规律，因此，组织必须在经营理念、组织体制运行机制、人员素质、产品和服务的适应性、保值增值等诸方面进行改进，以改善组织的总体业绩水平、提高竞争实力并让所有相关方都满意。由于改进是无止境的，所以持续改进应是组织的永恒目标。组织要在市场竞争中立于不败之地，就必须适应这种永恒变化的环境，坚持改进。持续改进也是一个过程，为此对其应进行动态管理。

改进的基本内容包括：

（1）需求的变化要求组织不断改进：相关产品的需求和期望是在不断发展的，人们对产品的质量要求也在不断地提高。因此，对质量管理活动的管理必须包含对这一变化的管理，这是一个持续改进的过程。

（2）组织的目标应是实现持续改进，以求与顾客需求相适应。

（3）持续改进的核心是提高有效性和效率，实现质量目标：组织持续改进管理的重点应关注变化或更新所产生结果的有效性和效率，唯有如此，才能保证质量目标的实现。

（4）确立挑战性的改进目标：进行持续改进时，应结合需求、期望及其他环境的变化，要聚焦于顾客，确立具有重大意义的改进目标。

（5）为员工提供有关持续改进方法和手段的培训：改进是一个寻求改进机会，制定改进目标，最终实现改进目标的循环过程，过程活动的实现必须采用适当的方法和手段。要想员工掌握这些方法，只有通过相应的培训才能实现。

（6）提供资源：持续改进作为一种活动，需要组织提供必要的资源来保证活动的实施。

（7）业绩进行定期评价，确定改进领域：组织应对已进行的活动所做出的结果进行测量和评价，从而找出不合格或者不足的地方，进而明确改进的领域和方向。

（8）改进成果的认可，总结推广，肯定成果奖励：通过对改进成果的评审和认可，总结推广管理持续改进这一过程活动的成果经验，并给予一定的激励措施，可以鼓舞员工创新，有助于提高体系的效率和有效性。

6. 循证决策

有效决策是建立在数据、信息分析和评价的客观事实基础上。

决策是通过调查研究和分析，确定质量目标并提出实现目标的方案，对可供选择的方案进行优选做出抉择的过程。正确有效的决策依赖于科学的决策方法，更依赖于符合客观事实的数据和信息。

循证决策的基本内容包括：

（1）收集与目标有关的数据和信息：决策是建立在数据和信息分析的基础上，这就要求首先要进行与目标有关的数据和信息的收集。

（2）数据和信息的准确可信，建立信息管理系统：对收集的数据和信息应经过辨别和去伪存真，进行科学的选择和确定，以保证收集的数据和信息的可靠性和准确性。同时要建立合适的信息管理系统，保证信息有效、准确和及时地传达和共享。

（3）分析数据和信息，使用有效的方法，运用统计技术：运用科学的方法，如标准统计的方法，对数据进行处理和分析，为决策提供依据。

（4）了解组织的现状和发展趋势：决策者应该清晰地认识和了解组织的现状和组织未来的发展方向，以便于决策者能够做出正确的决策。

（5）权衡决策：组织应运用科学先进的技术方法来权衡各种决策的优势与劣势，选择出最适合组织的决策。

7. 关系管理

与相关方的关系影响着组织的绩效，为达到持续的成功，组织应管理与其有关各相关方的关系。相关方是与组织的业绩或成就有利益关系的个人或团体。例如：顾客、所有者、员工、供应商、银行、工会、合作伙伴或社会，其中可能包括竞争对手或反对的压力团体。由于相关方对组织达到稳定地提供满足顾客要求和适用法律法规要求的产品和服务的能力，具有影响或潜在影响。因此，组织要对相关方关系进行有效的识别和管理。

关系管理的基本内容包括：

（1）权衡短期利益与长期效益，确立相关方的关系

组织与相关方之间存在着相互利益、依存或合同关系。为了相关各方的利益，组织应考虑与其建立合作伙伴或联盟关系，这时必须妥善处理眼前的利益及长远利益的关系，更多地着眼于长期合作带来的效益。确立好相关方关系其实是对环境的一种适应关系的判断，也是一种风险和机遇的评价及选择过程，同时是组织战略中不可缺少的一部分。

（2）识别和建设好关键相关方关系

组织宜根据组织的发展阶段、所处环境条件、产品特性的重要度分级、销售和服务渠道等，识别对组织发展有重大促进和推动作用、构成产品一部分的材料、零部件、重要外协加工和服务，对整个产品实现过程以及顾客满意的影响程度，以据此识别并维系起着关键作用的相关方。对关键的相关方应提出评价、选择和控制、维护和保持的要求，使相关

方的过程处于受控状态。

（3）与关键相关方共享专有技术和资源

充分意识到组织与相关方利益的一致性是实现这一活动的关键。由于竞争加剧和顾客要求越来越高，组织之间的竞争不仅仅取决于组织的能力，同时也取决于重要的相关方的过程能力，组织应考虑让关键相关方分享自己的技术和资源。例如：向重要的供应商派技术和管理专家帮助其改进过程或建立质量保证体系，以提高质量和降低成本；与供方共同制定采购规范，以便利用双方专家的知识和经验，确保采购产品满足要求且具有合理的价格。

（4）建立清晰与开放的沟通渠道

组织与相关方的相互沟通对于确保采购产品最终能满足顾客要求是必不可少的环节。沟通将使双方减少损失，在最大程度上获益。通常需要沟通的有：共同制定采购规范，在产品和服务技术细节上进行沟通；对采购订单进行理解上的沟通并达成共识；对供方的业绩进行沟通以及在供方现场进行产品验证的沟通和反馈等。

（5）开展与相关方的联合改进活动

组织和相关方联合改进活动符合双方的共同利益。如组织为开发新产品需要供方配合开发某种新材料或零部件，组织可与供方组成联合团队。联合改进的效果将超越仅凭组织本身或供方本身实施改进行动的效果。这是因为联合起来可实现人才、资源等方面的优势互补，同时，也是风险预防思想的重要实践和体现。

（二）质量管理体系的特征

1. 符合性

欲有效开展质量管理，必须设计、建立、实施和保持质量管理体系。组织依据相关标准对质量管理体系的设计、建立应符合行业特点、组织规模、人员素质和能力，同时还要考虑到产品和过程的复杂性、过程的相互作用情况、顾客的特点等。

2. 系统性

质量管理体系是相互关联和相互作用的子系统所组成的复合系统，包括：

（1）组织结构：合理的组织机构和明确的职责、权限及其协调的关系；

（2）过程：质量管理体系的有效实施，是通过其过程的有效运行来实现的；

（3）资源：必需、充分且适宜的资源包括人员、材料、设备、设施、能源、资金、技术、方法等。

3. 全面有效性

质量管理体系的运行应是全面有效的，既能满足组织内部质量管理的要求，又能满足组织与顾客的合同要求，还能满足第二方认定、第三方认证和注册的要求。

4. 预防性

质量管理体系应能采用适当的预防措施，有一定的防止重要质量问题发生的能力。

5. 动态性

组织应综合考虑利益、成本和风险，通过质量管理体系持续有效运行和动态管理使其最佳化。最高管理者定期批准进行内部质量管理体系审核，定期进行管理评审，以改进质量管理体系；还要支持质量职能部门（含现场）采用纠正措施和预防措施改进过程，从而完善体系。

6. 持续受控

质量管理体系应保持过程及其活动持续受控。

第二节 工程监理单位质量管理体系的建立与实施

一、监理企业质量管理体系的建立与实施

面对激烈的市场竞争，工程监理单位要生存和发展，必须着眼于通过建立质量管理体系，提高组织整体素质和管理水平；着眼于实物质量的切实提高达到顾客满意；着眼于建立组织的自我完善机制，不断地实现质量改进，正确处理质量管理与组织其他各项管理的关系；着眼于以质量管理体系的思路和方法，推动组织各项管理的科学化。贯彻 ISO 9000 标准是工程监理单位提升管理水平、提高市场竞争力的一项捷径。贯彻 ISO 9001 标准和认证的过程可分为五个基本阶段：策划与准备、质量管理体系总体设计、编写质量管理体系文件、体系运行与改进、质量管理体系认证，如图 2-2 所示。

(一) 质量管理体系的建立

质量管理体系的建立包括：策划与准备、质量管理体系总体设计、编写质量管理体系文件。

1. 策划与准备

质量管理体系的策划是建立和实施质量管理体系的前期工作，在策划质量管理体系时应综合考虑工程监理单位的具体管理状况，以达到提高企业管理水平、提高监理服务质量、增强企业信誉度和提高市场竞争能力的目的。其主要工作包括：贯标决策、统一思想；教育培训，统一认识；成立班子，明确任务；编制工作计划、环境与风险评价。

(1) 贯标决策，统一思想

建立与实施质量管理体系是实行科学管理、完善组织结构、提高管理能力的需要，工程监理单位应严格依据质量标准体系建立和强化质量管理的监督制约机制、自我完善机制，保证组织活动或过程科学、规范地运作，从而提高工程监理单位服务质量，更好地满足客户需求。此项工作中，领导层的认识与投入是质量管理体系建立与实施的关键。因此，最高管理者要统一各管理层的思想认识，确定质量方针和质量管理体系目标。

(2) 教育培训，统一认识

质量管理体系建立和完善的过程，是始于教育，终于教育的过程，也是提高认识和统一认识的过程。应按照 ISO 标准的要求，对监理单位的决策层、管理层和执行层分别进行培训。

1) 决策层，包括监理单位的董事长、总经理、副总经理及总工程师等。结合本单位的实际情况，明确按照体系标准建立、完善质量管理体系的重要性和迫切性，提高监理单位领导层对按照标准建立质量管理体系的认识。

2) 管理层，包括管理、技术等职能部门的负责人和项目总监理工程师，以及与建立质量管理体系有关的工作人员，应全面接受质量管理体系标准的相关内容。

3) 执行层，即与监理单位监理服务质量形成全过程有关的作业人员。主要包括各专业监理工程师、监理员及各职能部门有关工程技术人员和管理人员。培训的主要内容为与本岗位质量活动有关的内容，包括在质量活动中应承担的任务，完成任务应赋予的权限，

第
二
章

调研

选择咨询机构 → 贯标决策

领导、中层、骨干(内审员)培训

建立领导班子

建立工作班子

选择认证机构 → 编制工作计划、环境与风险评价

策划与准备

质量方针、目标

过程适用性评价、体系覆盖范围确定

组织结构调整方案

质量体系总体验证

文件准备、文件小组、企业调查

领导评审 N / Y 质量手册编写(可选)

编制必要的专门程序(可选) 领导评审 N / Y

领导评审 N / Y 编制必要的作业文件

文件发布

建立文件的信息

质量体系文件宣贯

运行,建立记录

纠正措施

内部审核

管理评审

质量体系运行与改进

初审第一阶段审核或沟通

纠正措施

认证审核(第二阶段)

质量认证体系

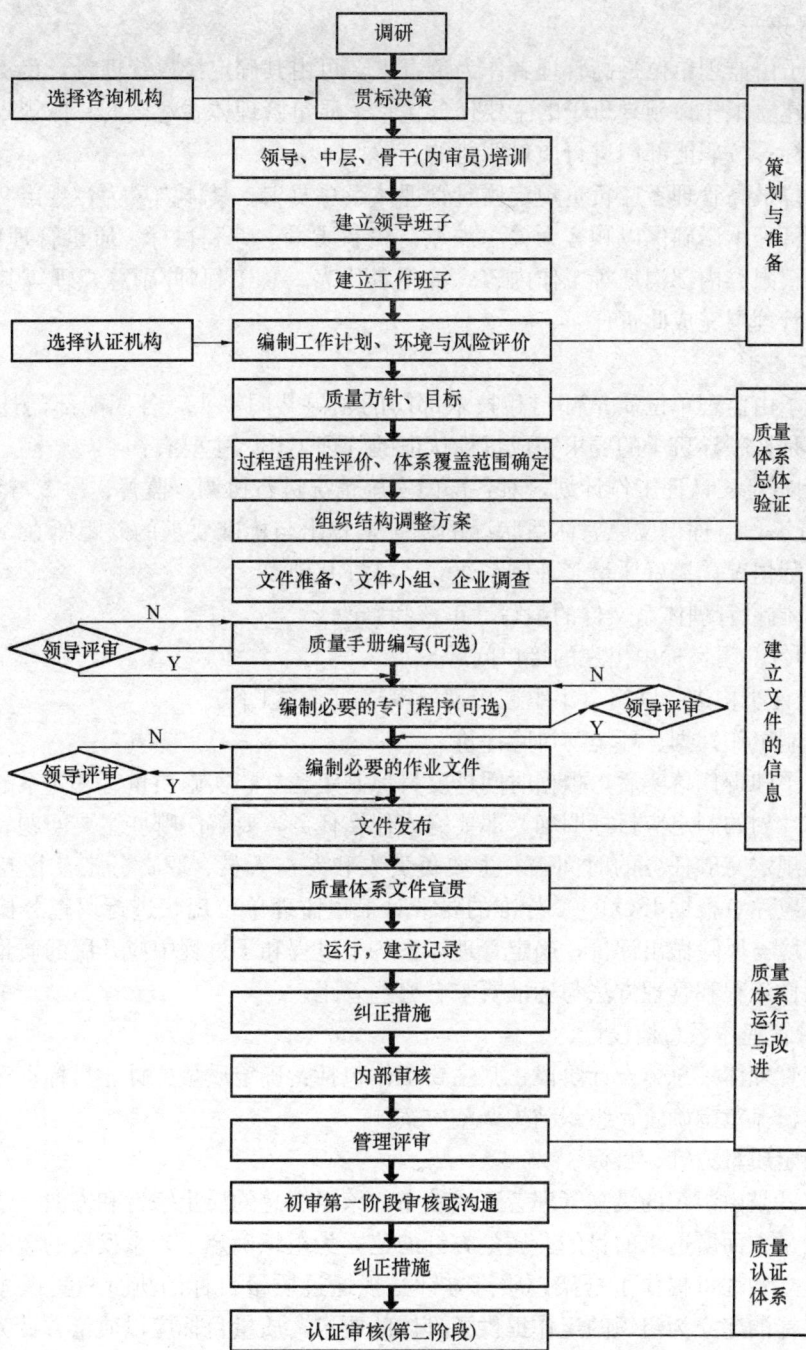

图 2-2 工程监理单位质量管理体系建立和实施过程

以及造成质量过失应承担的责任等。

（3）成立班子，明确任务

质量管理体系的建立与落实涉及工程监理单位所有领导、管理职能部门、现场项目监理机构和每位员工。为确保监理单位质量管理体系建立和实施，应成立领导班子和工作班子。

1) 领导班子

领导班子由监理单位最高管理者作为负责人，可由其确定授权管理者，负责具体质量管理体系的建立工作。领导班子的主要任务包括：质量管理体系建设的总体规划；制定质量方针和目标；按职能部门进行质量职能的分解。

监理单位最高管理者应负责规定质量管理体系总要求，具体内容为：规定文件要求的总则、做出管理承诺确保以顾客为关注焦点、编制质量方针和目标、质量管理体系策划、明确职责和权限、内部沟通等工作内容。管理者代表、总工程师/副总经理等其他领导层应协助最高管理层完成此责任。

2) 工作班子

工作班子由监理单位质量部门和技术部门的领导共同牵头，各职能部门选派代表参加。其任务是按领导班子的要求完成贯标认证的管理工作，主要有：

① 编制贯标、认证工作计划，对各部门实施情况进行协调、监督、检查与考核。

② 进行工程监理单位原有体系状况的调查，找出与标准要求的差距所在，结合工程监理单位实际情况，搞好质量管理体系建立，打好基础。

③ 组织质量管理体系文件的编写、审核和修改。

④ 协调各部门贯标中出现的接口问题。

⑤ 与认证机构进行联络，组织迎接现场审核的有关工作。

(4) 编制工作计划、环境与风险评价

工作班子和责任落实后，根据时间进度目标制定建立、实施质量管理体系的具体工作计划。工作计划的制定应目标明确，即要完成什么任务，要解决哪些主要问题，要达到什么目的，要规定完成任务的时间表、主要负责人和参与人员、职责分工及相互协作关系等。此外还应注意根据 ISO 9000 标准的要求对工程监理单位现状进行调查分析和做出诊断，并对环境与风险做出评价，确定管理体系各个过程和子过程中应开展的质量活动，明确现有的工作流程和管理方法与标准要求有哪些差距。

2. 质量管理体系总体设计

在质量管理体系总体设计阶段，其主要工作包括：确定质量方针、目标；过程适用性评价和体系覆盖范围确定；组织结构调整方案。

(1) 确定质量方针、目标

质量方针是由组织的最高管理者正式发布的该组织总的质量宗旨和方向，质量目标是指组织在质量方面所追求的目的。质量方针的建立为组织确定了未来发展的蓝图，也为质量目标的建立和评审提供了框架。质量方针必须通过质量目标的执行和实现才能得到落实，质量目标的建立为组织的运作提供了具体的要求，质量目标应以质量方针为框架具体展开。目标的内容要在组织当前质量水平的基础上，按照组织自身对更高质量的合理期望来确定，并适时修订和提高，以便与质量管理体系持续改进的承诺相一致。质量目标的实现对产品质量的控制、改进和提高、具体过程运作的有效性以及经济效益都有积极的作用和影响，因此也对组织获得顾客以及相关方的满意和信任产生积极的影响。

质量方针的制定应体现出监理单位在质量上的自我期望和努力的方向，它是与监理单位的战略发展方向相一致的，也反映了最高管理者在众多重大问题上的决策原则。明确的质量方针能够使监理单位的每个成员都清楚地理解本组织在质量方面努力的方向，从而建立质量方面的共同理念和共同愿景。

在质量方针给定的原则框架下，监理单位要制定具体的、可测量的质量目标。质量目标为监理单位确定了质量管理活动预期的结果，可以引导监理单位合理运用其资源达到预定目的。监理单位以本单位总的质量目标为纲，围绕总目标，为各职能部门、各管理层制定出能够支持总目标顺利实现的质量分目标，针对每个具体的监理项目。要结合自身监理服务的标准和要求制定监理项目服务质量方面的分目标。

监理单位质量目标的制定要突出监理工作服务性、公平性和科学性的要求，并且注意保证目标是可以定性或定量进行测量的，如使用建设单位满意率、合同履约率等能反映工作质量的可测量的指标作为质量目标的组成部分。通过测量监理单位内质量目标完成的程度，可以在一定程度上反映出质量管理体系运行的有效性。对质量方针和质量目标的适时修订，为监理单位的质量管理体系的持续改进提供了机会。

例如，某监理单位质量方针为"公平求实的监理，科学严格的控制，热情廉洁的服务，顾客满意的成品"，其内涵为：严格执行国家有关建设监理的政策、法规，运用科学的管理方法及现代科技知识，严格监控，尽职尽责完成监理任务。严格遵守职业道德，为建设单位提供优质的监理服务。总结、改进、提高，确保实现监理合同中对建设单位的承诺。

（2）过程适用性评价和体系覆盖范围确定

监理企业应确定为满足顾客要求和履行监理服务责任需要进行管理的全部过程，并对过程的适用性做出评价。该过程包括监理服务实现的主过程和其他支持过程。确定质量管理体系范围是监理单位建立质量管理体系是必须考虑的前提之一，其目的就是界定体系的边界和应用范围。

质量管理体系的范围界定应包含下列内容：

1）覆盖的产品或服务。如监理服务的工程类别或服务阶段都要清楚地逐一说明。

2）主要过程。监理服务的工程类别和阶段不同时，其过程方法或服务性质完全不同，此时就要描述所有的不同的主要过程。这要根据监理单位的实际情况来做分析和确定，不能一概而论。

3）地点范围。工程项目的特点决定了工程监理服务地点的分散性，需要界定体系覆盖的地点有哪些。一般情况是只要"对组织稳定地提供满足顾客要求和适用法律法规要求的产品和服务的能力具有影响或潜在影响"的地点，均应被界定为体系之内。

4）相关方要求。相关方的要求对监理单位的影响也是界定范围的重要因素。因为这些因素都可能影响体系过程的运行效率和效果。所以，在界定范围时，就要考虑利与弊，以及可能带来的风险。

（3）组织结构调整方案

建立健全质量管理体系机构，是监理单位拥有科学管理模式、严谨工作作风、高水平服务的基础。为适应和完善质量管理体系要求，按照 ISO 9001：2015 标准，结合监理单位服务特点，应调整组织机构设置、编制职能分配矩阵表，确定各部门职能分配及相互关系，落实职责权限，避免因责任意识淡薄、责任划分不明等问题而影响了管理效率及效果。

质量管理体系机构的各级成员应涵盖监理单位最高管理层、总工程师/副总经理、各职能部门、各项目监理机构等，如图 2-3 所示。

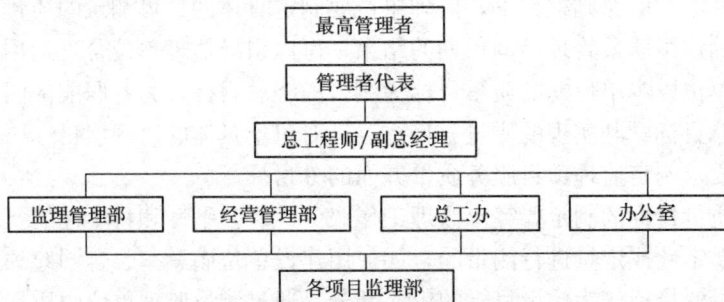

```
        ┌──────────────┐
        │   最高管理者   │
        └──────┬───────┘
        ┌──────┴───────┐
        │   管理者代表   │
        └──────┬───────┘
     ┌─────────┴─────────┐
     │  总工程师/副总经理   │
     └─────────┬─────────┘
  ┌────────┬──────┴──────┬────────┐
┌───────┐ ┌───────┐ ┌───────┐ ┌───────┐
│监理管理部│ │经营管理部│ │ 总工办 │ │ 办公室 │
└───────┘ └───────┘ └───┬───┘ └───────┘
                  ┌──────┴──────┐
                  │  各项目监理部  │
                  └─────────────┘
```

图 2-3 质量管理体系机构框图

3. 编写质量管理体系文件

质量管理体系的实施和运行是通过建立和贯彻质量管理体系的文件来实现的。质量管理体系文件要求为规范全体员工的质量行为提出一致性标准，是监理单位质量管理工作的纲领性文件，是衡量和评价监理单位质量管理水平的依据，同时也是提供第二方或第三方评定监理单位满足业主要求和法律法规要求能力的依据。编制适合自身特点并具有可操作性的质量管理体系文件是监理单位质量管理体系建立过程的中心任务。

编写质量管理体系文件的主要工作包括：文件准备和企业调查；编写质量手册；编制必要的专门程序；编制必要的作业文件；文件发布。

（1）质量管理体系文件的编制原则

监理单位组织编制质量管理体系文件时应遵循以下原则：

1）符合性。质量管理体系文件应符合监理单位的质量方针和目标，符合质量管理体系的要求。这两个符合性，也是质量管理体系认证的基本要求。

2）确定性。在描述任何质量活动过程时，必须使其具有确定性。即何时、何地、由谁、依据什么文件、怎么做以及应保留什么记录等必须加以明确规定，排除人为的随意性。只有这样才能保证过程的一致性，才能保障产品质量的稳定性。

3）相容性。各种与质量管理体系有关的文件之间应保持良好的相容性，即不仅要协调一致不产生矛盾，而且要各自为实现总目标承担好相应的任务，从质量策划开始就应当考虑保持文件的相容性。

4）可操作性。质量管理体系文件必须符合监理单位的客观实际，具有可操作性，这是体系文件得以有效贯彻实施的重要前提。因此，应该做到编写人员深入实际进行调查研究，使用人员及时反馈使用中存在的问题，力求尽快改进和完善，确保体系文件可以操作且行之有效。

5）系统性。质量管理体系应是一个由组织结构、程序、过程和资源构成的有机的整体。而在体系文件编写的过程中，由于要素及部门人员的分工不同，侧重点不同及其局限性，保持全局的系统性较为困难。因此，监理单位应该站在系统高度，着重搞清每个程序在体系中的作用，其输入、输出与其他程序之间的界面和接口，并施以有效的反馈控制。此外，体系文件之间的支撑关系必须清晰，质量管理体系程序要支撑质量手册，即对质量手册提出的各种管理要求都有交代、有控制的安排。作业文件也应如此支撑质量管理体系程序。

6）独立性。在关于质量管理体系评价方面，应贯彻独立性原则，使体系评价人员独立于被评价的活动（即只能评价与自己无责任和利益关联的活动）。只有这样，才能保证评价的客观性、真实性和公正性。同理，监理单位在设计验证、确认、质量审核、检验等活动中贯彻独立性原则也是必要的。

（2）文件准备和企业调查

质量管理体系是文件化的管理体系，应通过文件确定体系各方面的要求。将质量管理体系文件化是质量管理体系标准的基本要求，无论是出于认证需要还是出于管理需要，监理单位要贯彻实施质量管理体系标准，就必须编制质量管理体系文件。在编制质量管理体系文件前，应对监理单位的情况进行调查摸底。需调查的问题主要有：

1）现行机构设置及管理职责方面存在的问题（如职能、职责、相互关系、衔接等方面有何交叉、扯皮现象）。

2）清理监理单位管理文件，提出有哪些文件与 ISO 9001 标准要求不符合，应予废除或修订；需要补充哪些短缺文件。

3）现有质量记录表式、报告或其他证据，有哪些可以废除或继续使用，哪些需修改，哪些需按标准要求增补。

4）按标准对于质量管理体系各过程的要求，查明现有质量活动的开展情况，搞清与标准要求的质量活动相比，哪些还有差距，哪些尚未开展。

5）资源状况是否适应质量目标和 ISO 9000 标准要求，还短缺什么资源。

根据上述摸底情况，编制或修改质量管理体系文件，一般形成三个层次文件的信息：第一层次文件的信息为质量手册；第二层次文件的信息为程序文件；第三层次文件的信息为作业文件。

1）质量手册。质量手册是监理单位内部质量管理的纲领性文件和行动准则，应阐明监理单位的质量方针和质量目标，并描述其质量管理体系的文件，它对质量管理体系做出了系统、具体而又纲领性的阐述。

2）程序文件。质量手册的支持性文件，是实施质量管理体系要素的描述，它对所需要的各个职能部门的活动规定了所需要的方法，在质量手册和作业文件间起承上启下的作用。

3）作业文件。程序文件的支持性文件，是对具体的作业活动给出的指示性文件。

（3）编写质量手册

监理单位可根据的管理需求，确定是否编制质量手册。质量手册可按照"编写要做的，做到所写的"的原则进行编写。

（4）编制必要的专门程序

监理单位可根据的管理需求，确定是否编制程序文件，其内容与数量由监理单位根据管理要求自行决定。基于监理产品的特殊性，从满足监理工作需要和提高质量管理水平的角度出发，监理单位应编制控制质量管理体系要求的过程和活动的文件，例如：文件控制程序，质量记录控制程序，不合格品控制程序，内部审核控制程序，纠正措施控制程序和预防措施控制程序等。

（5）编制必要的作业文件

作业文件是指导监理工作开展的技术性文件，应按照国家与行业有关工程监理的法律法规、规范标准和质量手册"产品实现"章节中有关监理服务的策划与控制内容进行编制。作业文件的内容应以有关监理服务的策划与控制内容为基础，再进行进一步的细化、补充和衔接。

质量记录是产品满足质量要求的程度和监理单位质量管理体系中各项质量活动结果的客观反映。监理单位在编写程序文件的过程中，应同时编制质量管理体系贯彻实施所需的各种质量记录表格。包括：一类是与质量管理体系有关的记录，如合同评审记录、内部审核记录、管理评审记录、培训记录、文件控制记录等；另一类是与监理服务"产品"有关的质量记录，如监理旁站记录、材料设备验收记录、纠正预防措施记录、不合格品处理记录等。

（6）文件发布

目前多数监理单位按常规采取质量手册和程序文件总体一并发布实施的方法，若时间从容，则按部就班的贯标，便于监理单位集中宣贯，是一种可行的选择。若市场需求任务紧迫，则以采用按需求的轻重缓急顺序来组织文件的编写和发布，成熟一批，发布实施一批，这样做可以在质量管理体系文件最终建立起之前，部分体系文件和作业指导书可以开始试运行，有利于及时做出调整，并对体系文件的先进性和适宜性及早做出检验判断，可赢得更充裕的整改时间。

（二）质量管理体系的实施

质量管理体系的实施包括两个阶段：体系运行与改进和质量管理体系认证。

1. 质量管理体系运行及改进

工程监理单位在质量管理体系设计、体系文件编制完成后，需要将其付之于实践。通过试运行，考验质量管理体系文件的有效性和协调性，并对暴露出来的问题，采取纠正和改进措施，以达到进一步完善质量管理体系文件的目的。

质量管理体系运行及改正阶段需完成的主要任务有：质量管理体系文件宣贯；运行、建立记录；纠正措施；内部审核；管理评审。

（1）质量管理体系文件宣贯

质量管理体系运行中相关各岗位均应通过适当的教育、培训，并掌握相关的技能和具有一定的经验，从而保证其胜任本职工作。为保证管理人员的基本素质，监理单位管理人员的任聘应由经理办公会确定。监理单位人力资源管理部门应确定监理人员满足监理服务工作所需的任职资格，包括：岗位对学历和资历要求、岗位对专业技术的要求、岗位对能力的要求、岗位对思想素质的要求；应在每年第四季度对各项目监理机构人力资源状况进行分析，掌握监理人员分布及动态变化情况，对人力资源状况进行评估，根据全年监理工作目标完成情况及《岗位与职责》标准，以逐级考核的方式对管理人员、项目总监理工程师及监理人员进行考核。

在质量管理体系的设计策划中对监理单位各层级员工的培训目标、任务做了描述，在具体的实施过程中应按照质量管理体系文件中的规定定期进行培训。培训前，人力资源管理部门应根据监理服务的特点，明确不同类别工程对监理人员技术知识和能力的要求，掌握员工技术知识和能力的现状编制员工培训计划，并对培训活动进行考核，保存员工教育、经历、培训及资格认可的各项记录。

第二章

此外，应检查资源配置到位情况，进一步落实资源。

（2）运行、建立记录

监理单位各部门应按质量管理体系文件的规定实施管理，并留下规定的记录。

1）工作要点

A. 文件的标识与控制

①近年来，国家和地方为规范建筑市场，保障人民生命财产安全，出台了相关的法律法规及更新了部分规范标准。工程监理单位质量管理体系建立后应首先识别所有的规范标准，将国家废止的规范标准及时收回作废。现行的规范标准重新登记台账，以受控文件的形式发到各个部门和项目部。可设专门的部门及人员对此项工作进行管理，掌握文件的时效性，做到随时可以查到文件的存放地址。一旦文件发生变动能及时收回或变更，防止监理服务工作出现偏差。各个项目监理机构人员在日常监理工作中如发现文件有变动，可以通过联络单、电话通知或申请购置新规范等方式告知监理单位的文件管理部门及时变更。通过这样的方式实现全员参加控制，保证监理依据的准确、有效，从而保障了监理服务的质量。

②对于建设单位提供图纸应按照质量手册的相关要求进行标识。质量管理体系建立后，各个项目监理机构应能够按照质量手册的要求，建立相应的台账，做到对图纸进行文字性的标识，将工程变更的具体内容，如实地反映在原图上，使工程与图纸有关的各项变化一目了然；使项目监理机构的成员使用图纸更加利于查找、检索、存放；使得项目监理机构对顾客提供的产品的管理更加便捷。

对于监理合同的控制，可增加合同评审环节。监理合同签订前，要经过经营管理部、监理管理部、总工办各部门的共同评审。评审的内容包括服务要求、成本核算、资源配置等。对确实风险巨大或利润很少的工程，通过合同评审，可回避巨大风险或挖掘其利润空间，例如加大成本控制，建立人力、物力、技术资源共享等。通过合同评审，可保障优质监理服务过程的顺利实现。

③加强信息化管理。这不仅是质量管理体系试运行本身的需要，也是保证质量管理体系运行成功的重要组成部分。质量管理体系实施后，按照质量手册的要求，所有与质量活动有关的人员都应按体系文件要求，做好质量信息的收集、分析、传递、反馈、处理和归档等工作。例如，为了提高工作效率，规范档案管理，将人员身份证、学历证、职称证等原件以扫描的方式存入计算机中，变纸张存档为电子存档；为每位职工拍摄数码照片，长时间保存，方便各部门的使用，减少空间的占用，也使员工不用再为交张照片等小事往返监理单位。按照质量管理体系可追溯性的要求，管理人员及项目监理机构可将历年来形成的资料存放在电脑中，以便于查找。另外，还可以建立或优化监理单位的网站，使有条件上网的项目监理机构可以随时浏览到本监理单位的全部信息。建立局域网，让员工可以从共享的文件中查找想要的资料，做到资源共享，省时、高效。

B. 产品质量的追踪检查

① 建立两级质量管理体系，严格控制服务产品质量。监理单位向建设单位提供的产品就是监理服务，产品质量的优劣就是监理服务质量的高低。为了保证服务质量，在具体的实施中，监理单位可建立两级体系，即监理单位的质量管理体系和项目监理机构的质量控制系统两级管理模式。监理管理部作为项目监理机构质量管理活动的主责部门，联合总

工办以月检的方式对各个项目监理机构的质量管理活动进行控制。月检检查的内容可分为：质量管理体系的检查和质量控制体系的检查。除了检查监理的服务质量是否符合质量管理体系的运行情况外，还应检查各项目监理机构是否按规定要求开展了质量控制工作，相关人员是否到位等，并进行评审打分，检查过程中对项目监理机构在产品质量及管理方面存在的问题以《月检整改通知》的方式下发被检查的项目监理机构，并限期整改，整改的方式以《月检整改回复单》的形式体现。月检检查完成后，依据检查的情况以及整改回复的情况，对监理单位所有被查项目监理机构的服务质量实施量化的质量考核，所有的考核结果均与项目总监理工程师及项目监理机构年终考核紧密联系。

总监理工程师应检查监理规划与监理实施细则的质量控制措施是否落实、管理记录是否完整和符合规定要求等。

通过质量管理体系和质量控制系统的两级管理，使得监理单位对项目监理机构的管理得以简化，责任、分工更加明确，更强化对产品质量的追踪检查。

② 坚持定期召开监理例会，为产品服务质量提供保障。监理人员可利用会议的机会对工作中发现的问题进行分析，研究解决办法，制定改进措施，交流工作经验。

C. 物资管理

对物资的管理包括对建设单位财产的管理、监理过程中物品的保护以及监理设备的控制。

① 建设单位财产。监理单位经营管理部负责与建设单位商定或在合同中规定建设单位提供哪些用于监理服务的设备、设施等产品，项目监理机构负责查验、维护。

项目监理机构对建设单位提供工程设计文件应验证其是否完整配套、是否符合监理服务工作和有关合同要求。项目监理机构对建设单位提供工程的文件及变更文件进行分类登记，对工程变更签署《工程变更单》，并妥善保管。

② 产品防护。在监理服务过程中，应防止监理服务记录丢失或损坏，以确保监理服务的最终交付，本项活动由监理单位办公室负责监督管理，各项目监理机构负责具体实施。

项目监理机构负责项目质量文件、质量记录不发生丢失或损坏。项目监理机构撤场时，项目监理机构应将有关文件、质量记录进行清点，并作可靠的包装，确保在搬运中质量记录的齐全、完好。办公设施、监视和测量装置运输搬运应由项目监理机构采取妥善搬运方法加以防护。

在监理过程中，项目监理机构的质量记录应随发生随整理、分类、有序存放。文件柜、文件夹和防护措施得当，确保文件和记录不丢失、不损坏、不变质。

在完成监理合同中规定的监理任务后，项目总监理工程师应编写监理工作总结。其他应交付建设单位的监理资料送交建设单位。工程竣工后，项目监理机构应按现行国家标准《建设工程监理规范》GB/T 50319、《建设工程文件归档整理规范》GB/T 50328 等的要求整理相关资料，交总工办检查合格后，交办公室存档。不合格的应退回重新整理。办公室将移交的资料统一编号建账入资料库。

③ 监理设备的控制。监理设备主要是指用于工程监理的办公、交通、通信、检测和测量等设备装置，如计算机、照相机、经纬仪、水准仪、数据回弹仪、全站仪、反射器系统、钢筋直径/保护层厚度测试仪、渗漏录检仪、激光测距仪等。质量管理体系建立后，

项目监理机构应按照质量手册的要求，标定仪器并定期对工具和设备进行检测，保证设备的可靠性；另外，在设备的使用中，监理人员也要对自己的监视和测量装置建立台账，进行标定，以确保服务产品的质量得以提高。具体管理过程为：①确保产品符合规定要求需实施的测量和监视活动以及对所需装置进行识别，建立必要的控制过程；②在监理规划中应明确配备的测量和监视装置并及时配备提供；③建立测量和监视装置台账，编制周期检定（校准）计划并予以实施；④现场审核测量和监视装置的标识、贮存情况应符合要求；⑤对测量和监视装置偏离校准状态时，对先前测量结果的有效性评定与复评，依据复评结果采取相应的纠正措施。

2）质量管理体系有效运行要求

质量管理体系的有效运行可以概括为全面贯彻、行为到位、适时管理、适中控制、有效识别、不断完善。

A. 全面贯彻

所谓全面贯彻就是讲究系统性、整体性，全面贯彻七项管理原则，全面使用适宜的管理科技和管理技巧，要素全部按照 PDCA 循环展开，不可偏废，取得整体成效。

质量管理体系管理到位的充分必要条件是：按照七项管理原则建立的质量管理体系各个要素应按照 PDCA 循环展开，应充分使用适宜的管理技巧，使各项要求均予满足，防止过程落入失控状态；整个管理水平取决于要素平均管理水平和要素管理水平最低者。

ISO 提出的七项管理原则是一系列国际管理体系标准的依据，涵盖了管理科技和管理艺术多方面的成就。因此需要全面的贯彻。而将要素按照 PDCA 循环展开，就是将持续改进的机制引进质量管理体系，提高自我完善和自我提高的能力。

B. 行为到位

所谓行为到位就是质量管理行为应当覆盖所有的管理空间，做到管理到位。

质量管理体系要素管理到位的必要条件是管理行为覆盖其要素定义的管理空间。管理要素以它的各项要求构成了管理空间，管理行为要满足要素的各项要求，也就是覆盖它所构建的管理空间。而那些管理行为尚未顾及的地方称之为管理真空或管理盲点。管理盲点会妨碍管理要素作用的发挥，导致产生主导质量问题，甚至出现过程失控的局面。

质量管理体系做到行为到位，其含义包括：文件规定到位、过程控制到位、方针目标管理到位和持续改进到位。

文件规定到位：在编制质量管理体系文件时应当回答 5W2H（为什么？是什么？何处？何时？谁负责？怎么做？质量如何或费用如何？）问题，这些问题的回答应当准确地满足要素运行标准的要求、建设单位的要求、法律法规的要求，下级文件则应当满足上级文件的要求。

过程控制到位、方针目标管理到位：这两个到位离不开人员的培训。各个岗位人员能够正确理解、熟练操作和一丝不苟地执行要素的管理要求，才能保证过程、方针的有效性。

持续改进到位：审核是持续改进到位的关键。测量运行中的管理行为是否到位，也就是进一步推动要素管理执行性和有效性问题的解决，通过纠正措施使体系持续改进。

C. 适时管理

所谓适时管理就是管理行为的动态性、时间性和周期性，要求在正确的时间做正确的事，须及时、准时，不要超时、误时。

质量管理体系要素管理到位的根本条件和基础是时间管理。时间管理渗透在质量管理体系的各个层次、各个要素、各个方面。法律、标准、指标包含时间；建设单位要求服务在一定期限内提供；过程流程需要时间；PDCA 循环需要时间。市场预测、预防措施是对未来的管理；过程控制是对现在的管理；记录和资料管理是对过去的管理等。管理时间重要的是现在的管理，例如施工现场的质量安全管理等。但是仅仅估计现在是不够的，质量管理体系要求越是高层的管理者越要关注未来，例如市场走向、可能的风险等。当然，时间管理也要对历史进行管理，做好管理记录，建立可追溯系统等，使得以史为鉴，未来的路走得更好。

D. 适中控制

所谓适中控制就是管理行为要适中，掌握好度，做到恰到好处，既不应过火，也不应不足。

质量管理体系要素管理到位的关键支柱是管理行为标准化和执行标准的水平。ISO 9001 质量管理体系要求组织的最高管理者尊重法律，领导全体员工遵守法律法规和标准。

对于工程监理单位来说其能否遵守法律法规及相关规范不仅关系到质量管理体系运行的有效性，更关系到建设项目的质量及人身安全，因此不能有任何疏忽与亵渎。

E. 有效识别

所谓有效识别就是管理行为对于事物状态的识别能力，对于问题、真伪的鉴别能力以及对于严重程度的判断能力等。

质量管理体系要素管理到位的前提和保证是管理体系的识别能力，鉴别能力和解决能力。过程方法是控制论在质量管理体系中的运用。它要求我们有能力识别过程、识别过程变化趋势、变异，以便有效控制过程。识别贯穿于整个质量管理体系的建立过程中。建立体系时需要对过程、环境因素和危险源进行识别，而对体系过程的识别是基于对建设单位要求的识别、对适用法律法规的识别，改进体系时需要对改进机会进行识别；分配职责时需要对人员能力的鉴别。另外，在质量管理体系中特别设立"监视、测量和改进"要素，要求对体系、过程、服务分别进行不同频次的全方位监视和测量。可以说，质量管理体系的控制力来自于识别力。

F. 不断完善

所谓不断完善就是管理行为的变革性，对于内外环境的适应性，无论管理要素还是整个质量管理体系都能适时调整、变化，不断完善。

质量管理体系要素管理到位的深度取决于管理行为推动 PDCA 循环程度。质量管理体系的深度体现在以下方面：①管理的执行性和有效性如何；②应变能力如何；③自我完善和改进的机制是否运行有效。不难看出，只要自我完善和改进机制运行有效，即使前两条有些问题，也不难克服，因此第③条更为重要，所以把涉及改进和推动改进的要素称为深度要素。

PDCA 循环是历史经验的总结，具有普遍性，它体现不断完善、持续改进的理念。要素管理进入 PDCA 循环，才能有效建立其自我完善机制，才能有效推进持续改进；进而使个体持续改进，与时俱进。

（3）纠正措施

针对监理服务质量和过程控制中的问题及内部质量审核中发现的不符合项及风险问题，开展纠正、预防措施活动，将所发现的问题加以解决。

1）纠正措施

为使质量管理体系运行中的不合格得到控制，消除产生不合格的原因，各级管理层及项目监理机构要注意：①对不合格的重要程度及风险性进行确认，判断是否需要采取纠正措施；②对生产的不合格原因进行分析；③评价确保不合格不再次发生的措施；④确定和实施已确定的纠正措施并提供证据；⑤记录实施措施的结果，主管领导评审所采取措施的有效性。

2）预防措施

充分利用质量管理体系运行及监理过程的数据及以往管理、监理服务中的历史经验，对潜在发生的影响质量管理体系运行和监理服务质量问题采取措施进行控制，消除潜在的不合格的原因，对任何过程的控制应识别潜在的不合格及其原因。具体过程为：①确定开展的预防措施并得到审批；②有关部门依据预防措施实施；③记录所采取措施的过程；④预防措施的效果应进行评价，提供实施效果的证据。

（4）内部审核

内部审核是监理单位内部的质量保证活动。由监理单位内部审核人员对预定的受审核部门质量管理体系及其各要素实施状况进行审核，以便发现问题，采取纠正措施，保证其质量管理体系有效运行。认证前，一般需进行 2～3 次。

1）内部审核的目的

A. 确定受审核方质量管理体系或其一部分与审核准则的符合程度；

B. 验证质量管理体系是否持续满足规定目标的要求且保持有效运行；

C. 评价对国家有关法律法规及行业标准要求的符合性；

D. 作为一种重要的管理手段和自我改进机制，及时发现问题，采取纠正措施或预防措施，使体系不断改进；

E. 在外部审核前做好准备。

2）内部审核的原则

在进行审核时需要遵守一定的原则。这些原则使审核成为支持管理方针的有效工具，并为监理单位提供可靠的提高绩效的信息。

A. 道德行为：职业的基础。对审核而言，诚信、正直、保守秘密和谨慎是最基本的职业道德。

B. 公正表达：真实、准确地报告的义务。审核结论和审核报告应真实、准确地反映审核活动。报告审核过程中遇到的重大障碍以及体系中的缺陷。

C. 职业素养：在审核中勤奋，并具有判断力。审核人员应重视所执行的任务，不辜负委托方的信任，在工作中认真负责，并具有必要的能力。

D. 独立性：审核的独立性是保证审核的公正性和审核结论客观的基础。审核活动应独立于组织的其他活动。审核人员在审核过程中应不带偏见，没有利益冲突，保持客观的心态，以保证审核的结果建立在审核证据上，具有客观性。

E. 基于证据的方法：在一个系统的审核过程中，得出可信和可重现的审核结论的合理方法。审核证据是可证实的。由于审核是在有限的时间内,并在有限的资源条件下进行的,因此审核证据是建立在可获得的信息样本基础上的。抽样的合理性与审核结论的可信性密切相关。

3) 内部审核的内容与程序

A. 内部审核的内容

内部审核的主要内容应主要包括:①质量方针和质量目标是否可行;②质量管理体系文件是否覆盖本企业所有主要质量活动,各文件之间接口是否清楚;③组织结构能否满足质量管理体系运行的需要,各部门、各岗位的质量职责是否明确;④质量记录能否起到见证作用;⑤日常工作中质量管理体系文件规定执行情况。在进行内部审核时应注意:①在试运行阶段,审核体系的符合性和适用性;在正式运行阶段,重点则在符合性;②在试运行中要对所有要素审核一遍。

B. 内部审核流程

内部审核的流程如图 2-4 所示。

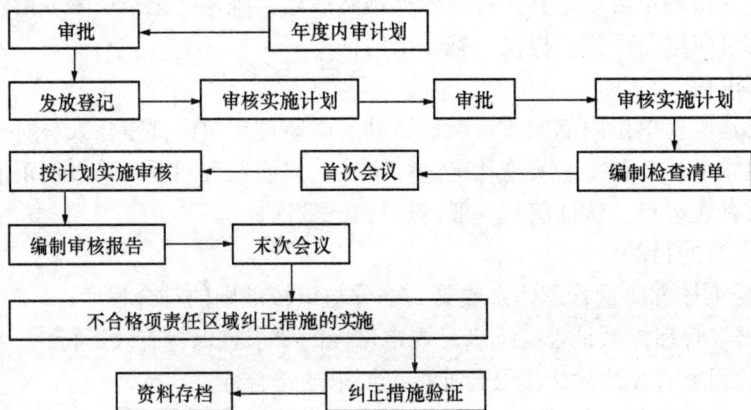

图 2-4　内部审核流程图

内部审核流程图的控制要点:

①应对审核方案进行策划,策划的结果适合组织现状并得到审批;

②审核资料准备时应做好审核人员、文件资料和其他资源的准备工作,要确保审核的独立性、覆盖面、有效性按规定要求实施,审核员与被审核区域无关;

③首次会议是内审组织与受审核方的负责人与有关人员召开的,内审组长介绍审核的目的、范围、时间及要求,由受审核方确定陪同人员;

④审核中发现的问题有记录,应及时采取纠正措施,并对纠正措施进行验证报告;

⑤末次会议是在现场审核后召开的,在会议上内审组织要汇报审核结果和改进建议。

(5) 管理评审

管理评审是由监理单位最高管理者关于质量管理体系现状及其对质量方针和目标的适宜性、充分性和有效性所作的正式评价。内部、外部审核结果可作为评审的依据之一。最高管理者应按规定的时间间隔开展质量管理体系的管理评审活动,发现问题、进行风险评估并持续改进。在方式上可采用调查研究、分析情况后提出评审报告草案，再召开评审会议讨论的方法进行。

1）管理评审的目的

管理评审的目的主要是：①对现行的质量管理体系能否适应质量方针和质量目标做出正式的评价；②质量管理体系与组织的环境变化的适宜性做出评价；③调整质量管理体系结构，修改质量管理体系文件，使质量管理体系更加完整有效，持续改进。

2）管理评审流程

管理评审流程如图 2-5 所示。

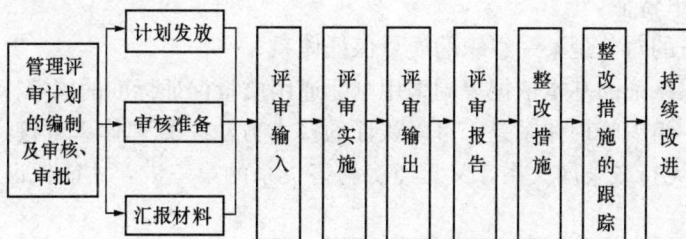

图 2-5　管理评审流程图

上述流程主要控制要点：

A. 最高管理者应按规定的时间间隔组织管理评审；

B. 管理评审应按计划有步骤地实施；

C. 评审的输入与标准的要求和计划相一致；

D. 评审的范围应全面，提交报告的部门应有代表性；

E. 最高管理者提出的任何决定和要求清晰，输出符合要求；

F. 管理评审报告编制符合要求并得到最高管理者审批；

G. 管理评审报告应反映质量管理体系运行的有效性、符合性和充分性；

H. 管理评审的输出按计划组织实施和跟踪，最终使改进要求得到落实。

3）持续改进

进行质量管理体系评审的目的是使体系能够持续改进。持续改进是维持质量管理体系生命力的保证，对监理单位来说更是如此。一是体系建立并运行一段时间后可能会发现其中有不完善的地方，通过改进使之成为更加适合本监理单位的管理模式。二是监理行业出台新的要求和标准后，监理单位都要改进原有质量管理体系，适应监理行业新的要求。持续改进的过程如下：

要想做到持续改进，就必须在工作中发现改进的机会，具体方法有：①监理单位各部门质量改进的策划应体现在年度工作计划及日常质量管理体系运行的工作中；②监理管理部通过质量方针和目标、内部质量审核、管理评审等活动寻求持续改进的机会，确定改进的方向；③监理管理部通过监理过程质量控制中的数据分析活动，寻求实现质量目标和监理控制过程改进的机会，确定改进方向并实施改进活动；④各职能部门及各项目监理机构通过纠正和预防措施活动及有关数据分析监控活动，寻求改进的方向并实施改进活动。

2. 质量管理体系认证

在完成上述四个阶段贯标工作之后，监理单位就基本具备了由认证机构实施现场审核和体系认证的条件。体系认证又称管理体系注册，是从产品认证中分离并发展起来的，目前已经成为质量认证体系中的重要组成部分。

（1）体系认证的含义

体系认证是证明企业的管理体系符合某一管理体系标准，如 ISO 9001：2015，具有质量保证能力的活动。企业必须经过体系认证机构的确认，并颁发体系认证证书或办理管理体系注册。

认证具有如下特征：

1）体系认证的对象是某一组织的质量保证体系；

2）实行体系认证的基本依据等同采用国际通用质量保证标准的国家标准；

3）鉴定某一组织管理体系是否可以认证的基本方法是管理体系审核，认证机构必须是与供需双方既无行政隶属关系，又无经济利害关系的第三方，才能保证审核的科学性、公正性与权威性；

4）证明某一组织质量管理体系注册资格的方式是颁发体系认证证书。

组织取得管理体系注册资格后认证机构会通过名录或公告、公报的形式向社会公布其名称、地址、法人代表及注册的管理体系标准。

（2）认证与认可的区别

认可是指由授权机构依据程序对某个组织或某个人具有从事特定任务的能力予以正式承认。认可的对象是从事特定任务的团体或个人，可以是认证机构、认证人员、培训机构等。认可按规定程序进行，取得认可资格的证明方式是认可证书或注册资格证书。

认证与认可的区别如下：

1）认证是由第三方进行，认可是由授权的机构进行；

2）认证是书面保证，认可是正式承认；

3）认证是证明认证对象与认证所依据的标准符合性，认可是证明认可对象具备从事特定任务的能力。

（3）认证的程序

质量管理体系认证一般要经过递交申请、签订合同、体系审核、颁发证书、监督等程序。其中，质量管理体系的初次认证审核分为两个阶段实施：第一阶段和第二阶段。

1）第一阶段审核

第一阶段审核一般由认证机构视需要并与监理单位协商后安排第一阶段审核组。通过认证机构审核组的第一阶段审核，对监理单位来说可以收到以下效果：

A. 进一步明确认证机构对标准要求掌握的尺度。

B. 发现质量管理体系运行状态与认证要求之间现存的主要差距。

C. 熟悉审核人员，以避免正式现场认证审核时可能出现的紧张的心理状态。

一般来说，第一阶段审核时对监理单位的帮助较大，对于实现第二阶段现场正式审核一次性通过，有积极的促进作用。

目前，国家认可委相关规范要求初审时一般要进行两个阶段的审核，多数认证机构一般不采用第一阶段审核而直接进行第二阶段的正式审核形式，但在认证前加强与被审核监理单位的沟通和文件审查。只有当执行新标准，被审核监理单位产品和服务较复杂，需要到现场才能对被审核监理单位有足够的了解或应申请认证监理单位邀请时，才会进行第一阶段审核。

认证机构进行第一阶段审核的目的是：

A. 审核监理单位的管理体系文件；

B. 评价监理单位的运作场所和现场的具体实际情况，以确定第二阶段的审核准备情况；

C. 审查监理单位理解和实施标准要求的情况，特别是对关键绩效或重要因素、过程、目标和运作的识别情况；

D. 收集关于监理单位的环境及体系范围、过程和场所的必要信息，以及相关法律法规要求和遵守情况；

E. 审查第二阶段审核所需资源的配置情况，并与监理单位商定第二阶段审核细节；

F. 为策划第二阶段审核提供关注点；

G. 评价监理单位是否策划和实施内审和管理评审，以及监理单位管理体系实施的程度是否满足第二阶段审核组的审核基本条件。

认证机构一般都会将第一阶段的审核发现，形成文件并告知监理单位，包括识别引起的关注和在第二阶段现场审核时，可能被判为不符合的问题。

认证机构在确定第一阶段和第二阶段审核的间隔时间时，一般也会与监理单位进行沟通商定。这个时间的确定是双方在考虑监理单位对在第一阶段审核中识别发现的所有关注问题得到解决后进行的。监理单位应抓紧时间认真进行整改、验证，并确保达到认证依据的标准和认证机构第二阶段的审核要求。此后，便可适时与认证机构沟通，安排第二阶段的正式现场认证审核。

2）第二阶段审核

第二阶段审核的目的是评价监理单位管理体系实施的情况和有效性。第二阶段审核一般都为现场审核。主要包括以下方面：

A. 监理单位审核的范围与标准和其他必要的文件要求的符合情况和证据；

B. 监理单位依据关键绩效目标和指标，对产品和服务、过程的绩效，进行的监视、测量、分析和评价；

C. 监理单位遵守法律、法规情况；

D. 监理单位对质量管理体系过程的运行控制情况；

E. 监理单位的内审和管理评审；

F. 监理单位的质量方针的落实、管理和控制；

G. 监理单位的自我发现问题、完善体系和过程的机制和有效性等。

（4）认证后的整改

一般情况下，现场审核（包括：第一阶段、第二阶段、年度监督和再认证审核）后审核组都会针对审核中发现的问题向监理单位开出书面的不符合项报告，或口头的观察项（证据不充分不构成不符合，或在短时间内难以整改的）。

1）不符合项的性质分类

A. 严重不符合项。对质量管理体系出现系统性的失控、质量管理体系基本没建立起来或基本没有运行、质量管理体系存在重大风险或重大风险没有识别、体系运行期间出现产品和服务事故造成重大财产损失和严重社会影响、出现严重与质量方针相悖的行为活动等，均被判为性质严重。一般现场审核时对严重不符合项的开具均持谨慎态度。

B. 一般不符合项。除严重不符合项之外，个别的过程、部门、活动和环节出现这样或那样的问题，只要审核发现证据充分、确凿，均构成一般不符合项。但审核组在开具不符合项报告时，一般都要考虑部门、活动、区域等几个方面，不一定所有的问题都被开成书面的不符合，这个尺度一般由第三方认证机构规定和审核组（特别是审核组长）灵活把握。

C. 不符合项性质对审核结论的影响。严重不符合项只要有一项或一项以上，现场审核结论就应该为"不通过"或"整改后重新申请"；一般不符合项不管有几个，都不会影响"有条件通过现场审核"的结论。有条件的含义是在所有开具的一般不符合项整改完成并经审核组（一般由审核组长完成，需要时还应有专业审核员或专家参加共同完成）验证合格后，通过现场审核。

2）不符合项的整改

A. 整改期限：行业惯例是发现严重不符合项的 3 个月之内；

B. 整改依据：按认证机构及审核组要求整改；

C. 整改程序：按体系标准进行；

D. 整改要求：一般由管理者代表组织，负责部门和责任部门对不符合项进分析、评价，制定纠正措施，经管理者代表确认后责任部门负责实施，主管部门或指定内审员验证，管理者代表确认签字，按规定时间报送审核组或认证中心。

二、项目质量控制系统的建立和实施

由于监理服务工作主要在工程项目现场，为保证工程监理单位质量管理体系的有效运行，项目监理机构应针对具体工程项目质量的要求和特点，建立项目质量控制体系。项目质量控制体系应通过监理规划和监理实施细则等文件做出具体的规定。

（一）项目质量控制系统的特点和构成

1. 工程项目质量控制系统的特性

项目监理机构的工程质量控制系统是在监理单位质量管理体系框架下建立的一次性目标控制工作系统，具有下列特性：

（1）工程项目质量控制系统是以工程项目为对象，由项目监理机构负责建立的面向监理项目开展质量控制的工作体系。

（2）工程项目质量控制系统是项目监理机构的一个目标控制子系统，它与工程项目投资控制、进度控制、合同管理、信息管理与安全生产管理职责，共同构成项目监理机构的工作内容。

（3）工程项目质量控制系统根据工程项目监理合同的实施而建立，随着建设工程项目监理工作的完成和项目监理机构的解体而消失，因此，是一个一次性的质量控制工作体系，不同于监理单位的质量管理体系。

2. 工程项目质量控制系统的构成

工程项目质量控制系统应包括组织机构、工作制度、监理程序、监理方法和监理手段等。

（二）项目质量控制系统建立和运行的主要工作

工程项目质量控制系统的建立运行是为了有效贯彻监理单位的质量管理体系，进行系统、全面的项目质量控制。

1. 建立组织机构

项目监理机构是工程监理单位派驻工程负责履行建设工程监理合同的组织机构，是建立和实施项目质量控制系统的主体。其健全程度、组成人员素质及内部分工管理的水平，直接关系到整个工程质量控制的好坏。

项目监理机构的组织形式和规模，应根据建设工程监理合同约定的服务内容、服务期限，以及工程特点、规模、技术复杂程度、环境等因素确定，监理人员应由总监理工程师、专业监理工程师和监理员组成，且专业配套、数量应满足建设工程监理工作需要。

2. 制定工作制度

项目监理机构应建立相关制度，有效实施质量控制。

（1）施工图纸会审及设计交底制度

在工程开工之前，必须进行图纸会审，在熟悉图纸的同时排除图纸上的错误和矛盾。项目监理机构应于开工前协助建设单位组织设计、施工单位进行图纸会审；协助建设单位督促组织设计单位向施工单位进行施工设计图纸的全面技术交底，提出对关键部位、工序质量控制的要求，主要包括设计意图、施工要求、质量标准、技术措施等。图纸会审应以会议形式进行，设计单位就施工图纸设计文件向施工单位和监理单位做出详细说明，使施工单位和监理单位了解工程特点和设计意图，随后通过各相关单位多方研究，找出图纸存在的问题及需要解决的技术难题，并制定解决方案。图纸会审和设计交底会议纪要应由与会单位代表和总监理工程师共同签认。会议纪要一经签认，即成为施工和监理的依据。

（2）施工组织设计/施工方案审核、审批制度

在工程开工前，施工单位必须完成施工组织设计的编制及内部审批工作，填写《施工组织设计/（专项）施工方案报审表》报送项目监理机构。总监理工程师在约定的时间内，组织专业监理工程师审查，提出意见后，由总监理工程师审核签认。需要施工单位修改时，由总监理工程师签发书面意见，退回施工单位修改后重新报审。施工单位应严格按审定的施工组织/施工方案设计文件施工。

（3）工程开工、复工审批制度

当工程项目的主要施工准备工作已完成时，施工单位可填报《工程开工报审表》，总监理工程师组织专业监理工程师审查施工单位报送的开工报审表及相关资料；同时具备下列条件时，应由总监理工程师签署审查意见，并应报建设单位批准后，总监理工程师签发工程开工令：

1）设计交底和图纸会审已完成；

2）施工组织设计已由总监理工程师签认；

3）施工单位现场质量、安全生产管理体系已建立，管理及施工人员已到位，施工机械具备使用条件，主要工程材料已落实；

4）进场道路及水、电、通信等已满足开工要求。

否则，施工单位应进一步做好施工准备，待条件具备时，再次填报开工申请。

（4）工程材料检验制度

材料进场必须有出厂合格证、生产许可证、质量保证书和使用说明书。工程材料进场后，用于工程施工前，施工单位应填报《工程材料、构配件、设备报审表》，项目监理机构应审查施工单位报送的用于工程的材料、构配件、设备的质量证明文件，包括进场材料出厂合格证、材质证明、试验报告等，并应按有关规定、建设工程监理合同约定，对用于工程的材料进行见证取样、平行检验。

项目监理机构对已进场经检验不合格的工程材料、构配件、设备，应要求施工单位限期将其撤出施工现场。

（5）工程质量检验制度

工程质量检验前，施工单位应按有关技术规范、施工图纸进行自检，自检合格后填写隐蔽工程、关键部位质量报审、报验表，并附上相应的工程检查证明（或隐蔽工程检查记录）及相关材料证明、试验报告等，报送项目监理机构。项目监理机构应对施工单位报验的隐蔽工程、检验批、分项工程和分部工程进行验收，对验收合格的应给予签认；对验收不合格的应拒绝签认，同时应要求施工单位在指定的时间内整改并重新报验。

对已同意覆盖的工程隐蔽部位质量有疑问的，或发现施工单位私自覆盖工程隐蔽部位的，项目监理机构应要求施工单位对该隐蔽部位进行钻孔探测或揭开或其他方法进行重新检验。

（6）工程变更处理制度

如因设计图错漏，或发现实际情况与设计不符时，对施工单位提出的工程变更申请，总监理工程师应组织专业监理工程师审查施工单位提出的工程变更申请，提出审查意见。对涉及工程设计文件修改的工程变更，应由建设单位转交原设计单位修改工程设计文件。必要时，项目监理机构应建议建设单位组织设计、施工等单位召开论证工程设计文件的修改方案的专题会议。工程变更往往会对工程费用和工程工期带来影响，总监理工程师应组织专业监理工程师对工程变更费用及工期影响做出评估并组织建设单位、施工单位等共同协商确定工程变更费用及工期变化，会签工程变更单。

工程变更由总监理工程师审核无误后签发。项目监理机构根据批准的工程变更文件监督施工单位实施工程变更，做好工程变更的闭环控制和签证、确认工作，为竣工决算提供依据。

（7）工程质量验收制度

施工单位完工，自检合格提交单位工程竣工验收报审表及竣工资料后，项目监理机构应组织审查资料和组织工程竣工预验收。工程存在质量问题的，应要求施工单位及时整改；工程质量合格的，总监理工程师应签认单位工程竣工验收报审表。工程竣工预验收合格后，项目监理机构应编写工程质量评估报告，并应经总监理工程师和工程监理单位技术负责人审核签字后报建设单位。

项目监理机构应参加由建设单位组织的竣工验收，对验收中提出的整改问题，应督促施工单位及时整改。工程质量符合要求的，总监理工程师应在工程竣工验收报告中签署意见。

（8）监理例会制度

项目监理机构应定期组织召开监理例会，研究协调施工现场包括计划、进度、质量、安全及工程款支付等问题，可有参建各方负责人参加，施工单位书面向会议汇报上期工程情况及需要协调解决的问题，提出下期工作计划。监理例会应沟通工程质量及工程进展情况，检查上期会议纪要中有关决定的执行情况，分析当前存在的问题，提出问题的解决方案或建议，明确会后应完成的任务。项目监理机构根据会议内容和协调结果编写会议纪要并由与会各方签字确认，会议纪要须经总监理工程师批准签发后分发给各单位。

（9）监理工作日志制度

在监理工作开展过程中，项目监理机构每日填写监理日志。监理日志应反映监理检查工作的内容、发现的问题、处理情况及当日大事等。监理日志的填写要求及时、准确、真实，书写工整，用语规范，内容严谨。监理日志要及时交总监理工程师审查，以便及时沟通了解现场状况，从而促进监理工作正常有序地开展。

3. 明确工作程序

监理工作是一项技术复杂的工作，监理工程师必须有计划、按规范的工作程序开展工作，否则，轻则带来不必要的麻烦，重则造成无法挽回的损失或后果。在工程质量控制中，监理工作应围绕影响工程质量的人、机、料、法、环五大因素和事前、事中、事后三个阶段，按规范的工作程序开展监理工作，才能有效地控制工程施工质量。

4. 确定工作方法和手段

监理工作中实际应用的方法很多，但是不论什么控制方法，均体现在数据或质量特性值的处理方法上。通常使用的频数分布图、直方图、排列图、因果分析图、控制图、相关图等质量分析方法详见第三章。

监理工作中的主要手段为：

（1）监理指令

对监理检查发现的施工质量问题或严重的质量隐患，项目监理机构通过下发监理通知单、工程暂停令等指令性文件向施工单位发出指令以控制工程质量，施工单位整改后，应以监理通知回复单回复。

（2）旁站

旁站监理是针对工程项目关键部位和关键工序施工质量控制的主要监理手段之一。通过旁站、可以使施工单位在进行工程项目的关键部位和关键工序施工过程中严格按照有关技术规范和施工图纸进行，从而保证工程项目质量。

旁站人员应在规定时间到达现场，检查和督促施工人员按标准、规范、图纸、工艺进行施工；要求施工单位认真执行"三检制"（自检、互检、专检）；根据测量数据填写相关的旁站检查记录表；旁站结束后，应及时整理旁站检查记录表，并按程序审核、归档。

（3）巡视

项目监理机构应对工程项目进行的定期或不定期的检查。检查的主要内容有：施工单位的施工质量、安全、进度、投资各方面实施情况；工程变更、施工工艺等调整情况；跟踪检查上次巡视发现问题，监理指令的执行落实情况等，对于巡视发现的问题，应及时做出处理。巡视检查以预防为主，主要检查施工单位的质量保证体系运行情况。

（4）平行检验和见证取样

平行检验应在施工单位自行检测的同时，项目监理机构按有关规定及建设工程监理合同的约定对同一检验项目进行检测试验。

见证取样应在施工单位进行试样检测前，项目监理机构对施工单位进行的涉及结构安全的试块、试件及工程材料现场取样、封样、送检工作实施监督。

5. 项目质量控制系统的改进

项目质量控制系统在运行过程中，必须根据工程项目的具体情况，持续地对质量控制的结果进行反馈，对于未考虑到、不合理或者是有问题的部分加以增补和改进，然后继续进行反馈，持续不断地进行改进。

项目监理机构需要定期地对项目质量控制的效果进行检查和反馈，并对系统进行评价，对于发现的问题及时的寻找其发生原因，然后对项目质量控制系统相关的部分进行调整和改进，对调整和改进后的系统继续进行跟踪反馈和评价，继续改进和完善。这个过程应该是一个不断循环前进的过程。

第三节 卓越绩效模式

卓越绩效模式（Performance Excellence Model）是当前国际上广泛认同的一种综合的组织绩效管理方法，是为组织的所有者、业主、员工、供方、合作伙伴和其他相关方不断创造价值，促进共同发展与进步，提升组织整体绩效，使组织获得持续成功的先进方法。一个追求成功的组织，可以从管理体系的建立、运行中取得绩效，并持续改进其业绩、取得成功。而对于一个成功的组织如何追求卓越，则由"模式"提供了评价标准，组织可以采用这一标准集成的现代质量管理的理念和方法，不断评价自己的管理业绩，走向卓越。

2004 年 8 月 30 日，我国颁布了《卓越绩效评价准则》GB/T 19580—2004 和《卓越绩效评价准则实施指南》GB/Z 19579—2004，标志着我国质量管理工作进入了与国际接轨和提升国际竞争力的新阶段。2012 年 3 月，又发布了《卓越绩效评价准则》GB/T 19580—2012 和《卓越绩效评价准则实施指南》GB/Z 19579—2012。该版在保持标准的继承性和延续性的前提下，标准本身更加体现了理论性、科学性、先进性、逻辑性、准确性、可操作性的特点。

卓越绩效评价准则是质量奖评审的依据，是国家质量奖励制度的技术文件。制定这套标准的目的有两个。一是用于国家质量奖的评价；二是用于组织的自我学习，引导组织追求卓越绩效，提高产品、服务和经营质量，增强竞争优势，并通过评定获奖组织、树立典范并分享成功的经验，鼓励和推动更多的组织使用这套标准。

这套标准是国内外许多成功组织的实践经验总结，为组织的自我评价和外部评价提供了很好的依据。标准的制定和实施可帮助组织提高其整体绩效和能力，为组织的所有者、业主、员工、供方、合作伙伴和社会创造价值，有助于组织获得长期的市场成功，并使各类组织易于在质量管理实践方面进行沟通和共享，成为一种理解、管理绩效并指导组织进行规划和获得学习机会的工具。

一、卓越绩效模式的基本特征和核心价值观

（一）卓越绩效模式的基本特征

卓越绩效模式的基本特征可以归纳为：

1. 强调大质量观

卓越绩效评价准则将质量和绩效、质量管理和质量经营进行系统整合，旨在引导组织追求"卓越绩效"，更加强调质量对组织绩效的增值和贡献。其中质的内涵不仅限于产品、服务质量，而是强调"大质量"的概念，由产品、服务质量扩展到工作过程、体系的质量，进而扩展到企业的经营质量。产品，服务质量追求的是满足顾客需求，赢得顾客和市场；而经营质量追求的是企业综合绩效和持续经营的能力。产品、服务质量好，不等于经营质量一定好，但产品、服务质量是经营质量的核心和底线。卓越绩效标准对企业从领导作用、战略，以顾客和市场为中心、资源、过程管理、测量、分析与改进等方面提出了系统的要求，最终落实到企业经营的结果，是当今国际上公认的质量经营标准。

2. 强调以顾客为中心和重视组织文化

以顾客和市场为中心应该作为组织质量管理的首要原则。组织所有活动，都是以顾客和市场需求为出发点，最终达到顾客满意的目的；组织卓越绩效把顾客满意和顾客忠诚，即顾客感知价值，作为关注焦点，反映了当今全球化市场的必然要求。

追求组织卓越绩效、确立以顾客为中心的经营宗旨，必然涉及企业经营的价值观，必然反应在组织文化上。所以，必须重视建设符合组织愿景和经营理念的组织文化。

3. 强调系统思考和系统整合

组织的经营管理过程就是创造顾客价值的过程，为达到更高的顾客价值，就需要系统、协调一致的经营过程。卓越绩效模式强调以系统的观点，来管理整个组织及其关键过程，实现组织的卓越绩效。卓越绩效模式七个方面的要求，构成了一个系统的框架和协调机制，强调了组织的整体性、一致性和协调性，各项活动均依据战略目标的要求，按照PDCA循环展开，进行系统的管理。

4. 强调可持续发展和社会责任

应重视组织的持续发展。在制定战略时，要把可持续发展的要求和相关因素作为关键因素加以考虑，必须在长、短期目标和方向中加以实施。通过长、短期目标绩效的评审，对实施可持续发展的相关因素的结果加以确认，并为此提供相应的资源保证。

组织应以有利于社会的方式经营和管理。社会责任通常是指组织承担的高于组织自身目标的社会义务，包括公共责任、道德行为和公益支持。强调组织的社会责任是文明和进步的表现。

5. 强调质量对组织绩效的增值和贡献

《卓越绩效评价准则》中的质量，是组织的一种系统运营的全面质量。它关注质量和绩效、质量管理与质量经营的系统整合，促进组织效率最大化和顾客价值最大化。

（二）卓越绩效模式的核心价值观

《卓越绩效评价准则》GB/T 19580—2012是质量管理奖的基本依据，也是质量管理体系最高水平要求的表述。该准则制定和实施可促进各类组织增强战略执行力，改善产品和服务质量，帮助组织进行经营管理的改进和创新，持续提高组织的整体绩效和经营管理能力，以使组织获得长期成功。

《卓越绩效评价准则》GB/T 19580—2012具体体现了以下卓越质量管理的核心价值观，这些核心价值观反映了国际上最先进的质量经营管理理念和方法，也是许多世界级成功企业的经验总结，它贯穿于卓越绩效模式的各项要求之中，应成为各类组织高层经营管理人员的理念和行为准则。我们应该以这些基本核心价值观引导组织追求卓越。

1. 远见卓识的领导

最高领导应以前瞻性的视野、敏锐的洞察力，确立组织的使命、愿景和价值观，带领全体员工实现组织的发展战略和目标。

领导力是一个企业成功的关键。组织的高层领导应以前瞻性的视野、敏锐的洞察力，确立组织的使命、愿景和价值观，带领全体员工实现组织的发展战略和目标。企业高层领导应建立以顾客为中心的企业文化，建立起追求卓越、促进创新、构建知识和能力的战略、体系、方法和激励机制；企业高层领导应通过治理机构对企业的道德行为、绩效和所有利益相关方负责，并以自己的道德行为、领导力、进取精神发挥表率作用，带领全体员工实现企业的目标。

2. 战略导向

组织应以战略统领管理活动，获得持续发展和成功。

在复杂多变的竞争环境下，组织不能只满足于眼前绩效水平，还要以战略统领经营管理活动，获得持续发展和成功。组织的一切经营管理活动都必须在统一的战略指导下进行，让组织的利益相关方——顾客、员工、供应商和合作伙伴以及股东、公众对组织建立长期信心。为追求持续稳定的发展，组织应制定长期发展战略和目标，分析、预测影响组织发展的诸多因素。在保持战略导向的整体一致性、可协调性的前提下，形成组织发展合力，帮助组织创造持续发展和成功的竞争优势。战略要通过长期规划和短期计划进行部署，以保证战略目标的实现。组织的战略要与员工和关键供应商沟通，使员工和关键供应商与组织同步发展。

3. 顾客驱动

组织要树立顾客导向的经营理念，认识到质量和绩效是由组织的顾客来评价和决定的。组织要将顾客当前和未来的需求、期望和偏好作为改进产品和服务质量，提高经营管理水平及不断创新的动力，以提高顾客的满意和忠诚程度。组织必须考虑产品和服务如何为顾客创造价值，达到顾客满意和顾客忠诚，并由此提高组织绩效。组织在满足顾客基本要求基础上，要努力掌握新技术和竞争对手的发展，为顾客提供个性化和差异化的产品和服务，对顾客需求变化和满意度保持敏感性，做出快速、灵活的反应。

4. 社会责任

组织要为自身的决策和经营活动对社会所造成的影响承担责任，促进社会的全面协调可持续发展。组织应注重对社会所负有的公共责任、道德规范，并履行好公民义务。领导应成为组织的表率，在组织的经营过程中，以及在组织提供产品和服务的生命周期内，要恪守商业道德，保护公众健康、安全和环境，注重保护资源。组织应严格遵守道德规范，建立组织内、外部有效的监管体系。

5. 以人为本

员工是组织之本，一切管理活动应当以激发和调动员工的主动性、积极性为中心，促进员工的发展，保障员工的权益，提高员工的满意程度。企业要让顾客满意，首先要让创造商品和提供服务的员工满意。重视员工意味着确保员工的满意、发展和权益。为此组织应关注员工工作和生活的需要，创造公平竞争的环境，通过实施公平、有效的激励、鼓励和绩效体制，为员工提供学习、交流、晋升、发展的机会，营造一个员工勇于承担风险和创新的环境，从而增强组织的市场应变能力和绩效优势，促进组织的持续成功。

6. 合作共赢

合作伙伴对于组织的成功十分重要，在企业经营管理的过程中应给予高度的重视，建立起内部的和外部的合作伙伴关系，与顾客、关键的供方及其他相关方建立长期伙伴关系，互相为对方创造价值，实现共同发展。建立良好的外部合作关系，应着眼于共同的长远目标，加强沟通，形成优势互补，互相为对方创造价值。

7. 重视过程与关注结果

组织的绩效源于过程，体现于结果。因此，既要重视过程，更要关注结果，要通过有效的过程管理，实现卓越的结果。过程是事物发展所经过的程序、阶段，而结果是在某一阶段内，事物所达到的最后状态。良好的过程管控，为达到最终结果的路径提供了里程碑的评判依据，也为判断纠偏、识别风险提供过程预警。

组织的绩效评价应体现结果导向，关注关键结果，主要包括顾客满意程度、产品和服务、财务和市场、人力资源、组织效率、社会责任等方面。这些结果能为组织关键的利益相关方（顾客、员工、股东、供应商和合作伙伴、公众及社会）创造价值，并平衡其相互间的利益。为了满足这些目标，组织就应在战略中纳入利益相关者的要求。这将有助于确保计划与行动满足不同的利益相关者的需要，避免对任何一方造成不利影响。一套均衡组合的绩效指标的应用，为沟通长、短期的重点事项和监控实际绩效提供了一种有效的手段，也为结果的改进提供了明确的基础。

8. 学习、改进与创新

组织必须提高企业和个人的学习能力，以应对市场和竞争环境的变化，实现卓越的经营绩效水平。通过引入新的目标和做法带来提高企业应对环境变化的持续改进和适应的能力。通过员工的创新、新的技术和方法的研发、标杆学习等实现企业绩效的改进，降低质量成本，更好地履行社会责任和公民义务。

传承、改进和创新是组织持续发展的关键。组织只有通过创新才能形成组织的竞争优势，在激烈的竞争中取胜。创新意味着对生产、服务和过程进行有意义的变革，为组织的利益相关方创造新的价值，把组织的绩效提升到一个新的水平。创新不应仅局限于产品和技术的创新，创新对于组织经营的各个方面和所有过程都是非常重要的。组织应对创新进行引导，以提高顾客满意为导向，使之融入组织的各项工作中，进行观念、机构、机制、流程和市场等管理方面的创新。

9. 系统管理

卓越绩效模式强调以系统的观点来管理整个组织及其关键过程。将组织视为一个整体，以科学、有效的方法，实现组织经营管理的统筹规划、协调一致，提高组织管理的有效性和效率。卓越绩效模式强调以系统的思维来管理整个组织，系统思维反映的是组织管理的整体性、一致性和协调性，也就是组织的整体、纵向和横向的关系。过程方法（PD-CA）是系统管理的基本方法。

二、《卓越绩效评价准则》的结构模式与评价内容

（一）《卓越绩效评价准则》的结构模式

根据系统原理，按照过程方法，《卓越绩效评价准则》GB/T 19580—2012从领导作用，战略，以顾客和市场为中心，资源，过程管理，测量、分析与改进以及结果七个方面

对评价的要求做出了规定。其标准框架图如图 2-6 所示。

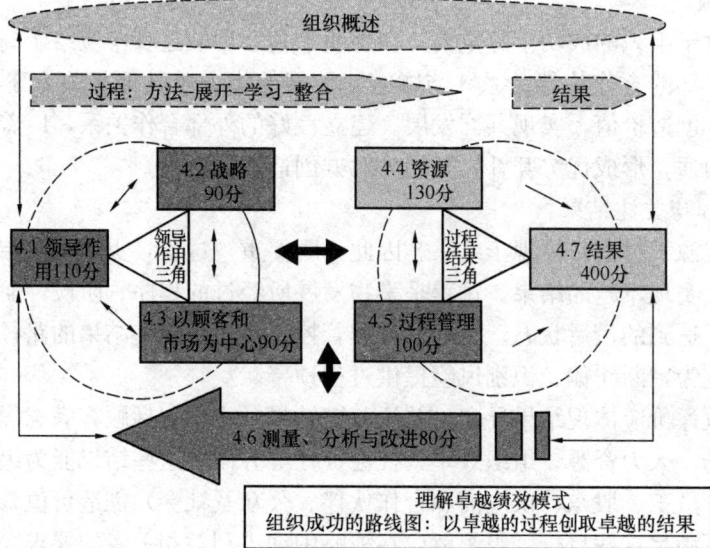

图 2-6 卓越绩效模式标准框架图

在标准框架图中，其逻辑关系为：

（1）有关过程的条目是 4.1、4.2、4.3、4.4、4.5、4.6，有关结果的条目是 4.7。组织通过过程的运行获取结果，并基于结果的测量和分析，促进过程的改进和创新。

（2）卓越绩效模式旨在通过卓越的过程获得卓越的结果，即：针对评价准则的要求，确定、展开组织的方法，并定期评价、改进、创新和分享，使之达到一致、整合，从而不断提升组织的整体结果，赶超竞争对手和标杆，获得卓越的绩效，实现组织的持续发展和成功。

（3）"领导作用"掌握着组织的发展方向，并密切关注着"结果"，为组织寻找发展机会。

（4）"领导作用""战略"与"以顾客和市场为中心"构成了"领导作用"三角，强调高层领导在组织所处的特定环境中，通过制定以顾客和市场为中心的战略，为组织谋划长远未来，关注的是组织如何做正确的事，是驱动力；"资源""过程管理"与"结果"构成了"过程结果"三角，强调如何充分调动组织中人的积极性和能动性，通过组织中的人在各个业务流程中发挥作用和过程管理的规范，高效地实现组织所追求的经营结果，关注的是组织如何正确地做事，解决的是效率和效果业绩的问题，是从动的。而"测量、分析与改进"是连接两个三角的"链条"，转动着 PDCA 循环。

（二）《卓越绩效评价准则》的评价内容

1. 领导

按卓越绩效模式的要求，高层领导需要确定组织的方向，即使命、愿景和价值观，组织双向沟通的活动，为组织营造一个包含诚信守法、改进、创新、快速反应和学习等的文化环境，履行确保产品和服务的质量安全职责，制定与组织战略目标一致的品牌发展规划，持续经营以实现基业长青，通过绩效管理最终实现愿景和战略目标。领导方面还包含进行组织治理和履行社会责任。组织治理包括完善组织治理体制需要考虑的因素和对高层领导和治理机构成员的绩效评价。社会责任包含公共责任、道德行为和公益支持。

2. 战略

卓越绩效模式要求组织进行战略制定和战略部署，将战略和战略目标转化为实施计划和关键绩效指标，并予以实施，针对关键绩效指标进行预测，同时对进展情况进行跟踪和验证，以提高企业的竞争地位、整体绩效，使企业在未来获得更大成功。

3. 顾客与市场

卓越绩效模式要求企业根据战略、竞争优势确定目标顾客群和细分市场，识别关键顾客的需求、期望和偏好，与顾客建立战略伙伴关系，满足并超越其期望，增强顾客满意度和忠诚度，从而提高市场占有率，促进组织在顾客与市场方面的持续经营能力，以推动组织追求卓越。

4. 资源

（1）人力资源。卓越绩效模式要求企业根据其使命、愿景、价值观和战略，始终坚持以人为本的管理创新观念，并根据各职能的长、短期实施计划，制定和实施长、短期的人力资源计划。通过进行工作组织和管理，开展员工绩效管理，提高员工学习和职业发展，确保员工权益和满意程度，以促进授权、创新的组织结构和职位再设计，促进员工与管理层沟通，促进知识分享和组织学习，改进薪酬和激励机制，改进教育、培训和员工发展。从而发挥和调动员工的潜能，营造充分发挥员工能力的良好环境，充分调动员工的劳动积极性和忠诚度。

（2）财务资源。根据战略规划和发展方向确定资金需求，制定严格科学的财务管理制度，进行财务预算管理和财务风险评估，从而保证资金供给，确保财务安全性，实现财务资源最优配置，提高资金使用效率。

（3）信息和知识资源。要求企业识别和开发信息源，配备获取、传递、分析和发布数据和信息的设施，建立集成化的软硬件信息管理系统，并确保其可靠性、安全性和易用性，建立有效的协商沟通机制，保证员工充分参与质量事务的协商与管理，保证内、外部信息得到及时、有效的交流，同时有效的管理知识资产，确保数据、信息和知识质量，从而持续适应战略发展的需要。

（4）基础设施。根据组织自身和相关方的需求和期望，确定、配备所必需的基础设施，在设施的配备过程中注意可能引起的环境和职业健康安全问题。

5. 过程管理

（1）过程的识别与设计。组织在识别全过程的基础上，考虑与核心竞争力的关联程度，分析这些过程对组织盈利能力和取得成功的贡献，从而确定关键过程。根据顾客及其他相关方的要求确定对关键过程的要求，基于过程的要求进行过程设计，设计中包括应对突发事件的应急响应系统。

（2）过程的实施与改进。组织按照所设计的过程进行过程实施。对实施中的关键绩效指标进行监测、控制、收集相关方的反馈信息，通过分析关键绩效指标的水平、趋势，并与适当的竞争对手和标杆进行对比，客观评价过程实施的有效性和效率，从而推动过程的改进和创新，使关键过程的发展方向和业务需要保持一致。

6. 测量、分析与改进

(1) 测量与分析。使用科学、有效的方法，测量、分析、整理各部门及所有层次、过程的绩效数据和信息，为过程管理、绩效改进和适应内外部变化等方面的决策提供充分的依据。

(2) 改进。采用适当的方法，充分和灵活地使用测量和分析的结果，改进企业及各部门、各层次的绩效，并促进相关方绩效的提高。

7. 经营结果

卓越绩效模式要求组织的绩效评价应体现结果导向，关注关键的结果，主要包括有顾客满意程度、产品和服务、财务和市场、人力资源、组织效率、社会责任六个方面。这些结果能为组织关键的利益相关方——顾客、员工、股东、供应商、合作伙伴、公众及社会创造价值和平衡其相互间的利益。通过为主要的利益相关方创造价值，培育起忠诚的顾客，实现组织绩效的增长。

三、《卓越绩效评价准则》评分系统

卓越绩效模式的七个要求构成了一套评价准则评分系统。系统中将这七方面又分为三个层次，即基本要求、总体要求和多项要求。其中，基本要求是各条目最核心的概念和最基本的主题，共23条；总体要求是条目要求中最重要的特征，是针对条目的核心主题做出回答时必须包括的要点；多项要求是每一要点中所包括的提问，这些提问构成了条目要求的细节。见表2-2（详见标准 GB/T 19580—2012），准则的总分为1000分，其中经营绩效占40%～45%，一般来说要超过600分才算基本建立了卓越绩效模式。

卓越绩效评价准则条目、分值列表　　　　　　表 2-2

类目	条目		分值	要点
			110	
	4.1.1	高层领导的作用	50	确定方向、双向沟通、营造环境、质量责任、持续经营和绩效管理
4.1 领导	4.1.2	组织治理	30	组织治理所需考虑的关键因素、对高层领导和治理机构成员的绩效评价
	4.1.3	社会责任	30	公共责任、道德行为、公益支持
			90	
4.2 战略	4.2.1	战略制定	40	战略制定过程、战略和战略目标
	4.2.2	战略部署	50	实施计划的制定与部署、绩效预测
			90	
4.3 顾客与市场	4.3.1	顾客与市场的了解	40	顾客和市场的细分，顾客需求和期望的了解
	4.3.2	顾客关系与顾客满意	50	顾客关系的建立，顾客满意和忠诚的测量
			130	
4.4 资源	4.4.1	人力资源	60	工作的组织与管理，员工绩效管理，员工的学习和发展，员工权益与满意程度
	4.4.2	财务资源	15	财务资源
	4.4.3	信息和知识资源	20	信息和知识资源

续表

类目	条目		分值	要点
4.4　资源	4.4.4	技术资源	15	技术资源
	4.4.5	基础设施	10	基础设施
	4.4.6	相关方关系	10	相关方关系
4.5　过程管理			100	
	4.5.1	过程的识别与设计	50	过程的识别、过程要求的确定、过程的设计
	4.5.2	过程的实施与改进	50	过程的实施、过程的改进
4.6　测量、分析与改进			80	
	4.6.1	测量、分析与评价	40	绩效测量，绩效分析和评价
	4.6.2	改进与创新	40	改进与创新的管理，改进与创新方法的应用
4.7　结果			400	
	4.7.1	产品和服务结果	80	产品和服务结果
	4.7.2	顾客与市场的结果	80	顾客方面的结果、市场结果
	4.7.3	财务结果	80	财务结果
	4.7.4	资源结果	60	组织资源方面的结果
	4.7.5	过程有效性结果	50	过程有效性结果
	4.7.6	领导方面的结果	50	领导方面的结果
总计分			1000	

四、《卓越绩效评价准则》与 ISO 9000 的比较

（一）《卓越绩效评价准则》与 ISO 9000 的相同点

1. 基本原理和原则相同

（1）ISO 9000 与"卓越绩效"模式都是建立在全面质量管理的理论基础上，并且都采用 PDCA 循环基本原理；

（2）一些质量管理原则同时适用于 ISO 9000 与"卓越绩效"模式，其中包括：以顾客为关注点；领导的作用；过程方法；持续改进等。

2. 基本理念和思维方式相同

当今世界的现代科学思维中，存在着一种宇宙理论向统一发展的趋势，以提供理解所有自然力量和现象的科学和数学框架。ISO 9000 与"卓越绩效"模式都是这种理念和思维的产物。它们都尝试着把所有质量要求和组织的职能要求统一起来，异寓于同之中。它们都是面向顾客、面向过程和面向持续改进的。

3. 使用方法（工具）相同

ISO 9000 和"卓越绩效"模式都使用相同的工具，包括价值工程与分析；质量功能展开；企业流程再造；生命周期管理；顾客满意；制造能力设计；供方认证；失效模式与影响分析；持续质量改进；统计过程控制；方差分析等。

（二）《卓越绩效评价准则》与 ISO 9000 的不同点

1. 导向不同

ISO 9000 是标准化导向，作为一个质量标准系列，企业可根据这些标准确定和建设

自身所需要的有效且合适的质量管理体系。"卓越绩效"模式是战略导向，条款的内容围绕组织战略目标的实现。是过程与结果协同的动态网络，其标准注重绩效和持续改进，为设计、执行和评估组织的业务流程提供了完整的框架。

2. 驱动力不同

ISO 9000来自市场准入的驱动，组织需要满足合格评定要求。"卓越绩效"模式来自市场竞争的驱动，通过质量奖及自我评价促进竞争力水平提高。

3. 评价方式不同

ISO 9000是符合性评审，按照ISO 9000《质量管理体系要求》进行审核和评价，参加审核的组织只要符合要求，评分就可以及格，即审核通过。至于未来如何持续改进，则没有要求。"卓越绩效"模式是成熟度评价，采用目标驱动和绩效激励，对过程绩效与结果绩效进行诊断，通过对过程绩效的评价，可以了解企业处于成熟度的哪个阶段。其结果绩效的评价从三个方面进行说明：一是与企业自身的历史水平对比以了解其发展的趋势；二是在行业内与竞争对手的水平对比知道自己的位置；三是与标杆进行对比了解差距。"卓越绩效"模式可以帮助企业更清晰地了解自己的当前水平，为企业的进一步发展指明方向。

4. 关注点不同

ISO 9000主要关注过程，它以过程方法构筑和执行标准体系，它关注产品实现过程中的一系列符合标准或是符合顾客需求的管理活动。虽然在标准中也提到要对过程所产生的结果做测量和有效性分析，但却并没有对结果内容、所应达到的程度等做出更为明确的要求。"卓越绩效"模式更加关注结果，其结果不仅指产品实现过程带来的结果，而是包含了整个企业经营管理全方位的绩效和改进的结果，从领导作用、战略决策、对顾客和市场的关注、资源和过程管理、测量分析与改进的过程结果到产品和服务的实现、顾客与市场结果、财务和资源的结果、过程有效性结果和领导方面的结果等组织结果，它是组织过程结果和组织结果的绩效互动。

5. 目标不同

ISO 9000是有限的目标，即顾客满意，认为把产品做得符合标准了，也就是符合顾客的要求了，而这种符合标准只是满足了顾客最基本的要求，并不能满足顾客的"情感需求"。"卓越绩效"模式是多元化的目标，需要实现相关方的满意，把顾客看作"自己人"，注意与顾客建立"战略伙伴关系"。

6. 责任人不同

ISO 9000强调的管理职责是以满足顾客需求，以进行与质量管理体系相适应的管理活动为主，在ISO 9000标准中没有更多的语言对管理者在企业经营理念、企业文化、企业战略等方面进行描述。"卓越绩效"模式强调领导责任，提出领导要从企业发展的角度来考虑企业的价值观、发展战略、绩效目标以及社会责任；领导应为企业良好发展营造创新、授权和快速反应的环境等。

7. 对组织的要求不同

ISO 9000强调遵纪守法，组织应提供满足顾客要求和适用的法律法规要求的产品，也就是说在质量管理体系中涉及的与产品（服务）有关的活动必须建立在不违法违规的基础上。"卓越绩效"模式则明确提出组织的社会责任，表明组织应具有追求有利于社会长

远目标的义务，它超越了法律和经济所要求的义务，要求组织应当对社会的和谐与文明发展做出贡献。可以说 ISO 9000 是"卓越绩效"模式的基础子集，它提供了基本方法，如持续改进、顾客满意方法等；而"卓越绩效"模式则超越了 ISO 9000 的范围，以更宏观、系统的方法诊断组织的质量管理水平。

思 考 题

1. 简述 ISO 质量管理体系标准的构成。
2. ISO 质量管理体系有哪些特性与特点？
3. 简述质量管理的原则。
4. 如何进行工程监理单位质量管理体系的策划？
5. 如何进行工程监理单位质量管理体系文件的编制？
6. 简述工程监理单位质量管理体系的实施和运行要点。
7. 简述工程监理单位质量管理体系的审核和评审要点。
8. 简述工程监理单位质量管理体系的认证要点。
9. 简述项目质量控制体系的特点和构成。
10. 简述质量管理体系与项目质量控制体系的关系。
11. 卓越绩效评价有哪些主要内容？
12. 比较《卓越绩效评价准则》与 ISO 9000 的相同与不同之处。

第三章　建设工程质量的统计分析和试验检测方法

建设工程质量问题大都可以采用统计分析方法进行分析，查找原因，找出相应的纠正措施。试验检测是衡量和反映工程质量好坏的重要手段与方法，是保证工程安全性、耐久性和使用功能的有效手段。

第一节　工程质量统计分析

一、工程质量统计及抽样检验的基本原理和方法

（一）总体、样本及统计推断工作过程

1. 总体

总体也称母体，是所研究对象的全体。个体，是组成总体的基本元素。

总体中含有个体的数目通常用 N 表示。在对一批产品质量检验时，该批产品是总体，其中的每件产品是个体，这时 N 是有限的数值，则称之为有限总体。若对生产过程进行检测时，应该把整个生产过程过去、现在以及将来的产品视为总体。随着生产的进行 N 是无限的，称之为无限总体。

实践中，一般把从每件产品检测得到的某一质量数据（强度、几何尺寸、重量等）即质量特性值视为个体，产品的全部质量数据的集合即为总体。

2. 样本

样本也称子样，是从总体中随机抽取出来，并根据对其研究结果推断总体质量特征的那部分个体。被抽中的个体称为样品，样品的数目称样本容量，用 n 表示。

3. 统计推断工作过程

质量统计推断工作是运用质量统计方法在生产过程中或一批产品中，随机抽取样本，通过对样品进行检测和数据处理、分析，从中获得样本质量数据信息，并以此为依据，以概率数理统计为理论基础，对总体的质量状况作出分析和判断。质量统计推断工作过程见图 3-1。

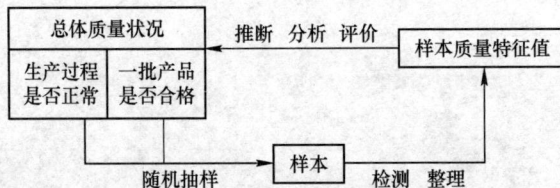

图 3-1　质量统计推断工作过程

（二）质量数据的特征值

1. 描述数据集中趋势的特征值

样本数据特征值是由样本数据计算的描述样本质量数据波动规律的指标。统计推断就是根据这些样本数据特征值来分析、判断总体的质量状况。常用的有描述数据分布

集中趋势的算术平均数、中位数和描述数据分布离中趋势的极差、标准偏差、变异系数等。

（1）算术平均数

算术平均数又称均值，是消除了个体之间个别偶然的差异，显示出所有个体共性和数据一般水平的统计指标，它由所有数据计算得到，是数据的分布中心，对数据的代表性好。其计算公式为：

1）总体算术平均数 μ：

$$\mu = \frac{1}{N}(X_1 + X_2 + \cdots + X_N) = \frac{1}{N}\sum_{i=1}^{N} X_i$$

式中　　N——总体中个体数；

　　　　X_i——总体中第 i 个的个体质量特性值。

2）样本算术平均数 $\bar{x}$：

$$\bar{x} = \frac{1}{n}(x_1 + x_2 + \cdots + x_n) = \frac{1}{n}\sum_{i=1}^{n} x_i$$

式中　　n——样本容量；

　　　　x_i——样本中第 i 个样品的质量特性值。

（2）样本中位数

样本中位数是将样本数据按数值大小有序排列后，位置居中的数值。当样本数 n 为奇数时，数列居中的一位数即为中位数；当样本数 n 为偶数时，取居中两个数的平均值作为中位数。

2. 描述数据离散趋势的特征值

（1）极差

极差是数据中最大值与最小值之差，是用数据变动的幅度来反映其分散状况的特征值。极差计算简单、使用方便，但粗略，数值仅受两个极端值的影响，损失的质量信息多，不能反映中间数据的分布和波动规律，仅适用于小样本。其计算公式为：

$$R = x_{\max} - x_{\min}$$

（2）标准偏差

标准偏差简称标准差或均方差，是个体数据与均值离差平方和的算术平均数的算术根，是大于 0 的正数。总体的标准差用 σ 表示；样本的标准差用 S 表示。标准差值小说明分布集中程度高，离散程度小，均值对总体（样本）的代表性好；标准差的平方是方差，有鲜明的数理统计特征，能确切说明数据分布的离散程度和波动规律，是最常用的反映数据变异程度的特征值。其计算公式为：

1）总体的标准偏差 σ：

$$\sigma = \sqrt{\frac{\sum_{i=1}^{N}(x_i - \mu)^2}{N}}$$

2）样本的标准偏差 S：

$$S = \sqrt{\frac{\sum_{i=1}^{n}(x_i - \bar{x})^2}{n-1}}$$

样本的标准偏差 S 是总体标准差 σ 的无偏估计。在样本容量较大（$n \geqslant 50$）时，上式中的分母 $n-1$ 可简化为 n。

（3）变异系数

变异系数又称离散系数，是用标准差除以算术平均数得到的相对数。它表示数据的相对离散波动程度。变异系数小，说明分布集中程度高，离散程度小，均值对总体（样本）的代表性好。由于消除了数据平均水平不同的影响，变异系数适用于均值有较大差异的总体之间离散程度的比较，应用更为广泛。其计算公式为：

$$C_V = \sigma/\mu（总体）\qquad C_V = S/\bar{x}（样本）$$

（三）质量数据的分布特征

1. 质量数据的特性

质量数据具有个体数值的波动性和总体（样本）分布的规律性。

在实际质量检测中，我们发现即使在生产过程稳定正常的情况下，同一总体（样本）的个体产品的质量特性值也是互不相同的。这种个体间表现形式上的差异性，反映在质量数据上即为个体数值的波动性、随机性。然而当运用统计方法对这些大量丰富的个体质量数值进行数据处理和分析后，我们又会发现这些产品质量特性值（以计量值数据为例）大多都分布在数值变动范围的中部区域，即有向分布中心靠拢的倾向，表现为数值的集中趋势；还有一部分质量特性值在中心的两侧分布，随着逐渐远离中心，数值的个数变少，表现为数值的离中趋势。质量数据的集中趋势和离中趋势反映了总体（样本）质量变化的内在规律性。

2. 质量数据波动的原因

众所周知，影响产品质量主要有五方面因素：人，包括质量意识、技术水平、精神状态等；材料，包括材质均匀度、理化性能等；机械设备，包括其先进性、精度、维护保养状况等；方法，包括生产工艺、操作方法等；环境，包括时间、季节、现场温湿度、噪声干扰等；同时这些因素自身也在不断变化中。个体产品质量的表现形式的千差万别就是这些因素综合作用的结果，质量数据也因此具有了波动性。

质量特性值的变化在质量标准允许范围内波动称之为正常波动，是由偶然性原因引起的；若是超越了质量标准允许范围的波动则称之为异常波动，是由系统性原因引起的。

（1）偶然性原因

在实际生产中，影响因素的微小变化具有随机发生的特点，是不可避免、难以测量和控制的，或者是在经济上不值得消除，它们大量存在但对质量的影响很小，属于允许偏差、允许位移范畴，引起的是正常波动，一般不会因此造成废品，生产过程正常稳定。通常把人、机、料、法、环等因素的这类微小变化归为影响质量的偶然性原因、不可避免原因或正常原因。

（2）系统性原因

当影响质量的人、机、料、法、环等因素发生了较大变化，如工人未遵守操作规程、机械设备发生故障或过度磨损、原材料质量规格有显著差异等情况发生时，没有及时排除，生产过程则不正常，产品质量数据就会离散过大或与质量标准有较大偏离，表现为异常波动，次品、废品产生。这就是产生质量问题的系统性原因或异常原因。由于异常波动特征明显，容易识别和避免，特别是对质量的负面影响不可忽视，生产中应该随时监控，及时识别和处理。

3. 质量数据分布的规律性

对于每件产品来说，在产品质量形成的过程中，单个影响因素对其影响的程度和方向是不同的，也是在不断改变的。众多因素交织在一起，共同起作用的结果，使各因素引起的差异大多互相抵消，最终表现出来的误差具有随机性。对于在正常生产条件下的大量产品，误差接近零的产品数目要多些，具有较大正负误差的产品要相对少，偏离很大的产品就更少了，同时正负误差绝对值相等的产品数目非常接近。于是就形成了一个能反映质量数据规律性的分布，即以质量标准为中心的质量数据分布，它可用一个"中间高、两端低、左右对称"的几何图形表示，即一般服从正态分布。

概率数理统计在对大量统计数据研究中，归纳总结出许多分布类型，如一般计量值数据服从正态分布，计件值数据服从二项分布，计点值数据服从泊松分布等。实践中只要是受许多起微小作用的因素影响的质量数据，都可认为是近似服从正态分布的，如构件的几何尺寸、混凝土强度等。如果是随机抽取的样本，无论它来自的总体是何种分布，在样本容量较大时，其样本均值也将服从或近似服从正态分布。因而，正态分布最重要、最常见，应用最广泛。正态分布概率密度曲线如图 3-2 所示。

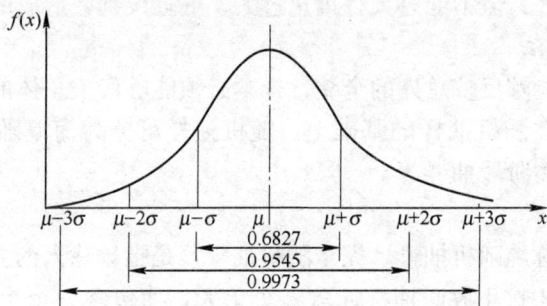

图 3-2　正态分布概率密度曲线

（四）抽样检验及检验批

1. 检验与抽样检验

检验是指用某种方法（技术手段）测量、试验和计量产品的一种或多种质量特性，并将测定结果与判别标准相比较，以判别每个产品或每批产品是否合格的过程。

检验包括全数检验和抽样检验。全数检验是对总体中的全部个体逐一观察、测量、计数、登记，从而获得对总体质量水平评价结论的方法。抽样检验是按照随机抽样的原则，从总体中抽取部分个体组成样本，根据对样品检测的结果，推断总体质量水平的方法。

虽然只有采用全数检验，才有可能得到 100％的合格品，但由于下列原因，还必须采用抽样检验：

（1）破坏性检验，不能采取全数检验方式。例如，为检查钢筋混凝土梁的极限承载力，需要进行破坏性试验，数据虽能得到，但钢筋混凝土梁却被全部破坏。

（2）全数检验有时需要花很大成本，在经济上不一定合算。对于那些检验费用很高、产品本身价值又不大的产品，尤其如此。

（3）检验需要时间，采取全数检验方式有时在时间上不允许。在有些情况下，来不及对一件件产品进行全数检验。

（4）即使进行全数检验，也不一定能绝对保证100％的合格品。实践经验表明，长时间重复性的检验工作会给检验人员带来疲劳，常导致错检、漏检，检验效果并不理想。有时使用大量不熟练的检验人员进行全数检验，也不如使用少量熟练检验人员进行抽样检验的效果好。

（5）抽样检验抽取样品不受检验人员主观意愿的支配，每一个体被抽中的概率都相同，从而保证了样本在总体中的分布比较均匀，有充分的代表性。同时它还具有节省人力、物力、财力、时间和准确性高的优点，它又可用于破坏性检验和生产过程的质量监控，完成全数检测无法进行的检测项目，具有广泛的应用空间。

2. 检验批

提供检验的一批产品称为检验批，检验批中所包含的单位产品数量称为批量。构成一批的所有单位产品，不应有本质的差别，只能有随机的波动。因此，一个检验批应当由在基本相同条件下，并在大约相同的时期内所制造的同形式、同等级、同种类、同尺寸以及同成分的单位产品所组成。

批量的大小没有规定。一般地，质量不太稳定的产品，以小批量为宜；质量很稳定的产品，批量可以大一些，但不能过大。批量过大，一旦误判，造成的损失也很大。

（五）抽样检验方法

要使样本的数据能够反映总体的全貌，样本必须能够代表总体的质量特性，因此，样本数据的收集应建立在随机抽样的基础上。随机抽样可分为简单随机抽样、系统随机抽样、分层随机抽样和多阶段抽样等。

1. 简单随机抽样

简单随机抽样又称纯随机抽样、完全随机抽样，是指排除人的主观因素，直接从包含 N 个抽样单元的总体中按不放回抽样抽取 n 个单元，使包含 n 个个体的所有可能的组合被抽出的概率都相等的一种抽样方法。实践中，常借助于随机数骰子或随机数表进行随机抽样。这种抽样方法广泛用于原材料、购配件的进货检验和分项工程、分部工程、单位工程完工后的检验。

根据《随机数的产生及其在产品质量抽样检验中的应用程序》GB/T 10111—2008，随机数骰子是由均质材料制成的正20面体，在20个面上，0～9数字各出现两次。使用时，根据需要选取 m 个骰子，并规定好每种颜色的骰子各代表的位数。例如，选用红、黄、蓝三种颜色的骰子。规定红色骰子上出现的数字表示百位数，黄色骰子上出现的数字表示十位数，蓝色骰子上出现的数字表示个位数。并特别规定，m 个骰子上出现的数字均为零时，表示 10^m。

（1）随机抽样程序

将抽样单元或单位产品按自然数从"1"开始顺序编号，然后用获得的随机数对号抽取。

（2）读取随机数的方法

1）确定骰子个数。根据总体大小或批量 N 选定 m 个骰子，见表 3-1。

骰子个数的确定　　　　　　　　　　　表 3-1

批量 N 的范围	骰子个数 m	批量 N 的范围	骰子个数 m
$1 \leqslant N \leqslant 10$	1	$1001 \leqslant N \leqslant 10000$	4
$11 \leqslant N \leqslant 100$	2	$10001 \leqslant N \leqslant 100000$	5
$101 \leqslant N \leqslant 1000$	3	$100001 \leqslant N \leqslant 1000000$	6

当 $N > 10^6$ 或骰子丢失、损坏时，可采用重复使用骰子的方法。例如，可用 1 个骰子摇 m 次来代表 m 个骰子摇 1 次。规定摇第 1 次骰子所得数字为随机数的最高位，摇第 2 次骰子所得数字为随机数的第 2 位，依此类推。

2）简单随机抽样时读取随机数的方法。如骰子表示的随机数 $R_0 \leqslant N$，则随机数 R 就取 R_0；若 $R_0 > N$，则舍弃不用，重摇骰子。重复上述过程，直到取得几个不同的随机数为止。

2. 系统随机抽样

系统随机抽样是将总体中的抽样单元按某种次序排列，在规定的范围内随机抽取一个或一组初始单元，然后按一套规则确定其他样本单元的抽样方法。如第一个样本随机抽取，然后每隔一定时间或空间抽取一个样本。因此，系统随机抽样又称为机械随机抽样。

设批量为 N，从中抽取 n 个，将 N 个产品编上号码 $1 \sim N$。用记号 $[N/n]$ 表示 N/n 的整数部分。例如，$N = 100$，$n = 8$，则 $[100/8] = 12$。以 $[N/n]$ 为抽样间隔，依照简单随机抽样法在 1 至 $[N/n]$ 之间随机选取一个整数作为样本中第一个单位产品的号码，然后以此号码为基础，每隔 $[N/n] - 1$ 个产品抽一个号码。按照这种规则抽取号码，可能抽 n 个，也可能抽 $(n+1)$ 个。后一种情况出现时，可从中任意去掉一个，以得到所需的样本个数。这种抽样方法，称为系统随机抽样。所得到的样本称为系统样本。

在上面的例子中，$[N/n] = 12$，如果先抽第 1 号样品，则依次抽取的样品号码为：1、13、25、37、49、61、73、85、97。由于 $n = 8$，因此，可从这 9 个号码中任意去掉一个。类似地，如果先抽第 12 号样品，则依次抽取的样品号码为：12、24、36、48、60、72、84、96。

3. 分层随机抽样

分层随机抽样是将总体分割成互不重叠的子总体（层），在每层中独立地按给定的样本量进行简单随机抽样。例如，由不同班组生产的同一种产品组成一个批，在这种情况下，考虑各班组生产的产品质量可能有波动，为了取得有代表性的样本，可将整批产品分成若干层（每个班组生产的产品看作一层）。

在分层抽样中，如果按各层在整批中所占比例进行抽样，则称为分层按比例抽样。设批量为 N，从中抽取 n 个单位产品。将此批产品分为 m 层，各层分别有 N_1，N_2，…，N_m 个单位产品，如按比例分层抽样，则各层抽取的单位产品数依次为 nN_1/N，nN_2/N，…，nN_m/N。例如，批量 $N = 1000$，其中甲班生产 600 件，乙班生产 400 件，假定 $n = 30$，按比例抽样，则应从甲班生产的产品中抽取 18 件，从乙班生产的产品中抽取 12 件，合在一起，即组成 $n = 30$ 的样本。

4. 多阶段抽样

多阶段抽样又称多级抽样。上述抽样方法的共同特点是整个过程中只有一次随机抽样，因而统称为单阶段抽样。但是当总体很大时，很难一次抽样完成预定的目标。多阶段抽样是将各种单阶段抽样方法结合使用，通过多次随机抽样来实现的抽样方法。如检验钢材、水泥等质量时，可以对总体按不同批次分为 R 群，从中随机抽取 r 群，而后在 r 群中的 M 个个体中随机抽取 m 个个体，这就是整群抽样与分层抽样相结合的二阶段抽样，它的随机性表现在群间和群内有两次。

(六) 抽样检验的分类及抽样方案

按检验特性值的属性可以将抽样检验分为计量型抽样检验和计数型抽样检验两大类。

1. 计量型抽样检验

有些产品的质量特性，属于连续型变量，其特点是在任意两个数值之间都可以取精度较高一级的数值。它通常由测量得到，如重量、强度、几何尺寸、标高、位移等。此外，一些属于定性的质量特性，可由专家主观评分、划分等级而使之数量化，得到的数据也属于计量值数据。

计量抽样检验是定量地检验从批量中随机抽取的样本，利用样本特性值数据计算相应统计量，并与判定标准比较，以判断其是否合格。

2. 计数型抽样检验

有些产品的质量特性，如焊点的不良数、测试坏品数以及合格与否，只能通过离散的尺度来衡量，把抽取样本后通过离散尺度衡量的方法称为计数抽样检验。

计数抽样检验是对单位产品的质量采取计数的方法来衡量，对整批产品的质量，一般采用平均质量来衡量。计数抽样检验方案又可分为：一次抽样检验、二次抽样检验、多次抽样检验等。

(1) 一次抽样检验

一次抽样检验是最简单的计数检验方案，通常用 (N, n, C) 表示。即从批量为 N 的交验产品中随机抽取 n 件进行检验，并且预先规定一个合格判定数 C。如果发现 n 中有 d 件不合格品，当 $d \leqslant C$ 时，则判定该批产品合格；当 $d > C$ 时，则判定该批产品不合格。一次抽样检验程序如图 3-3 所示。

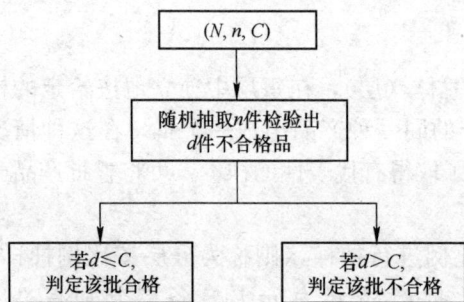

```
            ┌─────────────┐
            │  (N, n, C)  │
            └──────┬──────┘
                   ↓
        ┌────────────────────┐
        │ 随机抽取n件检验出    │
        │   d件不合格品        │
        └─────────┬──────────┘
          ┌───────┴───────┐
          ↓               ↓
  ┌───────────────┐ ┌───────────────┐
  │ 若d≤C,        │ │ 若d>C,        │
  │ 判定该批合格   │ │ 判定该批不合格 │
  └───────────────┘ └───────────────┘
```

图 3-3   一次抽样检验示意图

(2) 二次抽样检验

二次抽样检验也称双次抽样检验。如前所述，一次抽样检验涉及三个参数 (N, n, C)。而二次抽样检验则包括五个参数，即：(N, n_1, n_2, C_1, C_2)。其中：

n_1——第一次抽取的样本数；n_2——第二次抽取的样本数；C_1——第一次抽取样本时的不合格判定数；C_2——第二次抽取样本时的不合格判定数。

二次抽样的操作程序：在检验批量为 N 的一批产品中，随机抽取 n_1 件产品进行检验。发现 n_1 中的不合格数为 d_1，则：

1) 若 $d_1 \leqslant C_1$，判定该批产品合格；

2）若 $d_1>C_2$，判定该批产品不合格；

3）若 $C_1<d_1\leqslant C_2$，不能判断是否合格，则在同批产品中继续随机抽取 n_2 件产品进行检验。若发现 n_2 中有 d_2 件不合格品，则将 (d_1+d_2) 与 C_2 比较进行判断：若 $d_1+d_2\leqslant C_2$，判定该批产品合格；若 $d_1+d_2>C_2$，判定该批产品不合格。

二次抽样检验程序如图 3-4 所示。

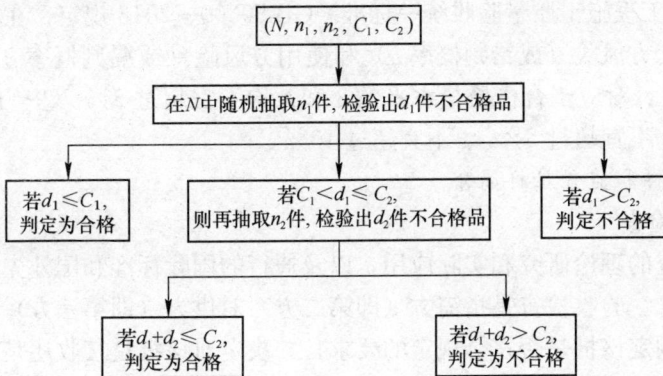

图 3-4 二次抽样检验示意图

例如，当二次抽样方案设为：$N=1000$，$n_1=36$，$n_2=59$，$C_1=0$，$C_2=3$ 时，则需随机抽取第一个样本 $n_1=36$ 件产品进行检验，若所发现的不合格品数 d_1 为零，则判定该批产品合格；若 $d_1>3$，则判定该批产品不合格；若 $0<d_1\leqslant3$（即在 $n_1=36$ 件产品中发现 1 件、2 件或 3 件不合格），则需继续抽取第二个样本 $n_2=59$ 件产品进行检验，得到 n_2 中不合格品数 d_2。若 $d_1+d_2\leqslant3$，则判定该批产品合格；若 $d_1+d_2>3$，则判定该批产品不合格。

又如，《钢结构焊接规范》GB 50661—2011 第 8.1.8 条就是二次抽样检验的规定：①抽样检验的焊缝数不合格率小于 2%时，该批验收合格；②抽样检验的焊缝数不合格率大于 5%时，该批验收不合格；③除本条第⑤款情况外抽样检验的焊缝数不合格率为 2%～5%时，应加倍抽检，且必须在原不合格部位两侧的焊缝延长线各增加一处，在所有抽检焊缝中不合格率不大于 3%时，该批验收合格，大于 3%时，该批验收不合格；④批量验收不合格时，应对余下的全部焊缝进行检验；⑤检验发现 1 处裂纹缺陷时，应加倍抽查，在加倍抽检焊缝中未再检查出裂纹缺陷时，该批验收合格；检验发现多于 1 处裂纹缺陷或加倍抽查又发现裂纹缺陷时，该批验收不合格，应对该批余下焊缝的全数进行检查。

（3）多次抽样检验

如前所述，二次抽样检验是通过一次抽样或最多两次抽样就必须对检验的一批产品进行合格与否的判断。而多次抽样则允许通过三次以上的抽样最终对一批产品合格与否进行判断。多次抽样方案也规定了最多抽样次数。

3. 抽样检验风险

抽样检验是建立在数理统计基础上的，从数理统计的观点看，抽样检验必然存在着两类风险。

（1）第一类风险：弃真错误。即：合格批被判定为不合格批，其概率记为 α。此类错误对生产方或供货方不利，故称为生产方风险或供货方风险。

（2）第二类风险：存伪错误。即：不合格批被判定为合格批，其概率记为 β。此类错误对用户不利，故称为用户风险。

抽样检验必然存在两类风险，要求通过抽样检验的产品 100％合格是不合理也是不可能的，除非产品中根本就不存在不合格品。抽样检验中，两类风险控制的一般范围是：$\alpha=1\%\sim5\%$，$\beta=5\%\sim10\%$。

例如：《建筑工程施工质量验收统一标准》GB 50300—2013 规定，在制定检验批的抽样方案时，对生产方风险（或错判概率 α）和使用方风险（或漏判概率 β）可按下列规定采取：①主控项目：对应于合格质量水平的 α 和 β 均不宜超过 5％。②一般项目：对应于合格质量水平的 α 不宜超过 5％，β 不宜超过 10％。

（七）验收抽样和监督抽样简介

1. 验收抽样检查

目前抽样检查的理论研究和实际应用，以及通行的国际标准和国外先进标准大多是针对验收检查的场合。验收检查是指需方（即第二方）对供方（即第一方）提供的检查批进行抽样检查，以判定该批是否符合规定的要求，并决定对该批是接收还是拒收。验收检查也可以委托独立于供需双方的第三方进行。由供方检验机构进行的出厂检验，从广义上有时也可以归类于验收检查。

2. 监督抽样检查

在我国，产品质量监督是一项独具特点的宏观质量管理工作，其目的是利用统计抽样调查方法对产品的质量进行宏观调控。

监督抽样检查类似于验收检查对孤立批的抽样，但由于质检机构能力的限制，往往不可能采用计数标准型那样的大样本，而只能采用小样本抽样的方法。鉴于对检查不合格的企业可能采取较严厉的处罚措施。因此，对受监督方的保护必要时予以优先考虑，即把供方风险控制为较小的数值，在此前提下只能放松对需方风险的控制。

监督抽样检查的对象称为监督总体，它是指受监督的产品的集合。通常把监督抽查时在场的产品作为监督总体，当监督抽查不通过时，可以对不在场的产品进行合理追溯。

在质量监督场合，同样也把不合格品分为 A、B、C 三类，对不同类别不合格品的质量特性要分别组成不同的试验组，按相应的抽样方案分别进行抽样检查。对某一个试验组若 $d<R$，则判定该组不可通过。只有当所有试验组都判定为可通过时，才能判定监督总体可通过或监督抽查合格；否则，应判定监督总体不可通过或监督抽查不合格。

二、工程质量统计分析方法

（一）调查表法

调查表法又称调查分析法，它是利用专门设计的统计表对质量数据进行收集、整理和粗略分析质量状态的一种方法。

在质量控制活动中，利用调查表收集数据，简便灵活，便于整理，实用有效。它没有固定格式，可根据需要和具体情况，设计出不同调查表。常用的有：

（1）分项工程作业质量分布调查表，例如表 3-2 为预制混凝土构件外观质量问题调查表；

（2）不合格项目调查表；

（3）不合格原因调查表；

（4）施工质量检查评定用调查表等。

预制混凝土构件外观质量问题调查表　　　　　　　　表 3-2

产品名称	混凝土空心板		生产班组			
日生产总数	200 块	生产时间	年　月　日		检查时间	年　月　日
检查方式	全数检查		检查员			
项目名称	检查记录			合计		
露筋	正 正			9		
蜂窝	正 正 一			11		
孔洞	丅			2		
裂缝	一			1		
其他	丅			3		
总计				26		

应当指出，调查表法往往同分层法结合起来应用，可以更好、更快地找出问题的原因，以便采取改进的措施。

（二）分层法

分层法又叫分类法，是将调查收集的原始数据，根据不同的目的和要求，按某一性质进行分组、整理的分析方法。分层的结果使数据各层间的差异突出地显示出来，层内的数据差异减少了。在此基础上再进行层间、层内的比较分析，可以更深入地发现和认识质量问题的原因。由于产品质量是多方面因素共同作用的结果，因而对同一批数据，可以按不同性质分层，使我们能从不同角度来考虑、分析产品存在的质量问题和影响因素。

常用的分层标志有：

（1）按操作班组或操作者分层；

（2）按使用机械设备型号分层；

（3）按操作方法分层；

（4）按原材料供应单位、供应时间或等级分层；

（5）按施工时间分层；

（6）按检查手段、工作环境等分层。

现举例说明分层法的应用。

【例 3-1】钢筋焊接质量的调查分析，共检查了 50 个焊接点，其中不合格 19 个，不合格率为 38％。存在严重的质量问题，试用分层法分析质量问题的原因。

现已查明这批钢筋的焊接是由 A、B、C 三个师傅操作的，而焊条是由甲、乙两个厂家提供的。因此，分别按操作者和焊条生产厂家进行分层分析，即考虑一种因素单独的影响，见表 3-3 和表 3-4。

按操作者分层 表 3-3

操作者	不合格	合格	不合格率（%）
A	6	13	32
B	3	9	25
C	10	9	53
合计	19	31	38

按供应焊条厂家分层 表 3-4

工厂	不合格	合格	不合格率（%）
甲	9	14	39
乙	10	17	37
合计	19	31	38

由表 3-3 和表 3-4 分层分析可见，操作者 B 的质量较好，不合格率 25%；而不论是采用甲厂还是乙厂的焊条，不合格率都很高且相差不大。为了找出问题之所在，再进一步采用综合分层进行分析，即考虑两种因素共同影响的结果，见表 3-5。

综合分层分析焊接质量 表 3-5

操作者	焊接质量	甲厂		乙厂		合计	
		焊接点	不合格率（%）	焊接点	不合格率（%）	焊接点	不合格率（%）
A	不合格 合格	6 2	75	0 11	0	6 13	32
B	不合格 合格	0 5	0	3 4	43	3 9	25
C	不合格 合格	3 7	30	7 2	78	10 9	53
合计	不合格 合格	9 14	39	10 17	37	19 31	38

从表 3-5 的综合分层法分析可知，在使用甲厂的焊条时，应采用 B 师傅的操作方法为好；在使用乙厂的焊条时，应采用 A 师傅的操作方法为好，这样会使合格率大大地提高。

分层法是质量控制统计分析方法中最基本的一种方法。其他统计方法一般都要与分层法配合使用，如排列图法、直方图法、控制图法、相关图法等，常常是首先利用分层法将原始数据分门别类，然后再进行统计分析。

（三）排列图法

1. 排列图法概念

排列图法是利用排列图寻找影响质量主次因素的一种有效方法。排列图又叫帕累托图或主次因素分析图，它由两个纵坐标、一个横坐标、几个连起来的直方形和一条曲线所组成，如图 3-5 所示。左侧的纵坐标表示频数，右侧纵坐标表示累计频率，横坐标表示影响质量的各个因素或项目，按影响程度大小从左至右排列，直方形的高度示意某个因素的影响大小。实际应用中，通常按累计频率划分为（0%～80%）、（80%～90%）、（90%～100%）三部分，与其对应的影响因素分别为A、B、C三类。A类为主要因素，B类为次要因素，C类为一般因素。

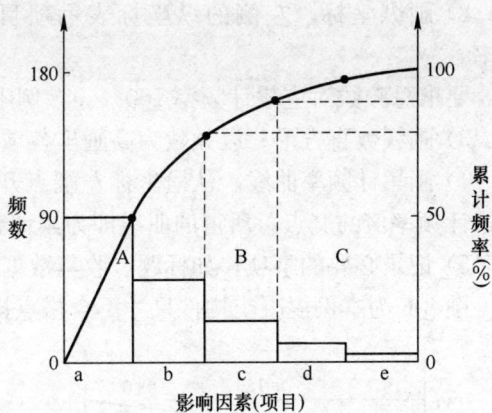

图 3-5　排列图

2. 排列图的绘制方法

下面结合实例加以说明。

【例 3-2】某工地现浇混凝土构件尺寸质量检查结果是：在全部检查的 8 个项目中不合格点（超偏差限值）有 150 个，为改进并保证质量，应对这些不合格点进行分析，以便找出混凝土构件尺寸质量的薄弱环节。

（1）收集整理数据

首先收集混凝土构件尺寸各项目不合格点的数据资料，见表 3-6。各项目不合格点出现的次数即频数。然后对数据资料进行整理，将不合格点较少的轴线位置、预埋设施中心位置、预留孔洞中心位置三项合并为"其他"项。按不合格点的频数由大到小顺序排列各检查项目，"其他"项排在最后。以全部不合格点数为总数，计算各项的频率和累计频率，结果见表 3-7。

不合格点统计表　　　　　表 3-6

序号	检查项目	不合格点数	序号	检查项目	不合格点数
1	轴线位置	1	5	平面水平度	15
2	垂直度	8	6	表面平整度	75
3	标高	4	7	预埋设施中心位置	1
4	截面尺寸	45	8	预留孔洞中心位置	1

不合格点项目频数、频率统计表　　　　　表 3-7

序号	项目	频数	频率（%）	累计频率（%）
1	表面平整度	75	50.0	50.0
2	截面尺寸	45	30.0	80.0
3	平面水平度	15	10.0	90.0
4	垂直度	8	5.3	95.3
5	标高	4	2.7	98.0
6	其他	3	2.0	100.0
合计		150	100	

（2）排列图的绘制

1）画横坐标。将横坐标按项目数等分，并按项目频数由大到小顺序从左至右排列，该例中横坐标为六等分。

2）画纵坐标。左侧的纵坐标表示项目不合格点数即频数，右侧纵坐标表示累计频率。

要求总频数对应累计频率100％。该例中150应与100％在一条水平线上。

3）画频数直方形。以频数为高画出各项目的直方形。

4）画累计频率曲线。从横坐标左端点开始，依次连接各项目直方形右边线及所对应的累计频率值的交点，所得的曲线即为累计频率曲线。

5）记录必要的事项。如标题、收集数据的方法和时间等。

图 3-6 为本例混凝土构件尺寸不合格点排列图。

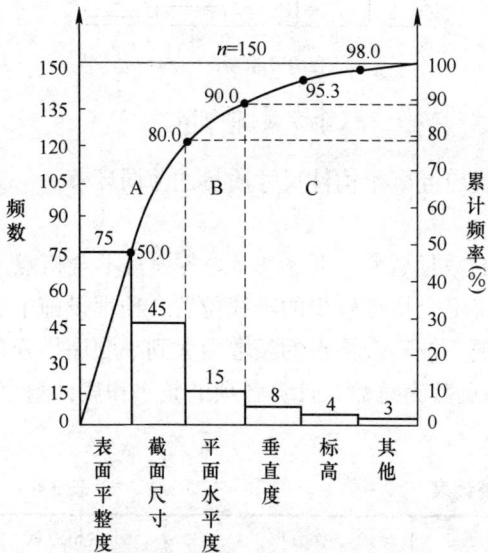

图 3-6 混凝土构件尺寸不合格点排列图

3. 排列图的观察与分析

（1）观察直方形，大致可看出各项目的影响程度。排列图中的每个直方形都表示一个质量问题或影响因素。影响程度与各直方形的高度成正比。

（2）利用 ABC 分类法，确定主次因素。将累计频率曲线按（0％～80％）、（80％～90％）、（90％～100％）分为三部分，各曲线下面所对应的影响因素分别为 A、B、C 三类因素，该例中 A 类即主要因素，有表面平整度（2m 长度）、截面尺寸（梁、柱、墙板、其他构件），B 类即次要因素，有平面水平度，C 类即一般因素，有垂直度、标高和其他项目。综上分析结果，下一步应重点解决 A 类等质量问题。

4. 排列图的应用

排列图可以形象、直观地反映主次因素。其主要应用有：

（1）按不合格点的内容分类，可以分析出造成质量问题的薄弱环节。

（2）按生产作业分类，可以找出生产不合格品最多的关键过程。

（3）按生产班组或单位分类，可以分析比较各单位技术水平和质量管理水平。

（4）将采取提高质量措施前后的排列图对比，可以分析措施是否有效。

（5）此外还可以用于成本费用分析、安全问题分析等。

（四）因果分析图法

1. 因果分析图法概念

因果分析图法是利用因果分析图来系统整理分析某个质量问题（结果）与其产生原因之间关系的有效工具。因果分析图也称特性要因图，又因其形状常被称为树枝图或鱼刺图。

因果分析图基本形式如图 3-7 所示。

从图 3-7 可见，因果分析图由质量特性（即质量结果，指某个质量问题）、要因（产生质量问题的主要原因）、枝干（指一系列箭线，表示不同层次的原因）、主干（指较粗的直接指向质量结果的水平箭线）等所组成。

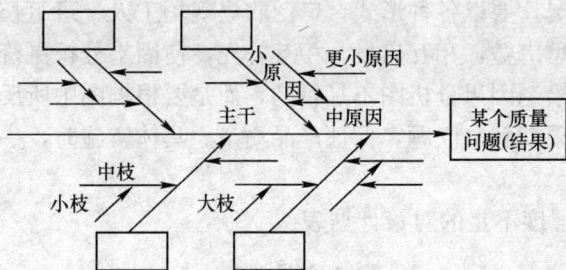

图 3-7　因果分析图的基本形式

2. 因果分析图的绘制

下面结合实例加以说明。

【例 3-3】 绘制混凝土强度不足的因果分析图。

因果分析图的绘制步骤与图中箭头方向恰恰相反，是从"结果"开始将原因逐层分解的，具体步骤如下：

（1）明确质量问题（结果）。该例分析的质量问题是"混凝土强度不足"，作图时首先由左至右画出一条水平主干线，箭头指向一个矩形框，框内注明研究的问题，即结果。

（2）分析确定影响质量特性大的方面原因。一般来说，影响质量因素有五大方面，即人、机械、材料、方法、环境等。另外还可以按产品的生产过程进行分析。

（3）将每种大原因进一步分解为中原因、小原因，直至分解的原因可以采取具体措施加以解决为止。

（4）检查图中的所列原因是否齐全，可以对初步分析结果广泛征求意见，并进行必要的补充及修改。

选择出现数量多、影响大的关键因素，做出标记"△"。以便重点采取措施。

图 3-8 是混凝土强度不足的因果分析图。

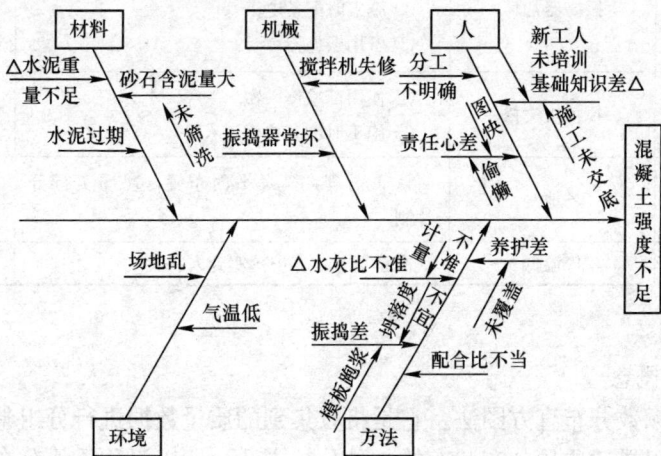

图 3-8　混凝土强度不足的因果分析图

3. 绘制和使用因果分析图时应注意的问题

（1）集思广益。绘制时要求绘制者熟悉专业施工方法技术，调查、了解施工现场实际条件和操作的具体情况。要以各种形式,广泛收集现场工人、班组长、质量检查员、工程技术人员的意见,集思广益,相互启发、相互补充,使因果分析更符合实际。

(2)制订对策。绘制因果分析图不是目的,而是要根据图中所反映的主要原因,制订改进的措施和对策,限期解决问题,保证产品质量。具体实施时,一般应编制一个对策计划表。

表 3-8 是混凝土强度不足的对策计划表。

对策计划表

表 3-8

项目	序号	产生问题原因	采取的对策	执行人	完成时间
人	1	分工不明确	根据个人特长、确定每项作业的负责人及各操作人员职责、挂牌示出		
	2	基础知识差	① 组织学习操作规程 ② 搞好技术交底		
方法	3	配合比不当	① 根据数理统计结果,按施工实际水平进行配合比计算 ② 进行试验		
	4	水灰比不准	① 制作试块 ② 搅制时每半天测砂石含水率一次 ③ 搅制时控制坍落度偏差在 5cm 以下		
	5	计量不准	校正磅秤		
材料	6	水泥重量不足	进行水泥重量统计		
	7	原材料不合格	对砂、石、水泥进行各项指标试验		
	8	砂、石含泥量大	冲洗		
机械	9	振捣器常坏	① 使用前检修一次 ② 施工时配备电工 ③ 备用振捣器		
	10	搅拌机失修	① 使用前检修一次 ② 施工时配备检修工人		
环境	11	场地乱	认真清理,搞好平面布置,现场实行分片制		
	12	气温低	准备草包,养护落实到人		

(五)直方图法

1. 直方图法概念

直方图法即频数分布直方图法,它是将收集到的质量数据进行分组整理,绘制成频数分布直方图,用以描述质量分布状态的一种分析方法,所以又称质量分布图法。

通过直方图的观察与分析,可了解产品质量的波动情况,掌握质量特性的分布规律,以便对质量状况进行分析判断。同时可通过质量数据特征值的计算,估算施工生产过程总体的不合格品率,评价过程能力等。

2. 直方图的绘制方法

（1）收集整理数据

用随机抽样的方法抽取数据，一般要求数据在 50 个以上。

【例 3-4】某建筑施工工地浇筑 C30 混凝土，为对其抗压强度进行质量分析，共收集了 50 份抗压强度试验报告单，经整理见表 3-9。

（2）计算极差 R

极差 R 是数据中最大值和最小值之差，本例中：

$$x_{max}=46.2N/mm^2, \qquad x_{min}=31.5N/mm^2$$

$$R=x_{max}-x_{min}=46.2-31.5=14.7（N/mm^2）$$

数据整理表（N/mm²）　　　　　　　　　　　　表 3-9

序号	抗压强度数据					最大值	最小值
1	39.8	37.7	33.8	31.5	36.1	39.8	31.5
2	37.2	38.0	33.1	39.0	36.0	39.0	33.1
3	35.8	35.2	31.8	37.1	34.0	37.1	31.8
4	39.9	34.3	33.2	40.4	41.2	41.2	33.2
5	39.2	35.4	34.4	38.1	40.3	40.3	34.4
6	42.3	37.5	35.5	39.3	37.3	42.3	35.5
7	35.9	42.4	41.8	36.3	36.2	42.4	35.9
8	46.2	37.6	38.3	39.7	38.0	46.2	37.6
9	36.4	38.3	43.0	38.2	38.0	42.4	36.4
10	44.4	42.0	37.9	38.4	39.5	44.4	37.9

（3）对数据分组

包括确定组数、组距和组限。

1）确定组数 k。确定组数的原则是分组的结果能正确地反映数据的分布规律。组数应根据数据多少来确定。组数过少，会掩盖数据的分布规律；组数过多，使数据过于零乱分散，也不能显示出质量分布状况。一般可参考表 3-10 的经验数值确定。

数据分组参考值　　　　　　　　　　　　表 3-10

数据总数 n	分组数 k	数据总数 n	分组数 k	数据总数 n	分组数 k
50～100 以下	6～10	100～250	7～12	250 以上	10～20

本例中取 $k=8$。

2）确定组距 h，组距是组与组之间的间隔，也即一个组的范围。各组距应相等，于是有：

$$极差 \approx 组距 \times 组数$$

$$即 R \approx h \cdot k$$

因而组数、组距的确定应结合极差综合考虑，适当调整，还要注意数值尽量取整；使分组结果能包括全部变量值，同时也便于以后的计算分析。

本例中：$h = \dfrac{R}{k} = \dfrac{14.7}{8} = 1.838 \approx 2$（N/mm²）

3）确定组限。每组的最大值为上限，最小值为下限，上、下限统称组限。确定组限时应注意使各组之间连续，即较低组上限应为相邻较高组下限，这样才不致使有的数据被遗漏。对恰恰处于组限值上的数据，其解决的办法有两种：一是规定每组上（或下）组限不计在该组内，而应计入相邻较高（或较低）组内；二是将组限值较原始数据精度提高半个最小测量单位。

本例采取第一种办法划分组限，即每组上限不计入该组内。

首先确定第一组下限：$x_{\min} - \dfrac{h}{2} = 31.5 - \dfrac{2}{2} = 30.5$

第一组上限：$30.5 + h = 30.5 + 2 = 32.5$

第二组下限＝第一组上限＝32.5

第二组上限：$32.5 + h = 32.5 + 2 = 34.5$

以下以此类推，最高组限为 44.5～46.5，分组结果覆盖了全部数据。

（4）编制数据频数统计表

统计各组频数，频数总和应等于全部数据个数。本例频数统计结果见表 3-11。

频数统计表 表 3-11

组号	组限（N/mm²）	频数统计	频数	组号	组限（N/mm²）	频数统计	频数
1	30.5～32.5	丅	2	5	38.5～40.5	正丅	9
2	32.5～34.5	正一	6	6	40.5～42.5	正	5
3	34.5～36.5	正正	10	7	42.5～44.5	丅	2
4	36.5～38.5	正正正	15	8	44.5～46.5	一	1
合　计							50

从表 3-11 中可以看出，浇筑 C30 混凝土，50 个试块的抗压强度是各不相同的，这说明质量特性值是有波动的。但这些数据分布是有一定规律的，就是数据在一个有限范围内变化，且这种变化有一个集中趋势，即强度值在 36.5～38.5 范围内的试块最多，可把这个范围即第 4 组视为该样本质量数据的分布中心，随着强度值的逐渐增大和逐渐减小，分布数据逐渐减小。为了更直观、更形象地表现质量特征值的这种分布规律，应进一步绘制出直方图。

（5）绘制频数分布直方图

在频数分布直方图中，横坐标表示质量特性值，本例中为混凝土强度，并标出各组的组限值。根据表 3-11 可以画出以组距为底，以频数为高的 k 个直方形，便得到混凝土强度的频数分布直方图，见图 3-9。

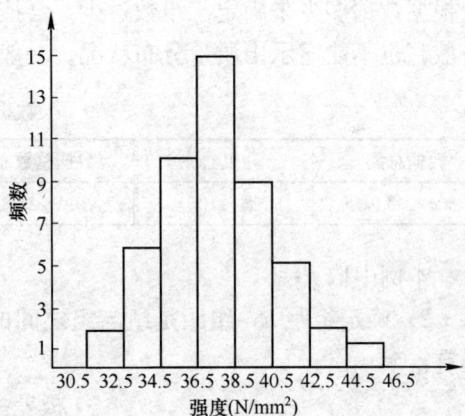

图 3-9　混凝土强度分布直方图

3. 直方图的观察与分析

（1）观察直方图的形状、判断质量分布状态

作完直方图后，首先要认真观察直方图的整体形状，看其是否属于正常型直方图。正常型直方图就是中间高，两侧低，左右接近对称的图形，如图 3-10(a) 所示。

出现非正常型直方图时，表明生产过程或收集数据作图有问题。这就要求进一步分析判断，找出原因，从而采取措施加以纠正。凡属非正常型直方图，其图形分布有各种不同缺陷，归纳起来一般有五种类型，如图 3-10 所示。

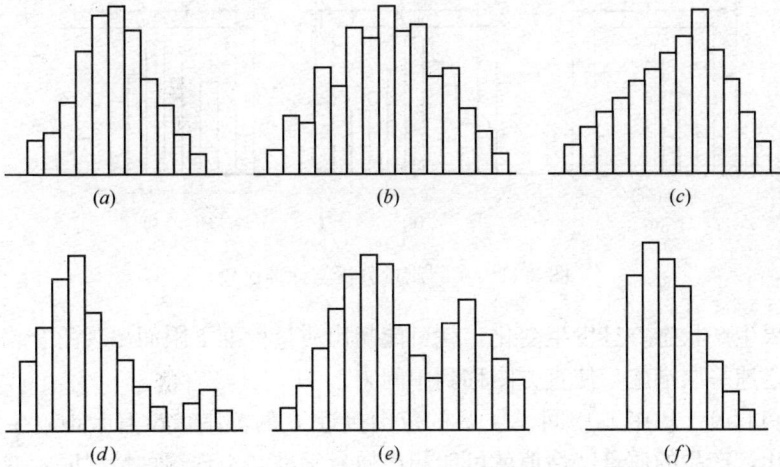

图 3-10　常见的直方图图形

(a) 正常型；(b) 折齿型；(c) 左缓坡型；(d) 孤岛型；(e) 双峰型；(f) 绝壁型

1）折齿型 [图 3-10(b)]，是由于分组组数不当或者组距确定不当出现的直方图。

2）左（或右）缓坡型 [图 3-10(c)]，主要是由于操作中对上限（或下限）控制太严造成的。

3）孤岛型 [图 3-10(d)]，是原材料发生变化，或者临时他人顶班作业造成的。

4）双峰型 [图 3-10(e)]，是由于用两种不同方法或两台设备或两组工人进行生产，然后把两方面数据混在一起整理产生的。

5）绝壁型 [图 3-10(f)]，是由于数据收集不正常，可能有意识地去掉下限以下的数据，或是在检测过程中存在某种人为因素影响所造成的。

（2）将直方图与质量标准比较，判断实际生产过程能力

作出直方图后，除了观察直方图形状，分析质量分布状态外，再将正常型直方图与质量标准比较，从而判断实际生产过程能力。正常型直方图与质量标准相比较，一般有如图 3-11 所示六种情况。图 3-11 中：

T——表示质量标准要求界限；

B——表示实际质量特性分布范围。

1）图 3-11(a)，B 在 T 中间，质量分布中心 $\bar{x}$ 与 T 的 M 重合，实际数据分布与质量标准相比较两边还有一定余地。这样的生产过程质量是很理想的，说明生产过程处于正常的稳定状态。在这种情况下生产出来的产品可认为全都是合格品。

2）图 3-11(b)，B 虽然落在 T 内，但质量分布中心 $\bar{x}$ 与 T 的中心 M 不重合，偏向一

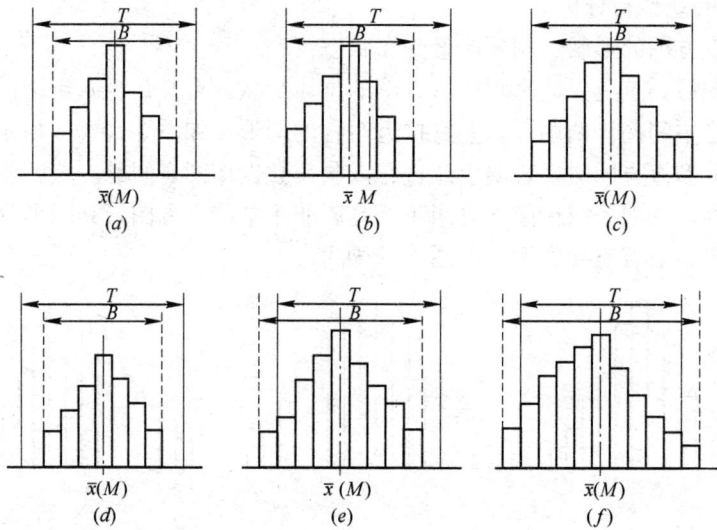

图 3-11　实际质量分析与标准比较

边。这样如果生产状态一旦发生变化，就可能超出质量标准下限而出现不合格品。出现这种情况时应迅速采取措施，使直方图移到中间来。

3) 图 3-11(c)，B 在 T 中间，且 B 的范围接近 T 的范围，没有余地，生产过程一旦发生小的变化，产品的质量特性值就可能超出质量标准。出现这种情况时，必须立即采取措施，以缩小质量分布范围。

4) 图 3-11(d)，B 在 T 中间，但两边留有余地太多，说明质量要求过高，不经济。在这种情况下，可以对原材料、设备、工艺、操作等控制要求适当放宽些，有目的地使 B 扩大，从而有利于降低成本。

5) 图 3-11(e)，B 已超出 T 的下限之外，说明已出现不合格品。此时必须采取措施进行调整，使 B 位于 T 之内。

6) 图 3-11(f)，B 完全超出了 T 的上、下界限，散差太大，产生许多废品，说明过程能力不足，应提高过程能力，使质量分布范围 B 缩小。

（六）控制图法

1. 控制图的基本形式及用途

控制图又称管理图。它是在直角坐标系内画有控制界限，描述生产过程中产品质量波动状态的图形。利用控制图区分质量波动原因，判明生产过程是否处于稳定状态的方法称为控制图法。

（1）控制图的基本形式

控制图的基本形式如图 3-12 所示。

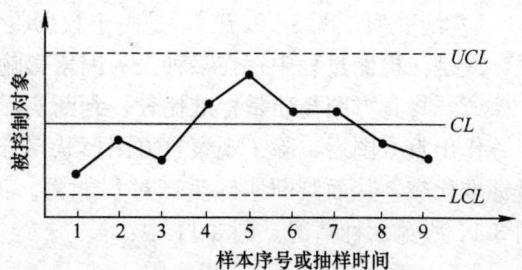

图 3-12　控制图的基本形式

横坐标为样本（子样）序号或抽样时间，纵坐标为被控制对象，即被控制的质量特性值。控制图上一般有三条线：在上面的一条虚线称为上控制界限，用符号 UCL 表示；在下面的一条虚线称为下控制界限，用符号 LCL 表示；中间的一条实线称为中心线，用符号 CL 表示。中心线标志着质量特性值分布的中心位置，上下控制界限标志着质量特性值允许波动范围。

在生产过程中通过抽样取得数据，把样本统计量描在图上来分析判断生产过程状态。如果质量点随机地落在上、下控制界限内，则表明生产过程正常，处于稳定状态，不会产生不合格品；如果质量点超出控制界限，或质量点排列有缺陷，则表明生产条件发生了异常变化，生产过程处于失控状态。

（2）控制图的用途

控制图是用样本数据来分析判断生产过程是否处于稳定状态的有效工具。它的用途主要有两个：

1）过程分析，即分析生产过程是否稳定。为此，应随机连续收集数据，绘制控制图，观察数据点分布情况并判定生产过程状态。

2）过程控制，即控制生产过程质量状态。为此，要定时抽样取得数据，将其变为质量点描在图上，发现并及时消除生产过程中的失调现象，预防不合格品的产生。

前述排列图、直方图法是质量控制的静态分析法，反映的是质量在某一段时间里的静止状态。然而产品都是在动态的生产过程中形成的，因此，在质量控制中单用静态分析法显然是不够的，还必须有动态分析法。只有动态分析法，才能随时了解生产过程中质量的变化情况，及时采取措施，使生产处于稳定状态，起到预防出现废品的作用。控制图法就是典型的动态分析法。

2. 控制图法的原理

影响生产过程和产品质量的原因，可分为系统性原因和偶然性原因。

在生产过程中，如果仅仅存在偶然性原因影响，而不存在系统性原因，这时生产过程是处于稳定状态，或称为控制状态。其产品质量特性值的波动是有一定规律的，即质量特性值分布服从正态分布。控制图法就是利用这个规律来识别生产过程中的异常原因，控制系统性原因造成的质量波动，保证生产过程处于控制状态。

如何衡量生产过程是否处于稳定状态呢？我们知道：一定状态下生产的产品质量是具有一定分布的，过程状态发生变化，产品质量分布也随之改变。观察产品质量分布情况，一是看分布中心位置（μ 或 $\bar{x}$）；二是看分布的离散程度（σ 或 s）。这可通过图 3-13 所示的四种情况来说明。

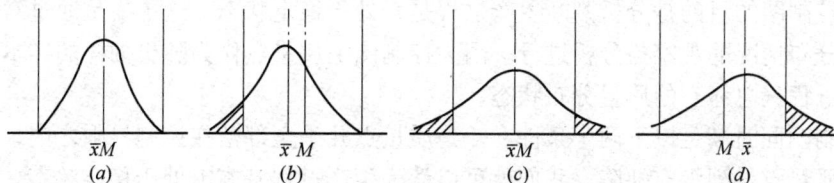

图 3-13　质量特性值分布变化

图 3-13（a），反映产品质量分布服从正态分布，其分布中心与质量标准中心 M 重合，散差分布在质量控制界限之内，表明生产过程处于稳定状态，这时生产的产品基本上都是合格品，可继续生产。

图 3-13（b），反映产品质量分布散差没变，而分布中心发生偏移。

图 3-13(c)，反映产品质量分布中心虽然没有偏移，但分布的散差变大。

图 3-13(d)，反映产品质量分布中心和散差都发生了较大变化，即 $\bar{x}$ 值偏离标准中心，s 值增大。

后三种情况都是由于生产过程中存在异常原因引起的，都出现了不合格品，应及时分析，消除异常原因的影响。

综上所述，我们可依据描述产品质量分布的集中位置和离散程度的统计特征值，随时间（生产进程）的变化情况来分析生产过程是否处于稳定状态。在控制图中，只要样本质量数据的特征值是随机地落在上、下控制界限之内，就表明产品质量分布的参数 μ 和 σ 基本保持不变，生产中只存在偶然原因，生产过程是稳定的。而一旦发生了质量数据点飞出控制界限之外，或排列有缺陷，则说明生产过程中存在系统原因，使 μ 和 σ 发生了改变，生产过程出现异常情况。

3. 控制图的种类

（1）按用途分类

1）分析用控制图。主要是用来调查分析生产过程是否处于控制状态。绘制分析用控制图时，一般需连续抽取 20~25 组样本数据，计算控制界限。

2）管理（或控制）用控制图。主要用来控制生产过程，使之经常保持在稳定状态下。当根据分析用控制图判明生产处于稳定状态时，一般都是把分析用控制图的控制界限延长作为管理用控制图的控制界限，并按一定的时间间隔取样、计算、打点，根据质量点分布情况，判断生产过程是否有异常原因影响。

（2）按质量数据特点分类

1）计量值控制图。主要适用于质量特性值属于计量值的控制，如时间、长度、重量、强度、成分等连续型变量。计量值性质的质量特性值服从正态分布规律。常用的计量值控制图有：$\bar{x}$-R 控制图、$\bar{x}$ 控制图和 x-R_s 控制图。

2）计数值控制图。通常用于控制质量数据中的计数值，如不合格品数、疵点数、不合格品率、单位面积上的疵点数等离散型变量。根据计数值的不同又可分为计件值控制图和计点值控制图。计件值控制图有不合格品数 pn 控制图和不合格品率 p 控制图。计点值控制图有缺陷数 c 控制图和单位缺陷数 u 控制图。

4. 控制图的观察与分析

绘制控制图的目的是分析判断生产过程是否处于稳定状态。这主要是通过对控制图上质量点的分布情况的观察与分析进行。因为控制图上质量点作为随机抽样的样本，可以反映出生产过程（总体）的质量分布状态。

当控制图同时满足以下两个条件：一是质量点几乎全部落在控制界限之内；二是控制界限内的质量点排列没有缺陷。我们就可以认为生产过程基本上处于稳定状态。如果质量点的分布不满足其中任何一条，都应判断生产过程为异常。

（1）质量点几乎全部落在控制界线内，是指应符合下述三个要求：

1）连续 25 点以上处于控制界限内；

2）连续 35 点中仅有 1 点超出控制界限；

3）连续 100 点中不多于 2 点超出控制界限。

（2）质量点排列没有缺陷，是指质量点的排列是随机的，而没有出现异常现象。这里

的关系；二是质量特性和质量特性之间的关系；三是影响因素和影响因素之间的关系。

我们可以用 Y 和 X 分别表示质量特性值和影响因素，通过绘制散布图，计算相关系数等，分析研究两个变量之间是否存在相关关系，以及这种关系密切程度如何，进而在相关程度密切的两个变量中，通过对其中一个变量的观察控制，去估计控制另一个变量的数值，以达到保证产品质量的目的。这种统计分析方法，称为相关图法。

2. 相关图的绘制方法

【例 3-5】分析混凝土抗压强度和水灰比之间的关系。

(1) 收集数据

要成对地收集两种质量数据，数据不得过少，一般应大于 9 组。本例收集数据如表 3-12 所示。

混凝土抗压强度与水灰比统计资料   表 3-12

序号		1	2	3	4	5	6	7	8	9
x	水灰比(W/C)	0.4	0.45	0.48	0.5	0.55	0.6	0.65	0.7	0.75
y	强度（N/mm²）	36.3	35.3	31.5	28.2	24.0	23.0	20.6	18.4	15.0

(2) 绘制相关图

在直角坐标系中，一般 x 轴用来代表原因的量或较易控制的量，本例中表示水灰比；y 轴用来代表结果的量或不易控制的量，本例中表示强度。然后将数据在坐标相应的位置上描点，便得到相关图，如图 3-15 所示。

3. 相关图的观察与分析

相关图中点的集合，反映了两种数据之间的散布状况，根据散布状况我们可以分析两个变量之间的关系。归纳起来，有以下六种类型，如图 3-16 所示。

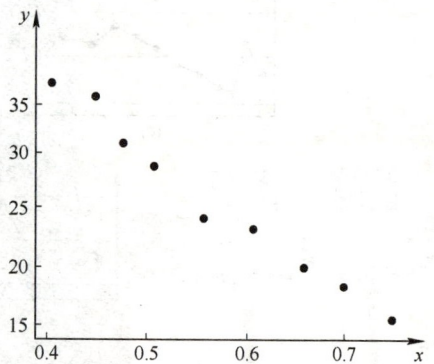

图 3-15 相关图

(1) 正相关 [图 3-16(a)]。散布点基本形成由左至右向上变化的一条直线带，即随 x 增加，y 值也相应增加，说明 x 与 y 有较强的制约关系。此时，可通过对 x 控制而有效控制 y 的变化。

(2) 弱正相关 [图 3-16(b)]。散布点形成向上较分散的直线带。随 x 值的增加，y 值也有增加趋势，但 x、y 的关系不像正相关那么明确。说明 y 除受 x 影响外，还受其他更重要的因素影响。需要进一步利用因果分析图法分析其他的影响因素。

(3) 不相关 [图 3-16(c)]。散布点形成一团或平行于 x 轴的直线带。说明 x 变化不会引起 y 的变化或其变化无规律，分析质量原因时可排除 x 因素。

(4) 负相关 [图 3-16(d)]。散布点形成由左向右向下的一条直线带。说明 x 对 y 的影响与正相关恰恰相反。

(5) 弱负相关 [图 3-16(e)]。散布点形成由左至右向下分布的较分散的直线带。说明 x 与 y 的相关关系较弱，且变化趋势相反，应考虑寻找影响 y 的其他更重要的因素。

(6) 非线性相关 [图 3-16(f)]。散布点呈一曲线带，即在一定范围内 x 增加，y 也

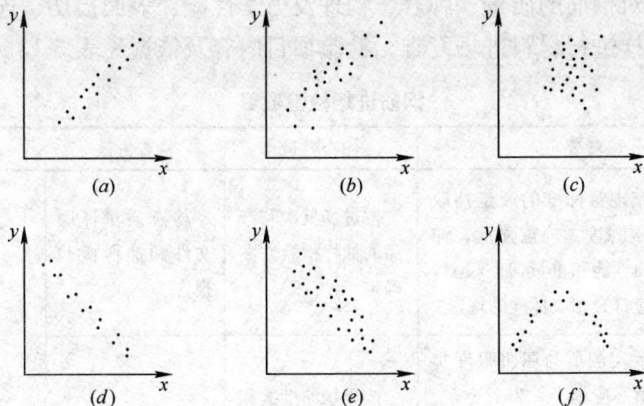

图 3-16　相关图的类型

(a) 正相关；(b) 弱正相关；(c) 不相关；(d) 负相关；(e) 弱负相关；(f) 非线性相关

增加；超过这个范围 x 增加，y 则有下降趋势，或改变变动的斜率呈曲线形态。

从图 3-16 可以看出，本例水灰比对强度影响属于负相关。初步结果是，在其他条件不变情况下，混凝土强度随着水灰比增大有逐渐降低的趋势。

第二节　工程质量主要试验检测方法

一、基本材料性能检验

（一）混凝土结构材料

混凝土结构主要由钢筋及混凝土两大材料组成。其中混凝土材料为复合材料，其组成成分有水泥、骨料、水和外加剂等。现在大多数工程采用预拌混凝土，在工厂进行生产，所以进场时仅需要对混凝土拌合物性能和混凝土力学性能进行检验，而自拌混凝土除此之外还需在其各原材料进场时进行进场检验与试验。

1. 钢筋、钢丝及钢绞线

（1）检验与试验依据及内容

依据现行国家标准《混凝土结构工程施工质量验收规范》GB 50204、《钢筋混凝土用钢　第 1 部分：热轧光圆钢筋》GB/T 1499.1、《钢筋混凝土用钢　第 2 部分：热轧带肋钢筋》GB/T 1499.2、《钢筋混凝土用钢　第 3 部分：钢筋焊接网》GB/T 1499.3 等的规定，钢材进场时，应按国家现行标准的规定抽取试件做力学性能和重量偏差检验，检验结果应符合相应钢材试验标准的规定。

检验内容：产品出厂合格证、出厂检验报告、进场复验报告。

主要力学试验包括：拉力试验（屈服强度、抗拉强度、伸长率）；弯曲性能（冷弯试验、反复弯曲试验）。必要时，还需进行化学分析。

钢材检验报告主要内容包括：委托单位、工程名称、使用部位、钢材各重要编号、出厂合格证编号、试验时间及试验记录、试验数据及结论等。

（2）进场检验项目

1）钢筋

钢筋进场时需对钢筋的质量、牌号、物理及力学性能、表面损伤、连接构件等按照相关国家标准规范抽样进行材料进场复查。检验项目内容及依据见表 3-13。

表 3-13

钢筋进场检验项目

复验项目	检验要求	检查数量	检查方法	依据（现行）
物理及力学性能	应按国家现行标准的规定抽取试件做屈服强度、抗拉强度、伸长率、弯曲性能和重量偏差检验，检验结果应符合相应标准的规定	按进场批次和产品的抽样检验方案确定	检查质量证明文件和抽样检验报告	《混凝土结构工程施工质量验收规范》GB 50204 《钢筋混凝土用钢 第 1 部分：热轧光圆钢筋》GB/T 1499.1 《钢筋混凝土用钢 第 2 部分：热轧带肋钢筋》GB/T 1499.2 《钢筋混凝土用钢 第 3 部分：钢筋焊接网》GB/T 1499.3
抗震钢筋伸长率	抗拉强度实测值与屈服强度实测值的比值不应小于 1.25；屈服强度实测值与屈服强度标准值的比值不应大于 1.30；最大力下总伸长率不应小于 9%	按进场的批次和产品的抽样检验方案确定	检查抽样检验报告	
钢筋表面检查	钢筋应平直、无损伤，表面不得有裂纹、油污、颗粒状或片状老锈	全数检查	表面探测与观察	
质量与尺寸偏差	成型钢筋的外观质量和尺寸偏差应符合现行国家标准《钢筋混凝土用钢 第 1 部分：热轧光圆钢筋》GB/T 1499.1、《钢筋混凝土用钢 第 2 部分：热轧带肋钢筋》GB/T 1499.2、《钢筋混凝土用钢 第 3 部分：钢筋焊接网》GB/T 1499.3 等相关标准的规定	同一厂家、同一类型的成型钢筋，不超过 30t 为一批，每批随机抽取 3 个成型钢筋	观察，尺量	

注：对由热轧钢筋制成的成型钢筋，当有施工单位或监理单位的代表驻厂监督生产过程，并提供原材钢筋力学性能第三方检验报告时，可仅进行重量偏差检验。其检查数量：同一厂家、同一类型、同一钢筋来源的成型钢筋，不超过 30t 为一批，每批中每种钢筋牌号、规格均应至少抽取 1 个钢筋试件，总数不应少于 3 个。检验方法一致。

2) 钢丝、钢绞线、热处理及预应力螺纹钢筋

对于特殊钢材，一般常用于预应力混凝土结构，对于其材料性能具备高强的要求，这类钢材进场时需要按照相关国家标准规范规定抽取样品进行复验。其进场复验项目内容及依据见表 3-14。

钢丝、钢绞线、热处理及预应力螺纹钢筋复验方法及依据

表 3-14

材料种类	复验方法及内容	依据（现行）
钢丝	① 每批钢丝应由同一牌号、同一规格、同一生产工艺的钢丝组成，并不得大于 3t。 ② 钢丝的外观应逐盘检查。 ③ 力学性能的抽样检验。应从经外观检查合格的每批钢丝中任选总盘数的 5%（不少于 6 盘）取样送检。 ④ 屈服强度和松弛试验应由厂方提供质量证明书或试验报告单	《混凝土结构工程施工质量验收规范》GB 50204

续表

材料种类	复验方法及内容	依据（现行）
钢绞线	① 每批钢绞线应由同一牌号、同一规格、同一生产工艺的钢绞线组成，并不得大于 60t。 ② 钢绞线应逐盘进行表面质量、直径偏差和捻距的外观检查。 ③ 力学性能的抽样检验。应从每批钢绞线中任选 3 盘取样送检。在选定的各盘端部正常部位截取一根试样，进行拉力（整根钢绞线的最大负荷、屈服负荷、伸长率）试验。 ④ 屈服强度和松弛试验应由厂方提供质量证明书或试验报告单	《预应力混凝土用钢绞线》GB/T 5224
热处理钢筋	① 每批热处理钢筋应由同一外形截面尺寸、同一热处理工艺和同一炉罐号的钢筋组成，并不得大于 6t。 ② 钢筋表面不得有肉眼可见的裂纹、结疤和折叠，表面允许有凸块，但不得超过横肋的高度；表面不得沾有油污。 ③ 力学性能的抽样检验。应从每批钢筋中任选总盘数的 10%（不少于 6 盘）取样送检。 ④ 松弛性能可根据需方要求，由厂（供）方提供试验报告单	《预应力混凝土用钢丝》GB/T 5223
预应力螺纹钢筋	每批钢筋均应按规定进行化学成分、拉伸试验、松弛试验、疲劳试验、表面检查和重量偏差等项目的检验	《预应力混凝土用螺纹钢筋》GB/T 20065

2. 混凝土材料

（1）普通混凝土拌合物性能试验

1）性能试验内容及依据

根据现行国家标准《普通混凝土拌合物性能试验方法标准》GB/T 50080，普通混凝土拌合物性能试验主要包括混凝土拌合物稠度和填充性的检验与评定、间隙通过性试验、凝结时间试验、均匀性试验、泌水试验、压力泌水试验、表观密度试验、含气量试验、抗离析性能试验、温度试验、绝热温升试验等。

2）混凝土拌合物稠度试验

混凝土拌合物稠度是表征混凝土拌合物流动性的指标，可用坍落度、维勃稠度或扩展度表示。试验方法及内容见表 3-15。

混凝土拌合物流动性主要试验方法　　　　表 3-15

试验方法	试验范围及设备	试验步骤	试验评定
坍落度测定试验	试验范围：本试验主要宜用于骨料最大公称粒径不大于 40mm、坍落度不小于 10mm 的混凝土拌合物坍落度的测定。 试验设备：坍落度仪、2 把钢尺、振捣棒、抹刀等	① 试验设备的准备与安置； ② 分三层均匀将混凝土拌合物装入坍落度筒中，每次用振捣棒插捣均匀； ③ 顶层捣完后，取下装料漏斗，将多余拌合物刮去，并沿筒口抹平； ④ 清除底板多余的混凝土后，应垂直平稳地提起坍落度筒，并轻放于试样旁边； ⑤ 当试样不再继续坍落或坍落时间达 30s 时，用钢尺测量出筒高与坍落后混凝土试体最高点之间的高度差，作为该混凝土拌合物的坍落度值	根据不同混凝土种类要求，坍落度应符合相应国家标准规范要求。坍落度不宜过小过大，保持适中

续表

试验方法	试验范围及设备	试验步骤	试验评定
维勃稠度测定试验	试验范围：宜用于骨料最大公称粒径不大于40mm，维勃稠度在5～30s的混凝土拌合物维勃稠度的测定；坍落度不大于50mm或干硬性混凝土和维勃稠度大于30s的特干硬性混凝土拌合物的稠度。 试验设备：维勃稠度仪、振捣棒等	① 试验设备的准备与安装。 ② 分三层均匀将混凝土拌合物装入坍落度筒中，每次用振捣棒插捣均匀； ③ 顶层插捣完成将喂料斗转离，沿坍落度筒口刮平顶面，垂直地提起坍落度筒； ④ 将透明圆盘转到混凝土圆台体顶面，放松测杆螺钉，拧紧定位螺钉，开启振动台，同时用秒表计时，当振动到透明圆盘的整个底面与水泥浆接触时应停止计时，并关闭振动台	0.4秒表记录的时间应作为混凝土拌合物的维勃稠度值。根据《混凝土质量控制标准》GB 50164—2011可将混凝土拌合物的维勃稠度分为V0～V4级

（2）普通混凝土力学性能试验

普通混凝土的主要物理力学性能包括抗压强度、劈裂抗拉强度、抗折强度、疲劳强度、静力受压弹性模量、收缩、徐变等。依据现行国家标准《混凝土物理力学性能试验方法标准》GB/T 50081，普通混凝土立方体抗压强度试验方法如下：

1）试件的养护与制作

采用150mm×150mm×150mm的标准试件，也可采用边长为100mm或200mm的非标准试件，随机取样。三个试件为一组。成型后覆盖表面，在温度为20±5℃的情况下，静置1～2昼夜。编号拆模后立即放入标准养护室中养护。

2）试验步骤

试件从养护地点取出后应及时进行试验，将试件表面与上下承压板面擦干净。

将试件安放在试验机的下压板或垫板上，试件的承压面应与成型时的顶面垂直。试件的中心应与试验机下压板中心对准，开动试验机，当上压板与试件或钢垫板接近时，调整球座，使接触均衡。

在试验过程中应连续均匀地加荷，混凝土强度等级<C30时，加荷速度取每秒钟0.3～0.5MPa；混凝土强度等级≥C30且<C60时，取每秒钟0.5～0.8MPa；混凝土强度等级≥C60，取每秒钟0.8～1.0MPa。

当试件接近破坏开始急剧变形时，应停止调整试验机油门，直至破坏，记录破坏荷载。

3）试验结果计算

立方体抗压强度应按下式计算：

$$f_{cu} = P/A$$

式中　f_{cu}——混凝土立方体试件抗压强度（MPa）；

　　　P——试件破坏荷载（N）；

　　　A——试件承压面积（mm²）。

强度值的确定应符合下列规定：

三个试件测量值的算术平均值作为该组试件的强度值（精确至0.1MPa）；三个测量值中的最大值最小值中如有一个与中间值的差值超过中间的15%时，则把最大及最小值一并去除，取中间值作为该组试件的抗压强度值；如最大值和最小值的差均超过中间值的15%，则该组试件的试验结果无效。

混凝土强度等级＜C60 时，用非标准试件测得的强度值均应乘以尺寸换算系数，其值对 200mm×200mm×200mm 的试件为 1.05，对 100mm×100mm×100mm 的试件为 0.95。当混凝土强度等级≥C60 时，宜采用标准试件；如使用非标准试件时，尺寸换算系数应由试验确定。

（二）钢结构工程材料

1. 钢材材料检验

在钢结构工程中，使用的钢材材料牌号、尺寸、种类较多，形式复杂多样，故在钢材材料进场检验中应严格依据现行的《钢结构工程施工质量验收标准》GB 50205、《钢结构工程施工规范》GB 50755 与《钢结构钢材选用与检验技术规程》CECS 300 等国家标准与协会标准的要求。

（1）检验内容及方法

对交货钢材，供货方应提供格式规范、内容真实完整的质量证明书，订货方应通过对质量证明书与钢材上标记的检查，进行钢材品种、牌号、化学成分、力学性能及工艺性能的合格确认和验收。

钢材化学成分、力学性能和工艺性能的检查确认与验收，应包括以下内容：

1）钢材的牌号，所依据的产品标准；

2）钢材的化学成分含量限值（包括 Z 向钢等有特殊要求的含量限值）；

3）钢材的碳当量或焊接裂纹敏感指数；

4）钢材的力学性能指标（屈服强度、抗拉强度、伸长率、断面收缩率、屈强比、冲击功等）；

5）钢材的冷弯试验；

6）约定的其他附加保证性能指标或参数（晶粒度、耐腐蚀性指数等）和检验报告等。

（2）进场检验项目

钢材的进场检验，应符合现行国家标准《钢结构工程施工质量验收标准》GB 50205、《钢结构工程施工规范》GB 50755 的有关规定。对属于下列情况之一的进场钢材，应由订货方进行钢材化学成分、力学性能及工艺性能的抽样检验，其检验结果应符合国家现行有关标准或设计文件的要求。

1）国外进口钢材；

2）钢材混批；

3）板厚等于或大于 40mm，且设计有 Z 向性能要求的厚板；

4）建筑结构安全等级为一级，或复杂超高层、大跨度钢结构中主要受力构件所采用的钢材；

5）设计有检验要求的钢材；

6）对质量有疑义的钢材。

当设计文件无特殊要求时，钢结构常用牌号钢材的抽样检验数量应严格按照现行国家标准《钢结构工程施工质量验收标准》GB 50205 规定执行。

2. 焊接材料试验

钢结构焊接质量对于整个钢结构工程质量极为重要，由此对钢结构焊接材料的检验须严格按照相关现行国家规范标准进行。钢结构焊接工程的检验包括焊条、焊丝、焊剂、电渣焊熔嘴等焊接材料、焊接方法、焊接后热处理、焊接工艺等检验，检验方法及依据见表3-16。

钢结构焊接材料检验方法及依据　　　　　　　　　　表 3-16

检测项目	检验方法及数量	依据（现行）
焊条、焊丝、焊剂、电渣焊熔嘴等焊接材料与母材的匹配应符合设计要求及国家现行相关标准的规定	检查数量：全数检查。 检验方法：检查质量证明书	《钢结构工程施工质量验收标准》GB 50205 《钢结构焊接规范》GB 50661
焊条、焊剂、药芯焊丝、熔嘴等在使用前，应按其产品说明书及焊接工艺文件的规定进行烘焙和存放	检查数量：全数检查。 检验方法：检查烘焙记录	
施工单位对其首次采用的钢材、焊接材料、焊接方法、焊后热处理等，应进行焊接工艺评定，并应根据评定报告确定焊接工艺	检查数量：全数检查。 检验方法：检查焊接工艺评定报告	

3. 螺栓性能试验

（1）试验及进场检验依据及内容

钢结构螺栓分为普通螺栓和高强度螺栓，按国家现行相关标准要求，钢结构连接用的普通螺栓、扭剪型高强度螺栓连接副、高强度大六角头螺栓连接副等紧固件，应符合相关标准的规定，检验方法及标准见表3-17。

钢结构螺栓性能检验方法及依据　　　　　　　　　　表 3-17

检验项目	检验方法及数量	依据（现行）
普通螺栓作为永久性连接螺栓时，当设计有要求或对其质量有疑义时，应进行螺栓实物最小拉力载荷复验。其结果应符合现行相关国家标准的规定	检查数量：每一规格螺栓抽查8个。 检验方法：检查螺栓实物复验报告	《钢结构工程施工质量验收标准》GB 50205
扭剪型高强度螺栓连接副应检验预拉力，其检验结果应符合其现行相关规范的规定	检查数量：现场随机抽取，每批应抽取8套。 检验方法：检查复验报告	《紧固件机械性能　螺栓、螺钉和螺柱》GB/T 3098.1
高强度大六角头螺栓连接副应检验其扭矩系数，其检验结果应符合其现行相关规范的规定	检查数量：全数检查。 检验方法：检查焊接工艺评定报告	《钢结构高强度螺栓连接技术规程》JGJ 82

注：当高强度螺栓连接副保管时间超过6个月后使用时，应按相关要求重新进行扭矩系数或紧固轴力试验，并应在合格后再使用。建筑结构安全等级为一级，跨度40m及以上的螺栓球节点钢网架结构，其高强度螺栓连接副应进行表面硬度试验。

（2）高强度螺栓连接摩擦面的抗滑移系数试验及复验

钢结构制作和安装单位应按规定分别进行高强度螺栓连接摩擦面的抗滑移系数试验和复验，现场处理的构件摩擦面应单独进行摩擦面抗滑移系数试验，其结果应符合设计要求。

1）基本要求

制作和安装单位应分别以钢结构制造批为单位进行抗滑移系数试验。制造批可按分部（子分部）工程划分规定的工程量每2000t为一批，不足2000t的可视为一个批。选用两种及两种以上表面处理工艺时，每种处理工艺单独检验。每批三组试件。抗滑移系数试验应采用双摩擦面的两栓拼接的拉力试件。抗滑移系数试验用的试件应由制造厂加工，试件应与所代表的钢结构构件同批次、同状态、同性能等级连接副、同环境存放。

2）试验方法

试验用的试验机误差应在1‰以内。试验用的贴有电阻片的高强度螺栓、压力传感器和电阻应变仪应在试验前用试验机进行标定，其误差应在2‰以内。试件的组装顺序应符合规定。

先将冲钉打入试件孔定位，然后逐个换成装有压力传感器或贴有电阻片的高强度螺栓，或换成同批经预拉力复验的扭剪型高强度螺栓。

紧固高强度螺栓应分初拧、终拧。初拧应达到螺栓预拉力标准值的50%左右。终拧后，螺栓预拉力应符合下列规定：

① 对装有压力传感器或贴有电阻片的高强度螺栓，采用电阻应变仪实测控制试件每个螺栓的预拉力值在$0.95P\sim1.05P$（P为高强度螺栓设计预拉力值）之间；

② 不进行实测时，扭剪型高强度螺栓的预拉力（紧固轴力）可按同批复验预拉力的平均值取用。

试件应在其侧面画出观察滑移的直线。

将组装好的试件置于拉力试验机上，试件的轴线应与试验机夹具中心严格对中。加荷时，应先加10%的抗滑移设计荷载值，停1min后，再平稳加荷，加荷速度为$3\sim5kN/s$。直拉至滑移破坏，测得滑移荷载。

在试验中当发生以下情况之一时，所对应的荷载可定为试件的滑移荷载：

a. 试验机发生回针现象；

b. 试件侧面画线发生错动；

c. $X\text{-}Y$记录仪上变形曲线发生突变；

d. 试件突然发生"嘣"的响声。

抗滑移系数，应根据试验所测得的滑移荷载和螺栓预拉力P的实测值，按下式计算，宜取小数点后二位有效数字。

$$\mu=\frac{N_v}{n_f\sum_{i=1}^{m}P_i}$$

式中　N_v——由试验测得的滑移荷载（kN）；

n_f——摩擦面面数，取$n_f=2$；

$\sum P_i$——试件滑移一侧高强度螺栓预拉力实测值（或同批螺栓连接副的预拉力平均值）之和（取三位有效数字，kN）；

m——试件一侧螺栓数量，取$m=2$。

（三）砌体结构材料

1. 砌筑砂浆材料

（1）依据及内容

依据现行国家标准《砌体结构工程施工质量验收规范》GB 50203规定，需对砌筑砂浆的原材料质量、配合比、稠度、和易性、力学性能、施工工艺等项目进行检验。

（2）砂浆力学强度检验试验方法与要求

依据现行行业标准《建筑砂浆基本性能试验方法标准》JGJ/T 70，砌筑砂浆强度试验采用立方体抗压强度试验方法。且砌筑砂浆试块强度验收的合格标准应符合下列规定：

① 同一验收批砂浆试块强度平均值应大于或等于设计强度等级值的 1.10 倍；

② 同一验收批砂浆试块抗压强度的最小一组平均值应大于或等于设计强度等级值的 85%。

抽检数量：每一检验批且不超过 250m³ 砌体的各类、各强度等级的普通砌筑砂浆，每台搅拌机应至少抽检一次。验收批的预拌砂浆、蒸压加气混凝土砌块专用砂浆，抽检可为 3 组。

检验方法：在砂浆搅拌机出料口或在湿拌砂浆的储存容器出料口随机取样制作砂浆试块（现场拌制的砂浆，同盘砂浆只作 1 组试块），试块标准养护 28d 后进行强度试验。预拌砂浆中的湿拌砂浆稠度应在进场时取样检验。

2. 砌块材料

（1）依据与内容

依据现行国家标准《砌体结构工程施工质量验收规范》GB 50203、《砌体基本力学性能试验方法标准》GB/T 50129 等规定，包括砖石砌体、混凝土砌块、配筋砌块等各种类型砌体砌块都应有产品合格证书、产品性能型式检验报告，质量应符合国家现行有关标准要求，且砌体应按标准规定抽取试件进行抗压、弯曲、抗拉等力学性能试验。

（2）检验项目

砌体砌块强度等级必须符合设计要求。

抽检数量：按照砌块种类不同依据现行国家标准《砌体结构工程施工质量验收规范》GB 50203 要求抽取试件。

检验方法：检查砌体试块试验报告。

（四）地基基础工程试验

1. 地基土的物理性能试验

依据现行国家标准《岩土工程勘察规范》GB 50021、《建筑地基基础设计规范》GB 50007，主要对地基土的含水率、密度、压实度及各种力学性能进行试验测定，含水率、干密度及压实度的试验方法及依据见表 3-18。

地基土性能试验方法及依据　　　　　　　　　　　　表 3-18

试验项目	检验方法	依据（现行）
土的含水率试验	以烘干法为室内试验的标准方法。在工地如无标准设备或要求快速测定含水率时，可依土的性质和工程情况分别采用酒精燃烧法、红外线照射法、炒干法、实容积法、微波加热法、碳化钙气压法等	《土工试验方法标准》GB/T 50123
地基土最佳含水量时的最大干密度测定试验	击实试验：轻型击实法和重型击实法	
压实度试验	施工现场测定土料、无机结合料、砂砾混合料及沥青混合料等的压实度，一般有环刀法、灌砂法、直接称量法、蜡封称量法、取土器法和水袋法等	

2. 地基土承载力试验

地基土的承载力试验采用承压板现场试验确定。试验方法按照现行国家标准《建筑地基基础设计规范》GB 50007 要求进行，要点如下：

1）试验基坑宽度不应小于承压板宽度或直径的 3 倍。

2）加荷分级不应少于 8 级。最大加载量不应小于设计要求的 2 倍。

3）当出现下列情况之一时，即可终止加载：

① 承压板周围的土明显地侧向挤出；

② 沉降 S 急骤增大，荷载-沉降（P-S）曲线出现陡降段；

③ 在某一荷载下，24h 内沉降速率不能达到稳定；

④ 沉降量与承压板宽度或直径之比大于或等于 0.06。

当满足本条前三种情况之一时，其对应的前一级荷载定为极限荷载。

4）同一土层参加统计的试验点不应少于 3 点，当试验实测值的极差不超过其平均值的 30％时，取此平均值作为地基承载力特征值。

3. 桩基承载力试验

依据现行国家标准《建筑地基基础设计规范》GB 50007，桩的静承载力试验包括单桩静承载力试验和单桩动测试验，试验方法见表 3-19。

桩基承载力试验方法　　　　表 3-19

试验项目		试验方法	依据（现行）
单桩静承载力试验	单桩垂直静承载力试验	试验数量：在同一条件下，试桩不宜少于总桩数的 1％，并不应少于 3 根，工程总桩数 50 根以下不少于 2 根。 试验步骤：结合实际条件和试验内容，选定试验设备；规定承载力试验条件，一般应通过试桩进行验证后再修订试验条件；加载与卸载；资料整理：试验原始记录表、试验概况、绘制荷载变形曲线等；检测数据分析与应用	
	单桩抗拔承载力试验		
	单桩水平静承载力试验		
单桩动测试验	高应变动测法	检测数量：在地质条件相近、桩型和施工条件相同时，不宜少于总桩数 5％，且不应少于 5 根。 试验步骤：处理桩顶强度较低混凝土，接桩于地坪以上 1.5～2 倍桩处，所有主筋均接至桩顶保护层以下并加强保护，锤与桩顶设置有效垫层；桩身两侧安装传感器，准备就绪后，进行锤击，实时记录试验数据	《建筑地基基础设计规范》GB 50007 《建筑地基基础工程施工质量验收标准》GB 50202
	低应变动测法	检测数量：采用随机抽样的方式抽检。抽检比例按照现行相关国家规范规定。 检测方法：主要采用弹性波反射法，对各类混凝土桩进行质量普查。检查桩身是否有断桩、夹泥、离析、缩颈等缺陷的存在，确定缺陷位置，对桩身完整性做出分类判别	

二、实体检测

（一）混凝土结构实体检测

1. 混凝土强度

结构或构件混凝土抗压强度的检测，可采用回弹法、超声回弹综合法、钻芯法或后装拔出法等方法。

（1）回弹法

回弹法适用于检测一般建筑构件、桥梁及各种混凝土构件（板、梁、柱、桥架）的强度，其检测操作应遵守现行行业标准《回弹法检测混凝土抗压强度技术规程》JGJ/T 23 规定。

批量检测时，应随机抽取构件，抽检数量不宜少于同批构件总数的 30% 且不宜少于 10 件。当检验批构件数量大于 30 个时，抽样构件数量可适当调整，并不得少于国家现行有关标准规定的最少抽样数量。

单个构件检测，对于一般构件，测区数不宜少于 10 个。当受检构件数量大于 30 个且不需提供单个构件推定强度或受检构件某一方向尺寸不大于 4.5m 且另一方向尺寸不大于 0.3m 时，每个构件的测区数量可适当减少，但不应少于 5 个。

（2）超声回弹综合法

超声回弹综合法根据实测声速值和回弹值综合推定混凝土强度，是目前我国使用较广的一种结构中混凝土强度非破损检验方法。它较之单一的超声或回弹非破损检验方法具有精度高、适用范围广等优点，其检测操作应遵守现行《超声回弹综合法检测混凝土抗压强度技术规程》T/CECS 02 规定。

（3）钻芯法

钻芯法是从结构或构件中钻取圆柱状试件得到在检测龄期混凝土强度的方法，可用于确定检测批或单个构件的混凝土抗压强度推定值、劈裂抗拉强度推定值以及混凝土构件的抗折强度推定值。该方法直观、可靠、准确，但对混凝土结构造成局部损伤，是一种半破损检测方法，其检测操作应遵守现行行业标准《钻芯法检测混凝土强度技术规程》JGJ/T 384 规定。

2. 混凝土结构或构件变形

混凝土结构或构件变形的检测可分为构件的挠度、构件或结构的倾斜和基础不均匀沉降等项目。各项目的相关检测方法见表 3-20。

混凝土结构或构件变形检测方法及依据　　　　　　　　表 3-20

检测项目	方法	依据（现行）
构件的挠度	可采用激光测距仪、水准仪或拉线等方法	《建筑结构检测技术标准》GB/T 50344
构件或结构的倾斜	可采用经纬仪、激光定位仪、三轴定位仪或吊坠的方法	《建筑变形测量规范》JGJ 8
基础不均匀沉降	可用水准仪检测	

3. 钢筋配置

钢筋配置的检测可分为钢筋位置、保护层厚度、直径、数量等项目。钢筋位置、保护层厚度和钢筋数量，宜采用非破损的雷达法或电磁感应法进行检测，必要时可凿开混凝土验证钢筋直径或保护层厚度。

4. 现浇混凝土板厚度

现浇混凝土板厚度检测常用超声波对测法。超声波对测法是一种简单、方便而又准确的检测方法。该方法利用一个发射探头和一个接收探头来进行工作。发射探头置于楼板底面，接收探头置于楼板顶面，让接收探头来回在顶面移动，直到显示屏上显示的数值为最小时停止，该数值为所检测到的该点楼板的厚度。该方法的误差一般在 2mm 以内。

（二）钢结构实体检测

1. 连接检测

钢结构的连接质量与性能的检测可分为焊接连接、焊钉（栓钉）连接、螺栓连接、高强螺栓连接等项目。其中焊缝检测需要经过外观检测、无损检测、表面检测等。

（1）焊缝外观检测

1）所有焊缝应冷却到环境温度后方可进行外观检测；

2）外观检测采用目测方式，裂纹的检查应辅以 5 倍放大镜并在合适的光照条件下进行，必要时可采用磁粉探伤或渗透探伤，尺寸的测量应用量具、卡规；

3）栓钉焊接接头的焊缝外观质量应符合表 3-21 或表 3-22 的要求。

栓钉焊接接头及焊缝外观检验合格标准　　表 3-21

外观检验项目	合格标准	检验方法
焊缝外形尺寸	360°范围内焊缝饱满 拉弧式栓钉焊：焊缝高 $K_1 \geqslant 1mm$；焊缝宽 $K_2 \geqslant 0.5m$ 电弧焊：最小焊脚尺寸应符合表 3-22 的规定	目测、钢尺、焊缝量规
焊缝缺欠	无气孔、夹渣、裂纹等缺欠	目测、放大镜（5 倍）
焊缝咬边	咬边深度≤0.5mm，且最大长度不得大于 1 倍的栓钉直径	钢尺、焊缝量规
栓钉焊后高度	高度偏差≤±2mm	钢尺
栓钉焊后倾斜角度	倾斜角度偏差 $\theta \leqslant 5°$	钢尺、量角器

采用电弧焊方法的栓钉焊接接头最小焊脚尺寸　　表 3-22

栓钉直径（mm）	角焊缝最小焊脚尺寸（mm）
10, 13	6
16, 19, 22	8
25	10

（2）焊缝质量检测

钢结构焊缝质量检测一般分为对承受静荷载结构焊接质量的检验和需疲劳验算结构的焊缝质量检验，检测方法为无损检测、表面检测。承受静荷载结构焊接质量的具体检测内容如下：

1）无损检测的基本要求

无损检测应在外观检测合格后进行。Ⅲ、Ⅳ类钢材及焊接难度等级为 C、D 级时，应以焊接完成 24h 后无损检测结果作为验收依据；当钢材标称屈服强度大于 690MPa 或供货状态为调质状态时，应以焊接完成 48h 后无损检测结果作为验收依据。

2）设计要求全焊透的焊缝，内部缺陷的检测规定

对设计上要求全焊透的一、二级焊缝和设计上没有要求的钢材等强对焊拼接焊缝的质量，可采用超声波探伤的方法检测，其检测设备和工艺要求应符合现行国家标准《焊缝无

损检测　超声检测　技术、检测等级和评定》GB/T 11345 的有关规定。

① 一级焊缝应 100％检验，其合格等级不应低于现行国家标准《焊缝无损检测　超声检测　技术、检测等级和评定》GB/T 11345 B 级检验的 Ⅱ 级要求。

② 二级焊缝应进行抽验，抽验比例不小于 20％，其合格等级不应低于现行国家标准《焊缝无损检测　超声检测　技术、检测等级和评定》GB/T 11345 和行业标准的相关规定。

③ 三级焊缝应根据设计要求进行相关的检测，一般情况下可不进行无损检测。

3）表面检测规定

当出现下列情况之一时，应进行表面检测：

设计文件要求进行表面检测；外观检测发现裂纹时，应对该批中同类焊缝进行 100％ 的表面检测；外观检测怀疑有裂纹缺陷时，应对怀疑的部位进行表面检测；检测人员认为有必要检测的。

铁磁性材料应采用磁粉检测表面缺欠。不能使用磁粉检测时，应采用渗透检测。

（3）螺栓连接及高强度螺栓连接

1）永久性普通螺栓紧固应牢固、可靠，外露丝扣不应少于 2 扣，可通过观察和用小锤敲击检查。

2）对高强度螺栓连接副终拧扭矩的施工质量检测，应在终拧 1h 之后、48h 之内完成。扭矩扳手示值相对误差的绝对值不得大于测试扭矩值的 3％；扭矩扳手的最大量程应根据高强度螺栓的型号、规格进行选择，工作值宜控制在被选用扳手的量限值 20％～80％范围内。其检测技术应遵守现行国家标准《钢结构现场检测技术标准》GB/T 50621。

2. 尺寸、偏差与构造

1）钢构件尺寸的检测应符合下列规定：

① 抽样检测构件的数量，可根据具体情况确定，但不应少于现行国家标准《建筑结构检测技术标准》GB/T 50344 相关规定的相应检测类别的最小样本容量。

② 尺寸检测的范围，应检测所抽样构件的全部尺寸，每个尺寸在构件的 3 个部位量测，取 3 处测试值的平均值作为该尺寸的代表值；尺寸量测的方法，可按相关产品标准的规定量测，其中钢材的厚度可用超声测厚仪测定。

③ 构件尺寸偏差的评定指标，应按相应的产品标准确定；对检测批构件的合格判定应符合现行国家标准《建筑结构检测技术标准》GB/T 50344 的相关规定。

2）钢构件的尺寸偏差，应以设计图纸规定的尺寸为基准计算尺寸偏差；偏差的允许值，应按现行国家标准《钢结构工程施工质量验收标准》GB 50205 确定；钢构件安装偏差的检测项目和检测方法，应按现行国家标准《钢结构工程施工质量验收标准》GB 50205 确定。

3）钢结构构造检测有杆件长细比、支撑体系的连接、支撑体系构件的尺寸和构件截面宽厚比等项目。杆件长细比和构件截面宽厚比应以实际尺寸进行核算；支撑体系连接与支撑体系构件尺寸，可按钢结构连接检测和尺寸检测的相关规定检测。

3. 变形检测

钢结构变形检测可分为结构整体垂直度、整体平面弯曲以及构件垂直度、弯曲变形、跨中挠度等项目，可采用水准仪、经纬仪、激光垂准仪或全站仪等仪器进行测量。对于测量尺寸不大于 6m 的钢构件变形，可用拉线、吊线坠的方法；跨度大于 6m 的钢构件挠度，宜采用全站仪或水准仪进行检测，观测点应沿构件的轴线或边线布设，每一构件不得少于3点；尺寸大于 6m 的钢构件垂直度、侧向弯曲矢高以及钢结构整体垂直度与整体平面弯曲宜采用全站仪或经纬仪检测，垂直度或弯曲度可用计算测点间的相对位置差的方法计算或通过仪器引出基准线放置量尺直接读取数值的方法确定。钢构件、钢结构安装主体垂直度检测，应测量钢构件、钢结构安装主体顶部相对于底部的水平位移与高差，并分别计算垂直度及倾斜方向。

4. 防腐、防火涂装厚度检测

（1）防腐涂层厚度检测

对防腐涂层厚度，可采用涂层测厚仪检测。测点部位的涂层应与钢材附着良好，同一构件应检测 5 处，每处应检测 3 个相距 50mm 的测点。每处 3 个测点的涂层厚度平均值不应小于设计厚度的 85%，同一构件上 15 个测点的涂层厚度平均值不应小于设计厚度。当设计对涂层厚度无要求时，涂层干漆膜总厚度：室外应为 150μm，室内应为 125μm，其允许偏差应为 -25μm。

（2）防火涂层厚度检测

对薄型防火涂料涂层厚度，采用涂层厚度测定仪检测，厚度应符合有关耐火极限的设计要求；对厚型防火涂料涂层厚度，应采用测针和钢尺检测，80% 及以上面积应符合有关耐火极限的设计要求，且最薄处厚度不应低于设计要求的 85%；检测方法应符合现行《钢结构防火涂料应用技术规范》CECS 24 及现行国家标准《钢结构工程施工质量验收标准》GB 50205 附录的规定。

（三）砌体结构实体检测

1. 强度检测

砌体结构的强度检测可分为砌筑块材强度、砌筑砂浆强度、砌体强度等项目，各项目的检测方法操作应遵守相关检测技术标准。检测方法及依据见表 3-23。

砌体结构材料强度及砌块强度检测方法及依据　　表 3-23

检测项目	方法	依据（现行）
砌筑块材	取样法、回弹法、取样结合回弹的方法和钻芯的方法等	《建筑结构检测技术标准》GB/T 50344
砌筑砂浆	推出法、筒压法、砂浆片剪切法、点荷法和回弹法等	《砌体工程现场检测技术标准》GB/T 50315
砌体	原位轴压法、扁顶法、切制抗压试件法和原位单剪法等	

2. 变形检测

砌体结构的变形可分为倾斜和基础不均匀沉降。砌筑构件或砌体结构的倾斜可采用经纬仪、激光定位仪、三轴定位仪或吊坠的方法检测，宜区分倾斜中砌筑偏差造成的倾斜、变形造成的倾斜、灾害造成的倾斜等。基础的不均匀沉降可用水准仪检测，当需要确定基础沉降的发展情况时，应在砌体结构上布置测点进行观测，观测操作应遵守现行行业标准《建筑变形测量规范》JGJ 8 的规定。

3. 构造连接检测

砌体结构的构造检测可分为砌筑构件的高厚比、梁垫、壁柱、预制构件的搁置长度、大型构件端部的锚固措施、圈梁、构造柱或芯柱、砌体局部尺寸及钢筋网片和拉结筋等。

各项目的检测方法及依据见表3-24。

砌体结构构造检测方法及依据　　　　表 3-24

检测项目	方法	依据（现行）
砌体中钢筋	非破损的雷达法或电磁感应法	
屋架和梁支承的垫块和锚固措施	剔除表面抹灰的方法	
预制钢筋混凝土板支承长度	剔凿楼面面层及垫层的方法	《建筑结构检测技术标准》GB/T 50344
跨度较大门窗洞口混凝土过梁的设置	测定过梁钢筋状况判定或剔凿表面抹灰的方法	
砌体墙梁的构造	剔凿表面抹灰和用尺量测的方法	
圈梁、构造柱或芯柱的设置	测定钢筋状况判定	

（四）地基基础实体检测

1. 地基检测

既有实体建筑物的地基检测项目一般包括地基土的分类、分布与工程特性。依据现行行业标准《既有建筑地基基础检测技术标准》JGJ/T 422，需对达到设计使用年限仍继续使用的建筑，发生事故的既有建筑，拟改建、加固、增层、增载、接建、邻近大面积堆载、邻近基坑开挖、邻近地下工程施工或邻近地下水抽降等的既有建筑，拟移位的既有建筑，进行地基承载力、沉降和变形的检测。检测方法和依据见表3-25。

地基检测方法及依据　　　　表 3-25

检测项目	方法	依据（现行）
地基土层分类、分布及工程特性	勘探法（标准贯入试验、静/动力触探试验、旁压试验等）、物探法（瞬态面波测试、地质雷达测试）	《既有建筑地基基础检测技术标准》JGJ/T 422《岩土工程勘察规范》GB 50021《建筑地基检测技术规范》JGJ 340
地基承载力	静荷载试验、原型静荷载试验等	

2. 基础检测与变形监测

基础检测的内容包括基础的形式、尺寸与埋深，基础材料强度，钢筋配置与锈蚀，基础损伤，基础沉降与变形。基础检验批构件数量应符合现行相关国家标准要求，对于受到环境侵蚀和灾害破坏的基础检测位置应分布在影响部位，基础变形监测点应根据工程特点、监测内容与目的、周边环境选择。基础检测与变形监测的方法和依据见表3-26。

基础检测与变形监测方法及依据　　　　表 3-26

检测项目	方法	依据（现行）
基础的形式、尺寸与埋深	现场开挖法	《既有建筑地基基础检测技术标准》JGJ/T 422
基础材料强度	钻芯法、回弹法、超声回弹综合法和后装拔出法	
钢筋配置与锈蚀	雷达法、电磁感应法、钻孔和剔凿法等	《混凝土结构现场检测技术标准》GB/T 50784
基础损伤	现场开挖，尺量检查；裂缝观察与分析、超声波测深度法等	

续表

检测项目		方法	依据（现行）
基础沉降与 变形监测	沉降监测	水准测量方法或静力水准测量法	《建筑变形测量规范》 JGJ 8
	水平位移监测	视准法、极坐标法、测小角法、激光准直法、位移计自动测计法、全球定位系统、三维激光扫描、近景摄影测量法等	

3. 基桩检测

根据工程需要，基桩检测项目可分为基桩承载力、桩身完整性、桩长、钢筋笼长度、桩身混凝土强度、桩端持力层和桩底沉渣厚度。检测方法及依据见表 3-27。

基桩检测方法及依据　　表 3-27

检测项目	方法	依据（现行）
基桩承载力	静载荷试验法、原位静荷载试验法等	《既有建筑地基基础检测技术标准》JGJ/T 422
桩身完整性	低应变法、钻芯法	
桩长	旁孔投射法、钻芯法	
钢筋笼长度	磁测桩法	《建筑基桩检测技术规范》JGJ 106
桩身混凝土强度、桩端持力层和桩底沉渣厚度	钻芯法	

思　考　题

1. 简述工程质量统计及抽样检验的基本原理和方法。
2. 简述工程质量统计分析方法。
3. 简述质量控制的七种统计分析方法的各自用途。
4. 如何绘制排列图？如何利用排列图找出影响质量的主次因素？
5. 如何绘制直方图并对其进行观察分析？
6. 什么是抽样检验方案？简述常用的抽样检验方案。
7. 简述混凝土结构基本材料性能检验内容与方法。
8. 简述钢结构基本材料性能检验内容与方法。
9. 简述砌体结构基本材料性能检验内容与方法。
10. 简述地基基础基本材料性能检验内容与方法。
11. 简述混凝土结构实体检测的主要内容与方法。
12. 简述钢结构实体检测的主要内容与方法。
13. 简述砌体结构实体检测的主要内容与方法。
14. 简述地基基础实体检测的主要内容与方法。

第四章　建设工程勘察设计阶段质量管理

工程监理人员应把握工程勘察内容，熟悉工程勘察企业应履行的质量职责和工程勘察质量管理的主要工作，了解工程设计管理的程序，把握编制初步设计文件的条件要求及施工图设计条件和深度要求，熟悉初步设计和施工图设计质量管理服务的主要工作。

第一节　工程勘察阶段质量管理

一、工程勘察管理工作特点

工程勘察是勘察单位根据建设工程的要求，通过技术手段查明、分析、评价建设场地的水文、地质、地理环境特征和岩土工程条件，编制建设工程勘察文件的活动。

工程勘察管理服务是指工程监理单位根据建设单位的要求及相关法律法规的规定对工程勘察活动进行管理。

不同工程建设专业门类对勘察工作本身的要求差异很大。例如，大城市一般基础设施建设条件较好，长期积累的水文地质资料较多，建设场地集中，勘察工作量不大。但对于高速公路、铁路等项目，现场条件艰苦，工作量大，勘察工作必须与设计工作紧密结合，勘察设计工作的准确性决定了工程造价，在很大程度上决定着项目的可行性和成败。因此，不同专业门类的工程建设项目对勘察管理服务的要求也不同。

二、工程勘察内容

工程勘察包括工程测量、工程地质和水文地质勘察等内容，是为了查明工程项目建设地点的地形地貌、地层土质、岩性、地质构造、水文等自然条件而进行的测量、测绘、测试、观察、调查、勘探、试验、鉴定、研究和综合评价工作，为建设项目选择厂（场、坝）址，进行工程的设计和施工，提供科学可靠的依据。

（1）工程测量。工程测量的内容包括平面控制测量、高程测量、1∶5000～1∶200地形测量、摄影测量、线路测量、变形观测等，通过仪器、工具测量现场的地形地貌信息数据，内业整理绘制成图件，为各个工程设计阶段的设计和施工提供准确、可靠的资料和图纸；有条件的大型工程应制作三维数字地形图。工程测量的工作内容、测绘成果和成图的精度，应根据行业的类别和建设项目的性质进行选择；工程测量工作必须与工程设计工作密切配合以满足各设计阶段的要求。建设地区涉及江河、海面的，工程测量应包括水下地形测量。

（2）工程地质勘察。工程地质勘察是为了查明建设地区的工程地质条件，做出建设场地稳定性和地基承载能力的正确评价而进行的工作。主要内容有：工程地质测绘、勘探（包括钻探、触探、坑槽探等）、测试（荷载试验、地应力和剪力试验等）、物探（地震波、超声波等）、岩石和土质的分类与鉴定、长期观测（建筑物沉降观测、滑坡位移观测等）及勘察资料内业整编，按规定要求绘制各种图表和勘察报告。

（3）水文地质勘察。水文地质勘察是查明建设地区地下水的类型、成分、分布、埋藏量，确定富水地段范围，评价地下水资料及其开采条件。主要工作有：水文地质测绘、地球物理勘探、钻探、抽水试验、地下水动态观测、水文地质参数计算、地下水区域的确定和地下水资源的评价等。

三、工程勘察各阶段工作要求

工程勘察工作一般分三个阶段，即可行性研究勘察、初步勘察、详细勘察。对工程地质条件复杂或有特殊施工要求的重要工程，还应进行预可行性及施工勘察；对于地质条件简单、建筑物占地面积不大的场地，或有建设经验的地区，也可适当简化勘察阶段。对于房屋建筑工程，各勘察阶段的工作要求如下：

（1）可行性研究勘察，又称选址勘察，其目的是要通过搜集、分析已有资料，进行现场踏勘；必要时，进行工程地质测绘和少量勘探工作，对拟选场址的稳定性和适宜性做出岩土工程评价、进行技术经济论证和方案比较，以满足确定场地方案的要求，从而从总体上判定拟建场地的工程地质条件是否能适宜工程建设项目。

（2）初步勘察是指在可行性研究勘察的基础上，对场地内建筑地段的稳定性做出岩土工程评价，并为确定建筑总平面布置、主要建筑物地基基础方案及对不良地质现象的防治工作方案进行论证，满足初步设计或扩大初步设计的要求。

（3）详细勘察提出设计所需的工程地质条件的各项技术参数，对基础设计、地基基础处理与加固、不良地质现象的防治工程等具体方案做出岩土工程计算与评价，以满足施工图设计的要求。

根据 2007 年 11 月 22 日建设部修改的《建设工程勘察质量管理办法》（建设部令第163 号），工程勘察企业应履行的质量工作包括：

1）健全勘察质量管理体系和质量责任制度。

2）有权拒绝用户提出的违反国家有关规定的不合理要求，有权提出保证工程勘察质量所必需的现场工作条件和合理工期。

3）参与施工验槽，及时解决工程设计和施工中与勘察工作有关的问题。

4）参与建设工程质量事故的分析，并对因勘察原因造成的质量事故，提出相应的技术处理方案。

5）项目负责人、审核人、审定人及有关技术人员应当具有相应的技术职称或者注册资格。

项目负责人应当组织有关人员做好现场踏勘、调查，按照要求编写《勘察纲要》，并对勘察过程中各项作业资料验收和签字。

6）企业的法定代表人、项目负责人、审核人、审定人等相关人员，应当在勘察文件上签字或者盖章，并对勘察质量负责。

7）工程勘察工作的原始记录应当在勘察过程中及时整理、核对，确保取样、记录的真实和准确，严禁离开现场追记或者补记。

四、工程勘察质量管理主要工作

工程监理单位承担勘察阶段相关服务的，应做好下列工作：

（1）协助建设单位编制工程勘察任务书和选择工程勘察单位，并协助签订工程勘察合同。

（2）审查勘察单位提交的勘察方案，提出审查意见，并报建设单位。变更勘察方案时，应按原程序重新审查。

第
四
章

（3）检查勘察现场及室内试验主要岗位操作人员的资格，及所使用设备、仪器计量的检定情况。

（4）督促勘察单位完成勘察合同约定的工作内容，审核勘察单位提交的勘察费用支付申请表，以及签发勘察费用支付证书，并应报建设单位。

（5）检查勘察单位执行勘察方案的情况，对重要点位的勘探与测试应进行现场检查。

（6）审查勘察单位提交的勘察成果报告，必要时对各阶段的勘察成果报告组织专家论证或专家审查，并向建设单位提交勘察成果评估报告，同时应参与勘察成果验收。经验收合格后勘察成果报告才能正式使用。

勘察成果评估报告应包括下列内容：勘察工作概况；勘察报告编制深度、与勘察标准的符合情况；勘察任务书的完成情况；存在问题及建议；评估结论。

（7）做好后期服务质量保证，督促勘察单位做好施工阶段的勘察配合及验收工作，对施工过程中出现的地址问题进行跟踪。

（8）检查勘察单位技术档案管理情况，要求将全部资料特别是质量审查、监督主要依据的原始资料，分类编目，归档保存。

五、工程勘察成果审查要点

项目监理机构对勘察成果的审查是勘察阶段质量控制最重要的工作，包括程序性审查和技术性审查。

1. 程序性审查

程序性审查主要包括下列内容：

（1）工程勘察资料、图表、报告等文件要依据工程类别按有关规定执行各级审核、审批程序，并由负责人签字。

（2）工程勘察成果应齐全、可靠，满足国家有关法律法规及技术标准和合同规定的要求。

（3）工程勘察成果必须严格按照质量管理有关程序进行检查和验收，质量合格方能提供使用。对工程勘察成果的检查验收和质量评定应当执行国家、行业和地方有关工程勘察成果检查验收评定的规定。

2. 技术性审查

对于房屋建筑工程，技术性审查的内容主要包括：

（1）是否提出勘察场地的工程地质条件和存在的地质问题。

（2）是否结合工程设计、施工条件，以及地基处理、开挖、支护、降水等工程的具体要求，进行技术论证和评价，提出岩土工程问题及解决问题的决策性具体建议。

（3）是否提出基础、边坡等工程的设计准则和岩土工程施工的指导性意见，为设计、施工提供依据，服务于工程建设全过程。

（4）是否满足勘察任务书和相应设计阶段的要求，即针对不同勘察阶段，对工程勘察报告的深度和内容进行检查，如：

1）在可行性研究勘察阶段，要得到建筑场地选址的可行性分析报告，对拟建场地的稳定性和适宜性做出评价。

2）在初步勘察阶段，要注明地层、构造、岩土物理力学性质、地下水埋藏条件及冻结深度，描绘出场地不良地质现象的成因、分布、对场地稳定性的影响及其发展趋势，对抗震设防烈度等于或大于 7 度的场地，应判定场地和地基的地震效应。

3）在详细勘察阶段，要提供满足设计、施工所需的岩土技术参数，确定地基承载力，预测地基沉降及其均匀性，并且提出地基和基础设计方案建议等。

第二节　初步设计阶段质量管理

我国的工程建设项目设计，按不同的专业工程分为 2～3 个阶段。

（1）建筑与人防专业建设项目，一般分为方案设计、初步设计和施工图设计三个阶段。对于技术要求简单的民用建筑工程，经有关主管部门同意，并在合同中有约定不做初步设计的，可在方案设计审批后直接进行施工图设计。

（2）工业、交通、能源、农林、市政等专业建设项目，一般分为初步设计和施工图设计两个阶段。

（3）有独特要求的项目，或复杂的，采用新工艺、新技术又缺乏设计经验的重大项目，或有重大技术问题的主体单项工程，在初步设计之后可增加单项技术设计阶段。

一、初步设计文件的编制条件

1. 项目条件

（1）经过审查并已获得核准的项目可行性研究报告。

（2）项目已办理征地手续，并已取得国土和规划部门的用地和建设规划许可。

（3）项目的环境影响评价报告。

（4）项目外部协作条件和已完成相关的科研文件、勘察文件。

为设计提供的外部协作条件，随建设项目情况有所不同，一般包括以下几个方面：

1）原料、材料、燃料等供应：来源、供应能力、供应方式、资源规划等。

2）动力供应：水源、电源及其供应线路、供应方式、供应指标。

3）通信：通信方式、线缆、通道、网络等。

4）集散条件：交通储运、物流等设施。

5）外部配套条件：供电、供水、供热、供气、排水、排污等接入系统。

6）重大设备：工程中的重大设备或特殊装备预安排。

2. 初步设计任务书

（1）主要设计依据。

（2）建设项目概况。

（3）建设单位对初步设计的总体要求，主要包括：

1）建设规模、建设标准的要求。

2）总体布局和单体布置的要求。

3）充分利用和综合利用资源及原料的要求。

4）工艺技术、设备选型等生产性能的要求。

5）建筑形式、建筑结构、绿色节能、抗震等级、给水排水、强电弱电、暖通空调、建筑智能、园林景观等方面的要求。

6）环保、安全、卫生、劳动保护的要求。

7）合理选用各种技术经济指标的要求。

8）节约投资、降低运营成本的要求。

9）项目分期与近期建设进度的要求。

10）项目扩建与预留场地的要求。

（4）属于引进项目的还要提供引进技术及设备的国别、厂商和技术经济指标、数据、条件、资金来源的落实情况等。

二、初步设计和技术设计文件的深度要求

1. 初步设计深度要求

初步设计的深度应满足下列基本要求：

（1）通过多方案比较：在充分论证经济效益、社会效益、环境效益的基础上，择优推荐设计方案。

（2）项目单项工程齐全，有详尽的主要工程量清单，工程量误差应在允许范围以内。

（3）主要设备和材料明细表，要满足订货要求。

（4）项目总概算应控制在可行性研究报告估算投资额的±10％以内。

（5）满足施工图设计的要求。

（6）满足土地征用、工程总承包招标、建设准备和生产准备等工作的要求。

（7）满足经核准的可行性研究报告所确定的主要设计原则和方案。

2. 技术设计深度要求

技术设计是根据已批准的初步设计，对设计中比较复杂的项目、遗留问题或特殊需要，通过更详细的设计和计算，进一步研究、论证和明确其可靠性和合理性，准确地决定各主要技术问题。设计深度和范围，基本上与初步设计一致。技术设计是初步设计的补充和深化，一般不再进行报批，由建设单位直接组织审查、审批。

三、初步设计质量管理

工程初步设计质量管理服务的主要工作内容如下：

1. 设计单位选择

设计单位可以通过招标投标、设计方案竞赛、建设单位直接委托等方式选择和委托。设计招标是用竞争机制优选设计方案和设计单位。采用公开招标方式的，招标人应当按国家规定发布招标公告；采用邀请招标方式的，招标人应当向三个以上设计单位发出招标邀请书。设计招标的目的是选择最适合项目需要的设计单位，设计单位的社会信誉、所选派的主要设计人员的能力和业绩等是主要的考察内容。

2. 起草设计任务书

设计任务书是设计依据之一，是建设单位意图的体现。起草设计任务书的过程，是各方就项目的功能、标准、区域划分、特殊要求等涉及项目的具体事宜不断沟通和深化交流，最终达成一致并形成文字资料的过程，这对于建设单位意图的把握非常重要，可以互相启发，互相提醒，使设计工作少走弯路。

3. 起草设计合同

项目的设计质量目标主要通过项目描述和设计合同反映，项目设计描述和设计合同应综合起来，确立设计的内容、深度、依据和质量标准，设计质量目标要尽量避免出现语义模糊和矛盾。设计合同应重点注意写明设计进度要求、主要设计人员、优化设计要求、限额设计要求、施工现场配合以及专业深化设计配合等内容。

4. 质量管理的组织

（1）协助建设单位组织对新材料、新工艺、新技术、新设备工程应用的专项技术论证与调研。

（2）协助建设单位组织专家对设计成果进行评审。

组织有关专家或机构进行工程设计评审，目的是控制设计成果质量，优化工程设计，提高效益。设计成果评审包括设计方案评审、初步设计评审等。

（3）协助建设单位向政府有关部门报审有关工程设计文件，并应根据审批意见督促设计单位完善设计成果。

5. 设计成果审查

审查设计单位提交的设计成果，设计成果包括设计方案和初步设计，并提出评估报告。

（1）设计方案评审

1）总体方案评审。重点审核设计依据、设计规模、产品方案、工艺流程、项目组成及布局、设备配套、占地面积、建筑面积、建筑造型、协作条件、环保设施、防震防灾、建设期限、投资概算等的可靠性、合理性、经济性、先进性和协调性。

2）专业设计方案评审。重点审核专业设计方案的设计参数、设计标准、设备选型和结构造型、功能和使用价值等。

3）设计方案审核。要结合投资概算资料进行技术经济比较和多方案论证，确保工程质量、投资和进度目标的实现。

（2）初步设计评审

依据建设单位提出的工程设计委托任务和设计原则，逐条对照，审核设计是否均已满足要求。审核设计项目的完整性，项目是否齐全、有无遗漏项；设计基础资料可靠性，以及设计标准、装备标准是否符合预定要求；重点审查总平面布置、工艺流程、施工进度能否实现；总平面布置是否充分考虑方向、风向、采光、通风等要素；设计方案是否全面，经济评价是否合理。

（3）评估报告

评估报告应包括下列主要内容：

1）设计工作概况。

2）设计深度、与设计标准的符合情况。

3）设计任务书的完成情况。

4）有关部门审查意见的落实情况。

5）存在的问题及建议。

第三节　施工图设计阶段质量管理

施工图设计是提供项目工程施工时所必需信息的详细图样，指导施工。它根据批准的初步设计或设计招标文件，进行详细设计计算，确定具体的定位、结构尺寸、构造分布与材料、质量与误差标准、技术细节要求等，绘制出正确、完整和详尽的建筑、结构、水暖电与设备等的建造与安装图纸。

一、施工图设计的条件和深度要求

1. 开展施工图设计的条件

（1）项目初步设计已经完成，或施工图设计招标文件已达到初步设计的深度；

（2）初步设计审查提出的重大问题和遗留问题已经解决，详细勘察及地形测绘图已经完成；

（3）外部协作条件，包括水、电、交通等已基本落实；

（4）大型及主要设备订货已基本落实，有关基础资料已收集齐全，可满足施工图设计。

2. 施工图设计的深度要求

（1）满足土建施工和设备安装；

（2）满足设备材料的安排；

（3）满足非标准设备和结构件的加工制作；

（4）满足施工招标文件和施工组织设计的编制；

（5）项目内容、规格、标准与工程量应满足施工招标投标、计量计价需要；

（6）设计说明和技术要求应满足施工质量检验、竣工验收的要求。

二、施工图设计质量管理

1. 施工图设计的协调管理

工程监理单位承担设计阶段相关服务的，应做好下列工作：

（1）协助建设单位审查设计单位提出的新材料、新工艺、新技术、新设备（简称"四新"）在相关部门的备案情况。必要时应协助建设单位组织专家评审。根据《建设工程勘察设计管理条例》，建设工程勘察、设计文件中规定采用的新技术、新材料，可能影响建设工程质量和安全，又没有国家技术标准的，应当由国家认可的检测机构进行试验、论证，出具检测报告，并经国务院有关部门或者省、自治区、直辖市人民政府有关部门组织的建设工程技术专家委员会审定后，方可使用。工程监理单位应协助建设单位审查工程采用"四新"的审定备案情况，不满足要求的应按规定进行试验、论证和专家审定后方可使用。

（2）协助建设单位建立设计过程的联席会议制度，组织设计单位各专业主要设计人员定期或不定期开展设计讨论，共同研究和探讨设计过程中出现的矛盾，集思广益，根据项目的具体特性和处于主导地位的专业要求进行综合分析，提出解决的方法。联席会议上，各专业设计人员对设计所需资料和对其他专业设计的配合要求，还可进行充分交流，从而避免出现"碰、撞、漏"等设计问题，保证设计质量。

（3）协助建设单位开展深化设计管理。对于专业性较强或有行业专门资质要求的项目，如钢结构、混凝土装配式结构、幕墙等工程设计，目前多数委托具有专业设计资质的设计单位进行二次深化设计。对于二次深化设计，应组织深化设计单位与原设计单位充分协商沟通，出具深化设计图纸，由原设计单位审核会签，以确认深化设计符合总体设计要求，并对相关的配套专业设计能否满足深化图纸的要求予以确认。

2. 施工图设计评审

工程监理单位可受建设单位委托，开展施工图设计的评审。施工图设计评审的内容包括：对工程对象物的尺寸、布置、选材、构造、相互关系、施工及安装质量要求的详细设计图和说明，这也是设计阶段质量控制的一个重点。评审的重点是：使用功能是否满足质量目标和标准，设计文件是否齐全、完整，设计深度是否符合规定。

（1）总体审核。首先审核施工图纸的完整性及各级的签字盖章。其次要重点审核工艺和总图布置的合理性，项目是否齐全，有无遗漏项，总图在平面和空间布置上是否有交叉和矛盾；工艺流程及装置、设备是否满足标准、规程、规范等要求。

（2）设计总说明审查。重点审查所采用设计依据、参数、标准是否满足质量要求，各项工程做法是否合理，选用设备、材料等是否先进、合理，采用的技术标准是否满足工程需要。

（3）施工设计图审查。重点审查施工图是否符合现行标准、规程、规范、规定的要求；设计图纸是否符合现场和施工的实际条件，深度是否达到施工和安装的要求，是否达到工程质量的标准；选型、选材、造型、尺寸、节点等设计图纸是否满足质量要求。

（4）审查施工图预算和总投资预算。审查预算编制是否符合预算编制要求，工程量计算是否正确，定额标准是否合理，各项收费是否符合规定，总投资预算是否在总概算控制范围内。

（5）审查其他要求。审核是否符合勘察提供的建设条件，是否满足环境保护措施，是否满足施工安全、卫生、劳动保护的要求。

3. 施工图审查

工程监理单位可协助建设单位开展施工图审查的送审工作。根据《房屋建筑和市政基础设施工程施工图设计文件审查管理办法》（住房和城乡建设部令第 13 号），建设单位应当将施工图送审查机构审查。审查机构不得与所审查项目的建设单位、勘察设计企业有隶属关系或者其他利害关系。送审管理的具体办法由省、自治区、直辖市人民政府住房城乡建设主管部门按照"公开、公平、公正"的原则规定。

建设单位不得明示或者暗示审查机构违反法律法规和工程建设强制性标准进行施工图审查，不得压缩合理审查周期、压低合理审查费用。

审查机构应当对施工图审查下列内容：

（1）是否符合工程建设强制性标准；

（2）地基基础和主体结构的安全性；

（3）消防安全性；

（4）人防工程（不含人防指挥工程）防护安全性；

（5）是否符合民用建筑节能强制性标准，对执行绿色建筑标准的项目，还应当审查是否符合绿色建筑标准；

（6）勘察设计企业和注册执业人员以及相关人员是否按规定在施工图上加盖相应的图章和签字；

（7）法律、法规、规章规定必须审查的其他内容。

国务院办公厅《关于全面开展工程建设项目审批制度改革的实施意见》（国办发〔2019〕11 号），明确将消防、人防、技防等技术审查并入施工图设计文件审查，相关部门不再进行技术审查。因此，施工图审查的内容还应包括技防设计审查。

思 考 题

1. 工程勘察包括哪些内容?
2. 工程勘察企业应履行哪些质量职责?
3. 工程勘察质量管理有哪些主要工作?
4. 简述工程设计管理的程序。
5. 编制初步设计文件有哪些条件要求?
6. 初步设计质量管理服务有哪些主要工作?
7. 施工图设计有哪些条件和深度要求?
8. 施工图设计质量管理有哪些主要工作?

第四章

第五章 建设工程施工质量控制和安全生产管理

工程施工质量控制和安全生产管理是工程施工阶段项目监理机构的主要工作内容。项目监理机构应基于施工质量控制的依据和工作程序，抓好施工质量控制工作。施工准备的质量控制应重点做好图纸会审与设计交底、施工组织设计的审查、施工方案的审查和现场施工准备质量控制等工作。施工过程中，项目监理机构可采用包括审查、巡视、监理指令、旁站、见证取样、验收和平行检验等监理工作手段对工程质量进行控制，以及把关工程变更。项目监理机构应履行安全生产的监理行为，抓好现场安全控制和危险性较大的分部分项工程施工安全管理，并做好质量安全记录资料的管理。

第一节 施工质量控制的依据和工作程序

一、施工质量控制的依据

项目监理机构施工质量控制的依据，大体上有以下四类：

（一）工程合同文件

建设工程监理合同、建设单位与其他相关单位签订的合同，包括与施工单位签订的施工合同，与材料设备供应单位签订的材料设备采购合同等。项目监理机构既要履行建设工程监理合同条款，又要监督施工单位、材料设备供应单位履行有关工程质量合同条款。因此，项目监理机构监理人员应熟悉这些相应条款，据以进行质量控制。

（二）工程勘察设计文件

工程勘察包括工程测量、工程地质和水文地质勘察等内容，工程勘察成果文件为工程项目选址、工程设计和施工提供科学可靠的依据，也是项目监理机构审批工程施工组织设计或施工方案、工程地基基础验收等工程质量控制的重要依据。经过批准的设计图纸和技术说明书等设计文件，是质量控制的重要依据。施工图审查报告与审查批准书、施工过程中设计单位出具的工程变更设计都属于设计文件的范畴，是项目监理机构进行质量控制的重要依据。

（三）有关质量管理方面的法律法规、部门规章与规范性文件

我国具有健全的工程质量管理法律法规体系，例如：

（1）法律：《中华人民共和国建筑法》《中华人民共和国刑法》《中华人民共和国防震减灾法》《中华人民共和国节约能源法》《中华人民共和国消防法》等。

（2）行政法规：《建设工程质量管理条例》《民用建筑节能条例》等。

（3）部门规章：《建筑工程施工许可管理办法》《建设工程质量检测管理办法》《房屋建筑和市政基础设施工程质量监督管理规定》《房屋建筑和市政基础设施工程竣工验收备案管理办法》《房屋建筑工程质量保修办法》等。

（4）规范性文件：《房屋建筑工程施工旁站监理管理办法（试行）》《工程质量安全管理手册（试行）》等。

此外，其他各行业如交通、能源、水利、冶金、化工等和省、市、自治区的有关主管

部门，也均根据本行业及地方的特点，制定和颁发了有关的法规性文件。

（四）工程建设标准

工程建设的质量标准是针对不同行业、不同的质量控制对象而制定的，包括各种有关的标准、规范或规程。根据适用性，标准分为国家标准、行业标准、地方标准和企业标准。它们是建立和维护正常的生产和工作秩序应遵守的准则，也是衡量工程、设备和材料质量的尺度。对于国内工程，国家标准是必须执行与遵守的最低要求，行业标准、地方标准和企业标准的要求不能低于国家标准的要求。企业标准是企业生产与工作的要求与规定，适用于企业的内部管理。

项目监理机构在施工质量控制中，依据的工程建设的质量标准主要有以下几类：

1. 工程项目施工质量验收标准

这类标准主要是由国家或部门统一制定的，用以作为检验和验收工程项目质量水平所依据的技术法规性文件。例如，《建筑工程施工质量验收统一标准》GB 50300、《混凝土结构工程施工质量验收规范》GB 50204、《建筑装饰装修工程质量验收标准》GB 50210等。对于其他行业如水利、电力、交通等工程项目的质量验收，也有与之类似的相应的质量验收标准。

2. 有关工程材料、半成品和构配件质量控制方面的专门技术法规性依据

（1）有关材料及其制品质量的技术标准。诸如水泥、木材及其制品、钢材、砌块、石材、石灰、砂、玻璃、陶瓷及其制品；涂料、保温及吸声材料、防水材料、塑料制品；建筑五金、电缆电线、绝缘材料以及其他材料或制品的质量标准。

（2）有关材料或半成品等的取样、试验等方面的技术标准或规程。例如：木材的物理力学试验方法，钢材的机械及工艺试验取样法，水泥安定性检验方法等。

（3）有关材料验收、包装、标志方面的技术标准和规定。例如，型钢的验收、包装、标志及质量证明书的一般规定；钢管验收、包装、标志及质量证明书的一般规定等。

3. 控制施工作业活动质量的技术规程

例如电焊操作规程、砌体操作规程、混凝土施工操作规程等，它们是为了保证施工作业活动质量在作业过程中应遵照执行的技术规程。

凡采用新工艺、新技术、新材料的工程，事先应进行试验，并应有权威性技术部门的技术鉴定书及有关的质量数据、指标，在此基础上制定相应的质量标准和施工工艺规程，以此作为判断与控制质量的依据。如果拟采用的新工艺、新技术、新材料，不符合现行强制性标准规定的，应当由拟采用单位提请建设单位组织专题技术论证，报批准标准的建设行政主管部门或者国务院有关主管部门审定。

二、施工质量控制的工作程序

在施工阶段中，项目监理机构要进行全过程的监督、检查与控制，不仅涉及最终产品的检查、验收，而且涉及施工过程的各环节及中间产品的监督、检查与验收。这种全过程的质量控制一般程序简要框图如图 5-1 所示。

在工程开始前，施工单位须做好施工准备工作，待开工条件具备时，应向项目监理机构报送工程开工报审表（表 5-1）及相关资料。专业监理工程师重点审查施工单位的施工组织设计是否已由施工单位技术负责人签认，是否已建立相应的现场质量、安全生产管理体系，管理及施工人员是否已到位，主要施工机械是否已具备使用条件，主要工程材料是

否已落实到位。设计交底和图纸会审是否已完成；进场道路及水、电、通信等是否已满足开工要求。审查合格后，则由总监理工程师签署审核意见，并报建设单位批准后，总监理工程师签发开工令。否则，施工单位应进一步做好施工准备，待条件具备时，再次报送工程开工报审表。

　　在施工过程中，项目监理机构应督促施工单位加强内部质量管理，严格质量控制。施工作业过程均应按规定工艺和技术要求进行。在每道工序完成后，施工单位应进行自检，

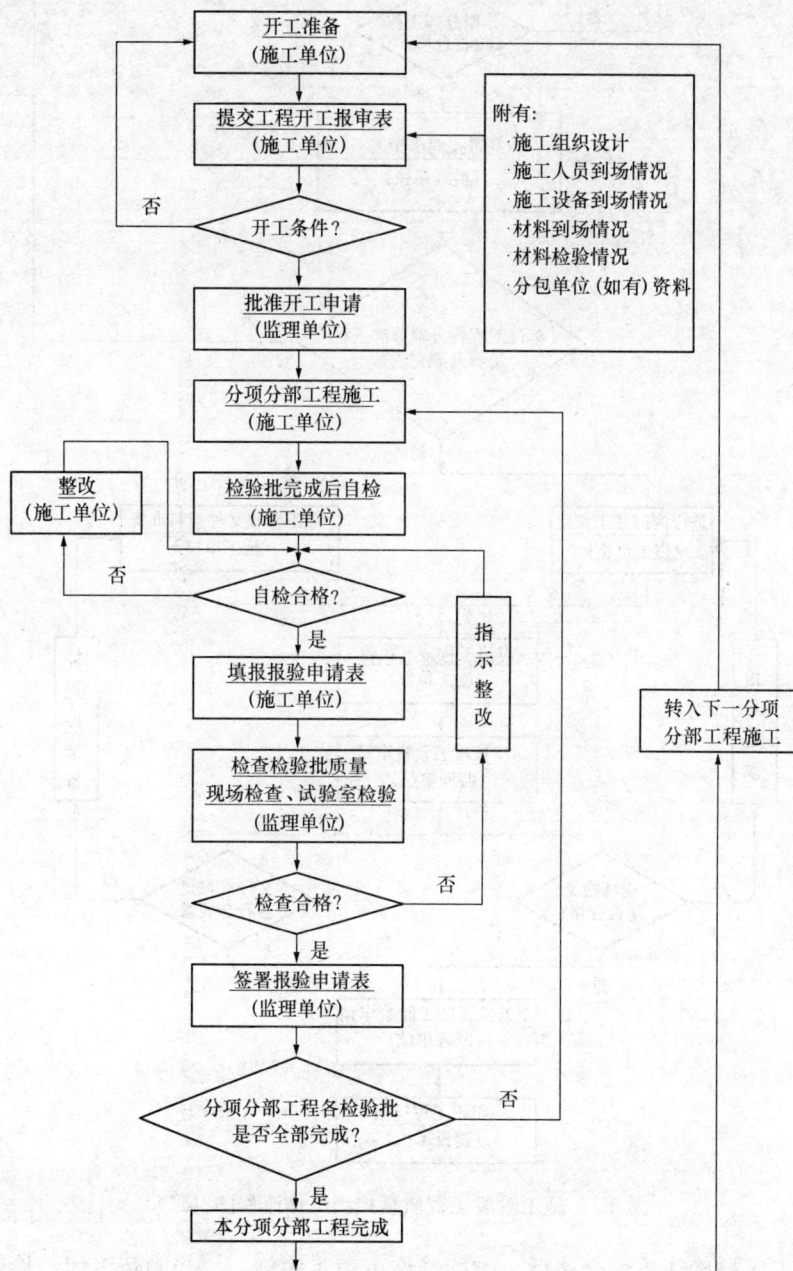

图 5-1　施工阶段工程质量控制工作流程图（一）

第五章

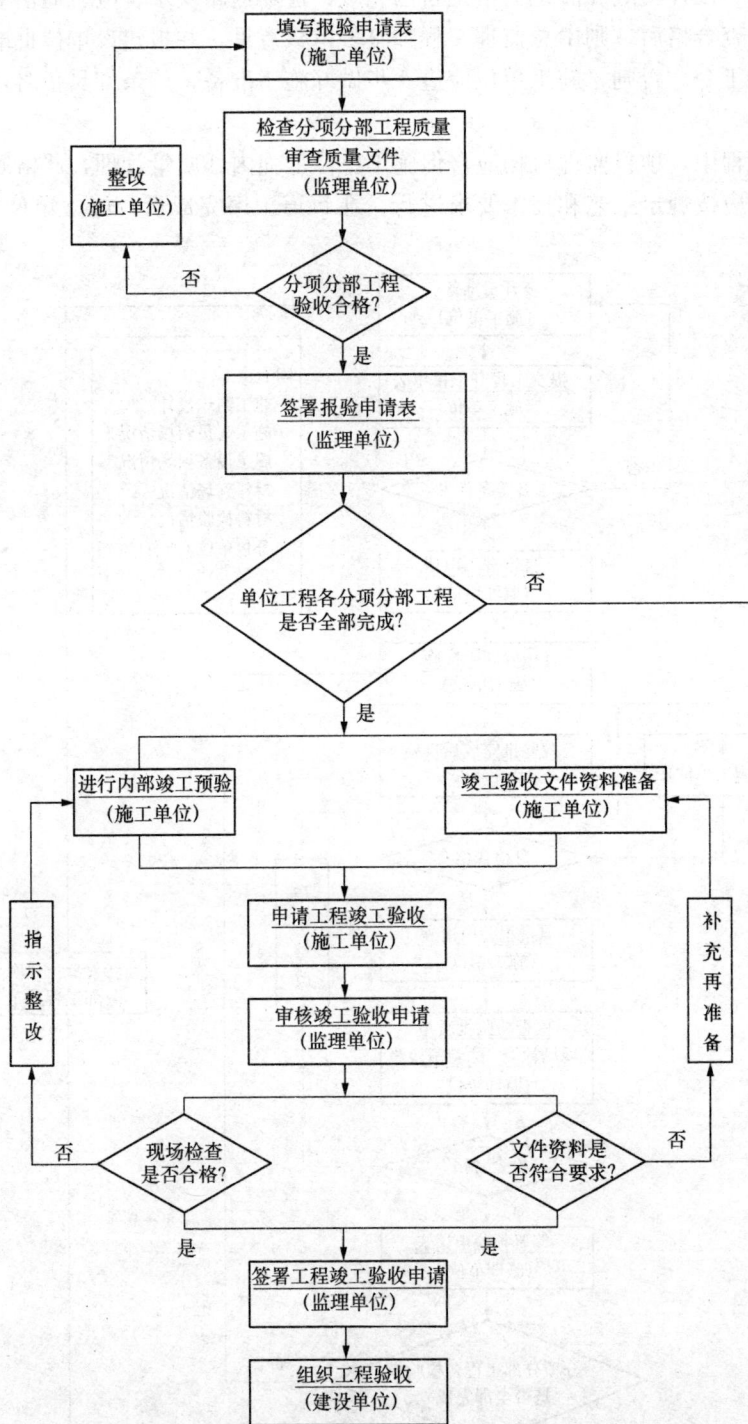

图 5-1　施工阶段工程质量控制工作流程图（二）

　　只有上一道工序被确认质量合格后，方能准许下道工序施工。当隐蔽工程、检验批、分项工程完成后，施工单位应自检合格，填写相应的隐蔽工程或检验批或分项工程报审、报验表，并附有相应工序和部位的工程质量检查记录，报送项目监理机构。经专业监理工程师现场检查及对相关资料审核后，符合要求予以签认。反之，则指令施工单位进行整改或返工处理。

开工报审表　　　　　　　　　　　　　　　　　　　**表 5-1**

工程名称：　　　　　　　　　　　　　　　　　　　　　　　　　　编号：

致：_____（建设单位） 　　_____（项目监理机构） 　　我方承担的 _____ 工程，已完成相关准备工作，具备开工条件，特此申请于 ____ 年 ____ 月 ____ 日开工，请予以审批。 　　附件：证明文件资料   　　　　　　　　　　　　　　　　　　　　　　　施工单位（盖章） 　　　　　　　　　　　　　　　　　　　　　　　项目经理（签字） 　　　　　　　　　　　　　　　　　　　　　　　　年　　月　　日
审查意见：   　　　　　　　　　　　　　　　　　　　　　　　项目监理机构（盖章） 　　　　　　　　　　　　　　　　　　　　　　　总监理工程师（签字、加盖执业印章） 　　　　　　　　　　　　　　　　　　　　　　　　年　　月　　日
审批意见：   　　　　　　　　　　　　　　　　　　　　　　　建设单位（盖章） 　　　　　　　　　　　　　　　　　　　　　　　建设单位代表（签字） 　　　　　　　　　　　　　　　　　　　　　　　　年　　月　　日

注：本表一式三份，项目监理机构、建设单位、施工单位各一份。

第五章

施工单位按照施工进度计划完成分部工程施工，且分部工程所包含的分项工程全部检验合格后，应填写相应分部工程报验表，并附有分部工程质量控制资料，报送项目监理机构验收。由总监理工程师组织相关人员对分部工程进行验收，并签署验收意见。

在施工质量验收过程中，涉及结构安全的试块、试件以及有关材料，应按规定进行见证取样检测；对涉及结构安全和使用功能的重要分部工程，应进行抽样检测，承担见证取样检测及有关结构安全检测的单位应具有相应资质。

按照单位工程施工总进度计划，施工单位已完成施工合同所约定的所有工程量，并完成自检工作，工程验收资料已整理完毕，应填报单位工程竣工验收报审表，报送项目监理机构竣工验收。总监理工程师组织专业监理工程师进行竣工预验收，并签署验收意见。

第二节　施工准备阶段的质量控制

一、图纸会审与设计交底

1. 图纸会审

图纸会审是建设单位、监理单位、施工单位等相关单位，在收到施工图审查机构审查合格的施工图设计文件后，在设计交底前进行的全面细致的熟悉和审查施工图纸的活动。监理人员应熟悉工程设计文件，并应参加建设单位主持的图纸会审会议，建设单位应及时主持召开图纸会审会议，组织项目监理机构、施工单位等相关人员进行图纸会审，并整理成会审问题清单，由建设单位在设计交底前约定的时间内提交设计单位。图纸会审由施工单位整理会议纪要，与会各方会签。

总监理工程师组织监理人员熟悉工程设计文件是项目监理机构实施事前质量控制的一项重要工作。其目的：一是通过熟悉工程设计文件，了解设计意图和工程设计特点、工程关键部位的质量要求；二是发现图纸差错，将图纸中的质量隐患消灭在萌芽之中。监理人员应重点熟悉：设计的主导思想与设计构思，采用的设计规范、各专业设计说明等以及工程设计文件对主要工程材料、构配件和设备的要求，对所采用的新材料、新工艺、新技术、新设备的要求，对施工技术的要求以及涉及工程质量、施工安全应特别注意的事项等。

图纸会审的内容一般包括：

(1) 审查设计图纸是否满足项目立项的功能、技术可靠、安全、经济适用的需求；

(2) 图纸是否已经审查机构签字、盖章；

(3) 地质勘探资料是否齐全，设计图纸与说明是否齐全，设计深度是否达到规范要求；

(4) 设计地震烈度是否符合当地要求；

(5) 总平面与施工图的几何尺寸、平面位置、标高等是否一致；

(6) 人防、消防、技防等特殊设计是否满足要求；

(7) 各专业图纸本身是否有差错及矛盾，结构图与建筑图的平面尺寸及标高是否一致，建筑图与结构图的表示方法是否清楚，是否符合制图标准，预留、预埋件是否表示清楚；

（8）工程材料来源有无保证，新工艺、新材料、新技术的应用有无问题；

（9）地基处理方法是否合理，建筑与结构构造是否存在不能施工、不便于施工的技术问题，或容易导致质量、安全、工程费用增加等方面的问题；

（10）工艺管道、电气线路、设备装置、运输道路与建筑物之间或相互间有无矛盾。

2. 设计交底

在工程施工前，设计单位就审查合格的施工图设计文件向建设单位、施工单位和监理单位做出详细说明。施工图设计交底按主项（装置或单元）分专业集中一次进行，遇有特殊情况，应建设单位要求也可按施工程序分次进行。施工图设计交底会原则上不重复召开，如果由于施工单位变更需要重复开会时，由建设单位和设计单位协商解决。

施工图设计交底有利于进一步贯彻设计意图和修改图纸中的错、漏、碰、缺；帮助施工单位和监理单位加深对施工图设计文件的理解，掌握关键工程部位的质量要求，确保工程质量。设计交底的主要内容一般包括：施工图设计文件总体介绍，设计的意图说明，特殊的工艺要求，建筑、结构、工艺、设备等各专业在施工中的难点、疑点和容易发生的问题说明；介绍同类工程经验教训，以及解答施工、监理和建设等单位提出的问题等。

建设单位应在收到施工图设计文件后 3 个月内组织并主持召开工程施工图设计交底会。除建设单位、设计单位、监理单位、施工单位及相关部门（如质量监督机构）参加外，还可根据需要邀请特殊机械、非标设备和电气仪器制造厂商代表参加。

设计交底会议的程序和内容如下：

（1）设计项目负责人介绍工程概况。

工程概况的内容包括：贯彻执行初步设计审查意见的情况，设计范围，设计文件的组成和查找办法，原料产品及生产技术特点，主要建安工作量或修正概算，与界区外工程的关系和衔接要求。

（2）各专业设计负责人进行专业设计交底。

专业设计交底的内容包括：设计范围，设计文件的组成、查找办法和图例符号的工程意义，技术特点及对工程的特殊要求，专业建安工作量或修正概算，施工验收应遵循的规范、标准和技术规定，与其他专业的交叉和衔接，对图纸会审提出的问题的处理意见，同类工程的经验教训等。

（3）设计方会同建设方将会议意见集中并形成会议纪要，经与会各单位负责人讨论确认后，在会上宣读。

会议结束后，建设单位应将会议纪要发送有关单位。

二、施工组织设计的审查

施工组织设计是指导施工单位进行施工的实施性文件。项目监理机构应审查施工单位报审的施工组织设计，符合要求时，应由总监理工程师签认后报建设单位。项目监理机构应要求施工单位按已批准的施工组织设计组织施工。施工组织设计需要调整时，项目监理机构应按程序重新审查。

（一）施工组织设计审查的基本内容与程序要求

1. 审查的基本内容

施工组织设计审查应包括下列内容：

（1）编审程序应符合相关规定；

（2）施工组织设计的基本内容是否完整，应包括编制依据、工程概况、施工部署、施工进度计划、施工准备与资源配置计划、主要施工方法、施工现场平面布置及主要施工管理计划等；

（3）工程进度、质量、安全、环境保护、造价等方面应符合施工合同要求；

（4）资金、劳动力、材料、设备等资源供应计划应满足工程施工需要，施工方法及技术措施应可行与可靠；

（5）施工总平面布置应科学合理。

项目监理机构还应审查施工组织设计中的生产安全事故应急预案，重点审查应急组织体系、相关人员职责、预警预防制度、应急救援措施。

2. 审查的程序要求

施工组织设计的报审应遵循下列程序及要求：

（1）施工单位编制的施工组织设计经施工单位技术负责人审核签认后，与施工组织设计报审表（表5-2）一并报送项目监理机构。

（2）总监理工程师应及时组织专业监理工程师进行审查，需要修改的，由总监理工程师签发书面意见退回修改；符合要求的，由总监理工程师签认。

（3）已签认的施工组织设计由项目监理机构报送建设单位。

（4）施工组织设计在实施过程中，施工单位如需做较大的变更，项目监理机构应按程序重新审查。

（二）施工组织设计审查监理工作要点

（1）受理施工组织设计。施工组织设计的审查必须是在施工单位编审手续齐全（即有编制人、施工单位技术负责人的签名和施工单位公章）的基础上，由施工单位填写施工组织设计报审表，并按合同约定时间报送项目监理机构。

（2）总监理工程师应在约定的时间内，组织各专业监理工程师进行审查，专业监理工程师在报审表上签署审查意见后，总监理工程师审核批准。需要施工单位修改施工组织设计时，由总监理工程师在报审表上签署意见，发回施工单位修改。施工单位修改后重新报审，总监理工程师应组织再审。

（3）施工组织设计应遵守工程建设有关的法律法规，应符合国家现行有关技术标准和技术经济指标，充分考虑施工合同约定的条件、施工现场条件和工程设计文件的要求；应针对工程的特点、难点及施工条件，具有可操作性，质量措施切实能保证工程质量目标，采用的新技术、新工艺、新材料和新设备应先进、适用、可靠。

（4）项目监理机构宜将审查施工单位施工组织设计的情况，特别是要求发回修改的情况及时向建设单位通报，应将已审定的施工组织设计及时报送建设单位。涉及增加工程措施费的项目，必须与建设单位协商，并征得建设单位的同意。

（5）经审查批准的施工组织设计，施工单位应认真贯彻实施，不得擅自任意改动。若需进行实质性的调整、补充或变动，应报项目监理机构审查同意。如果施工单位擅自改动，监理机构应及时发出监理通知单，要求按程序报审。

施工组织设计或（专项）施工方案报审表　　　　　表 5-2

工程名称：　　　　　　　　　　　　　　　　　　　　　　　　　编号：

致：_____（项目监理机构） 　我方已完成_____工程施工组织设计或（专项）施工方案的编制，并按规定已完成相关审批手续，请予以审查。 　附件：□施工组织设计 　　　　□专项施工方案 　　　　□施工方案   <div align="right">施工项目经理部（盖章） 项目经理（签字） 年　月　日</div>
审查意见：   <div align="right">专业监理工程师（签字） 年　月　日</div>
审核意见：   <div align="right">项目监理机构（盖章） 总监理工程师（签字、加盖执业印章） 年　月　日</div>
审批意见（仅对超过一定规模的危险性较大分部分项工程专项方案）：   <div align="right">建设单位（盖章） 建设单位代表（签字） 年　月　日</div>

注：本表一式三份，项目监理机构、建设单位、施工单位各一份。

三、施工方案审查

总监理工程师应组织专业监理工程师审查施工单位报审的施工方案，符合要求后应予以签认。施工方案审查应包括的基本内容：①编审程序应符合相关规定；②工程质量保证措施应符合有关标准。

1. 程序性审查

应重点审查施工方案的编制人、审批人是否符合有关权限规定的要求。根据相关规定，通常情况下，施工方案应由项目技术负责人组织编制，并经施工单位技术负责人审批签字后提交项目监理机构。项目监理机构在审批施工方案时，应检查施工单位的内部审批程序是否完善、签章是否齐全，重点核对审批人是否为施工单位技术负责人。施工方案报审表应按表5-2的要求填写。

2. 内容性审查

审查施工方案的基本内容是否完整，包括：

（1）工程概况：分部分项工程概况、施工平面布置、施工要求和技术保证条件；

（2）编制依据：相关法律法规、标准、规范及图纸（国标图集）、施工组织设计等；

（3）施工安排：包括施工顺序及施工流水段的确定、施工进度计划、材料与设备计划以及施工方案技术交底制度等；

（4）施工工艺技术：技术参数、工艺流程、施工方法、检验标准等；

（5）施工保证措施：组织保障、技术措施、应急预案、监测监控，特别是重点部位与关键工序的质量安全措施，隐蔽工程的质量保证措施等；

（6）计算书及相关图纸。

应重点审查施工方案是否具有针对性、指导性、可操作性；现场施工管理机构是否建立了完善的质量保证体系，是否明确工程质量要求及标准，是否健全了质量保证体系组织机构及岗位职责、是否配备了相应的质量管理人员；是否建立了各项质量管理制度和质量管理程序等；施工质量保证措施是否符合现行的规范、标准等，特别是与工程建设强制性标准的符合性。

例如，审查建筑地基基础工程土方开挖施工方案，要求土方开挖的顺序、方法必须与设计工况相一致，并遵循"开槽支撑，先撑后挖，分层开挖，严禁超挖"的原则。在质量安全方面的要点是：①基坑边坡土不应超过设计荷载以防边坡塌方；②挖方时不应碰撞或损伤支护结构、降水设施；③开挖到设计标高后，应对坑底进行保护，验槽合格后，尽快施工垫层；④严禁超挖；⑤开挖过程中，应对支护结构、周围环境进行观察、监测，发现异常及时处理等。

3. 审查的主要依据

建设工程施工合同文件及建设工程监理合同，经批准的建设工程项目文件和勘察设计文件，相关法律、法规、规范、规程、标准图集等，以及其他工程基础资料、工程场地周边环境（含管线）资料等。

四、现场施工准备的质量控制

（一）施工现场质量管理检查

工程开工前，项目监理机构应审查施工单位现场的质量管理组织机构、管理制度及专职管理人员和特种作业人员的资格，主要内容包括：

（1）质量管理组织机构，是否按相关规定和项目情况建立了组织机构，关键岗位人员的配置是否符合建设主管部门的规定，职责是否明确；

（2）现场质量管理制度，是否按相关规定建立了分包单位管理制度、物资采购管理制度、施工设施和机械设备管理制度、计量制度、检测试验管理制度、工程质量检查验收制度等；

（3）管理人员和特种作业人员的资格，施工项目负责人、技术负责人、质量负责人和施工质量关键岗位人员（质量员及试验检测、测量人员等）是否按规定持有执业证书，特种作业人员是否按规定持有上岗证。

（二）分包单位资质的审核确认

分包工程开工前，项目监理机构应审核施工单位报送的分包单位资格报审表（表5-3）及有关资料，专业监理工程师进行审核并提出审查意见，符合要求后，应由总监理工程师审批并签署意见。分包单位资格审核应包括的基本内容：①营业执照、企业资质证书；②安全生产许可文件；③类似工程业绩；④专职管理人员和特种作业人员的资格。

专业监理工程师应在约定的时间内，对施工单位所报资料的完整性、真实性和有效性进行审查。在审查过程中需与建设单位进行有效沟通，必要时会同建设单位对施工单位选定的分包单位的情况进行实地考察和调查，核实施工单位申报材料与实际情况是否相符。

专业监理工程师审查分包单位资质材料时，应查验《建筑业企业资质证书》《企业法人营业执照》及《安全生产许可证》。注意拟承担分包工程内容与资质等级、营业执照是否相符。分包单位的类似工程业绩，要求提供工程名称、工程质量验收等证明文件；审查拟分包工程的内容和范围时，应注意施工单位的发包性质，禁止转包、肢解分包、层层分包等违法行为。

总监理工程师对报审资料进行审核，在报审表上签署书面意见前需征求建设单位意见。如分包单位的资质材料不符合要求，施工单位应根据总监理工程师的审核意见，或重新报审，或另选择分包单位再报审。

（三）查验施工控制测量成果

专业监理工程师应检查、复核施工单位报送的施工控制测量成果及保护措施，签署意见；并应对施工单位在施工过程中报送的施工测量放线成果进行查验。施工控制测量成果及保护措施的检查、复核，包括：①施工单位测量人员的资格证书及测量设备检定证书；②施工平面控制网、高程控制网和临时水准点的测量成果及控制桩的保护措施。

项目监理机构收到施工单位报送的施工控制测量成果报验表（表5-4）后，由专业监理工程师审查。专业监理工程师应审查施工单位的测量依据、测量人员资格和测量成果是否符合规范及标准要求，符合要求的，予以签认。

专业监理工程师应检查、复核施工单位测量人员的资格证书和测量设备检定证书。根据相关规定，从事工程测量的技术人员应取得合法有效的相关资格证书，用于测量的仪器和设备也应具备有效的检定证书。专业监理工程师应按照相应测量标准的要求对施工平面控制网、高程控制网和临时水准点的测量成果及控制桩的保护措施进行检查、复核。例如，场区控制网点位，应选择在通视良好、便于施测、利于长期保存的地点，并埋设相应的标石，必要时还应增加强制对中装置。标石埋设深度，应根据冻土深度和场地设计标高确定。施工中，当少数高程控制点标石不能保存时，应将其引测至稳固的建（构）筑物上，引测精度不应低于原高程点的精度等级。

分包单位资格报审表   表 5-3

工程名称：   编号：

致：＿＿＿＿＿＿＿＿＿＿＿＿＿＿＿＿＿（项目监理机构）
　　经考察，我方认为拟选择的＿＿＿＿＿＿＿＿＿（分包单位）具有承担下列工程的施工或安装资质和能力，可以保证本工程按施工合同第＿＿＿＿＿＿＿条款的约定进行施工或安装。分包后，我方仍承担本工程施工合同的全部责任。请予以审查。

分包工程名称（部位）	分包工程量	分包工程合同额
合计		

附：1. 分包单位资质材料：营业执照、资质证书、安全生产许可证等证书复印件。
　　2. 分包单位业绩材料：类似工程施工业绩。
　　3. 分包单位专职管理人员和特种作业人员的资格证书：各类人员资格证书复印件。
　　4. 施工单位对分包单位的管理制度。

施工项目经理部（盖章）

项目经理（签字）

年　月　日

审查意见：

专业监理工程师（签字）

年　月　日

审核意见：

项目监理机构（盖章）

总监理工程师（签字）

年　月　日

注：本表一式三份，项目监理机构、建设单位、施工单位各一份。

施工控制测量成果报验表 表 5-4

工程名称： 编号：

致：_____（项目监理机构）

我方已完成_____施工控制测量，经自检合格，请予以查验。

附：1. 施工控制测量依据资料：规划红线、基准或基准点、引进水准点标高文件资料；总平面布置图。
    2. 施工控制测量成果表；施工测量放线成果表。
    3. 测量人员的资格证书及测量设备检定证书。

施工项目经理部（盖章）
项目技术负责人（签字）
年 月 日

审查意见：

项目监理机构（盖章）
专业监理工程师（签字）
年 月 日

注：本表一式三份，项目监理机构、建设单位、施工单位各一份。

（四）施工试验室的检查

专业监理工程师应检查施工单位为本工程提供服务的试验室（包括施工单位自有试验室或委托的试验室）。试验室的检查应包括下列内容：①试验室的资质等级及试验范围；②法定计量部门对试验设备出具的计量检定证明；③试验室管理制度；④试验人员资格证书。

项目监理机构收到施工单位报送的试验室报审表（表 5-5）及有关资料后，总监理工程师应组织专业监理工程师对施工试验室审查。专业监理工程师在熟悉本工程的试验项目及其要求后对施工试验室进行审查。

_____报审、报验表　　　　　　　　　表 5-5

工程名称：　　　　　　　　　　　　　　　　　　　　　　编号：

致：_____（项目监理机构）
我方已完成_____ 工作，经自检合格，现将有关资料报上，请予以审查或验收。
附：□隐蔽工程质量检验资料
□检验批质量检验资料：钢筋安装工程检验批质量验收记录表
□分项工程质量检验资料
☑施工试验室证明资料
□其他
<div align="right">施工项目经理部（盖章） 项目经理或项目技术负责人（签字） 年　　月　　日</div>
审查或验收意见：
<div align="right">项目监理机构（盖章） 专业监理工程师（签字） 年　　月　　日</div>

注：本表一式二份，项目监理机构、施工单位各一份。

根据有关规定,为工程提供服务的试验室应具有政府主管部门颁发的资质证书及相应的试验范围。试验室的资质等级和试验范围必须满足工程需要;试验设备应由法定计量部门出具符合规定要求的计量检定证明;试验室还应具有相关管理制度,以保证试验、检测过程和结果的规范性、准确性、有效性、可靠性及可追溯性,试验室管理制度应包括试验人员工作记录、人员考核及培训制度、资料管理制度、原始记录管理制度、试验检测报告管理制度、样品管理制度、仪器设备管理制度、安全环保管理制度、外委试验管理制度、对比试验以及能力考核管理制度、施工现场(搅拌站)试验管理制度、检查评比制度、工作会议制度以及报表制度等。从事试验、检测工作的人员应按规定具备相应的上岗资格证书。专业监理工程师应对以上制度逐一进行检查,符合要求后予以签认。

另外,施工单位还有一些用于现场的计量设备,包括施工中使用的衡器、量具、计量装置等。施工单位应按有关规定定期对计量设备进行检查、检定,确保计量设备的精确性和可靠性。专业监理工程师应审查施工单位定期提交的影响工程质量的计量设备的检查和检定报告。

(五)工程材料、构配件、设备的质量控制

1. 工程材料、构配件、设备质量控制的基本内容

项目监理机构收到施工单位报送的工程材料、构配件、设备报审表(表5-6)后,应审查施工单位报送的用于工程的材料、构配件、设备的质量证明文件,并应按有关规定对用于工程的材料进行见证取样。用于工程的材料、构配件、设备的质量证明文件包括出厂合格证、质量检验报告、性能检测报告以及施工单位的质量抽检报告等。对于工程设备应同时附有设备出厂合格证、技术说明书、质量检验证明、有关图纸、配件清单及技术资料等。对已进场经检验不合格的工程材料、构配件、设备,应要求施工单位限期将其撤出施工现场。

2. 工程材料、构配件、设备质量控制的要点

(1)对用于工程的主要材料,在材料进场时专业监理工程师应核查厂家生产许可证、出厂合格证、材质化验单及性能检测报告,审查不合格者一律不准用于工程。专业监理工程师应参与建设单位组织的对施工单位负责采购的原材料、半成品、构配件的考察,并提出考察意见。对于半成品、构配件和设备,应按经过审批认可的设计文件和图纸要求采购订货,质量应满足有关标准和设计的要求。某些材料,诸如瓷砖等装饰材料,要求订货时最好一次性备足货源,以免由于分批而出现色泽不一的质量问题。

(2)在现场配制的材料,施工单位应进行级配设计与配合比试验,经试验合格后才能使用。

(3)对于进口材料、构配件和设备,专业监理工程师应要求施工单位报送进口商检证明文件,并会同建设单位、施工单位、供货单位等相关单位有关人员按合同约定进行联合检查验收。联合检查由施工单位提出申请,项目监理机构组织,建设单位主持。

(4)对于工程采用新设备、新材料,还应核查相关部门鉴定证书或工程应用的证明材料、实地考察报告或专题论证材料。

(5)原材料、(半)成品、构配件进场时,专业监理工程师应检查其尺寸、规格、型号、产品标志、包装等外观质量,并判定其是否符合设计、规范、合同等要求。

(6)工程设备验收前,设备安装单位应提交设备验收方案,包括验收方法、质量标准、验收的依据,经专业监理工程师审查同意后实施。

工程材料、构配件、设备报审表 表 5-6

工程名称：   编号：

致：_____（项目监理机构）
   于_____年___月_____日进场的拟用于工程_____部位的_____，经我方检验合格，现将相关资料报上，请予以审查。
 	
   附件：1. 工程材料、构配件或设备清单：
        2. 质量证明文件：
        3. 自检结果：
 	
                                  施工项目经理部（盖章）
                                      项目经理（签字）
                                         年   月   日

审查意见：
 	
                                    项目监理机构（盖章）
                                    专业监理工程师（签字）
                                         年   月   日

注：本表一式二份，项目监理机构、施工单位各一份。

（7）对进场的设备，专业监理工程师应会同设备安装单位、供货单位等的有关人员进行开箱检验，检查其是否符合设计文件、合同文件和规范等所规定的厂家、型号、规格、数量、技术参数等，检查设备图纸、说明书、配件是否齐全。

（8）由建设单位采购的主要设备则由建设单位、施工单位、项目监理机构进行开箱检查，并由三方在开箱检查记录上签字。

（9）质量合格的材料、构配件进场后，到其使用或安装时通常要经过一定的时间间

隔。在此时间里，专业监理工程师应对施工单位在材料、半成品、构配件的存放、保管及使用期限实行监控。

（六）工程开工条件审查与开工令的签发

总监理工程师应组织专业监理工程师审查施工单位报送的工程开工报审表及相关资料，同时具备下列条件时，应由总监理工程师签署审查意见，并应报建设单位批准后，总监理工程师签发工程开工令：

（1）设计交底和图纸会审已完成；

（2）施工组织设计已由总监理工程师签认；

（3）施工单位现场质量、安全生产管理体系已建立，管理及施工人员已到位，施工机械具备使用条件，主要工程材料已落实；

（4）进场道路及水、电、通信等已满足开工要求。

总监理工程师应在开工日期7天前向施工单位发出工程开工令（表5-7）。工期自总监理工程师发出的工程开工令中载明的开工日期起计算。总监理工程师应组织专业监理工程师审查施工单位报送的开工报审表及相关资料，并对开工应具备的条件进行逐项审查，全部符合要求时签署审查意见，报建设单位得到批准后，再由总监理工程师签发工程开工令。施工单位应在开工日期后尽快施工。

工程开工令　　　　表 5-7

工程名称：　　　　　　　　　　　　　　　　　　　　　编号：

致：＿＿＿＿＿＿＿＿＿＿＿＿＿＿（施工单位）

　　经审查，本工程已具备施工合同约定的开工条件，现同意你方开始施工，开工日期为：＿＿＿＿年＿＿＿＿月＿＿＿＿日。

　　附件：工程开工报审表

项目监理机构（盖章）
总监理工程师（签字、加盖执业印章）
年　月　日

注：本表一式三份，项目监理机构、建设单位、施工单位各一份。

第三节　施工过程的质量控制

一、巡视与旁站

（一）巡视

1. 巡视的内容

巡视是项目监理机构对施工现场进行的定期或不定期的检查活动，是项目监理机构对工程实施建设监理的方式之一。

项目监理机构应安排监理人员对工程施工质量进行巡视。巡视应包括下列主要内容：

（1）施工单位是否按工程设计文件、工程建设标准和批准的施工组织设计、（专项）施工方案施工。施工单位必须按照工程设计图纸和施工技术标准施工，不得擅自修改工程设计，不得偷工减料。

（2）使用的工程材料、构配件和设备是否合格。应检查施工单位使用的工程原材料、构配件和设备是否合格。不得在工程中使用不合格的原材料、构配件和设备，只有经过复试检测合格的原材料、构配件和设备才能够用于工程。

（3）施工现场管理人员，特别是施工质量管理人员是否到位。应对其是否到位及履职情况做好检查和记录。

（4）特种作业人员是否持证上岗。应对施工单位特种作业人员是否持证上岗进行检查。根据《建筑施工特种作业人员管理规定》，对于建筑电工、建筑架子工、建筑起重信号司索工、建筑起重机械司机、建筑起重机械安装拆卸工、高处作业吊篮安装拆卸工、焊接切割操作工以及经省级以上人民政府建设主管部门认定的其他特种作业人员，必须持施工特种作业人员操作证上岗。

2. 巡视要点

（1）实体样板和工序样板

根据住房和城乡建设部颁发的《工程质量安全手册（试行）》，施工单位应实施样板引路制度，设置实体样板和工序样板。在分项工程大面积施工前，以现场示范操作、视频影像、图片文字、实物展示、样板间等形式直观展示关键部位、关键工序的做法与要求，使施工人员掌握质量标准和具体工艺，并在施工过程中遵照实施。

施工项目技术负责人应负责项目施工样板引路，组织项目相关人员编制引路方案，并经项目经理审批，报项目监理机构批准后实施。工程样板包括：材料样板、加工样板、工序样板、装修样板间等。下列项目必须设立样板：

1）材料、设备的型号、订货必须验收样板，并经建设单位和项目监理机构确认；

2）现场成品、半成品加工前，必须先做样板，根据样板质量的标准进行后续大批量的加工和验收；

3）结构施工时每道工序的第一板块，应作为样板，并经过项目监理机构、设计代表和施工项目部的三方验收后，方可大面积施工；

4）在装修工程开始前，要先做出样板间，样板间应达到竣工验收的标准，并经建设单位、项目监理机构、设计代表和施工项目部四方验收合格后，方可正式施工。

（2）原材料

施工现场原材料、构配件的采购和堆放是否符合施工组织设计（方案）要求：其规格、型号等是否符合设计要求；是否已见证取样，并检测合格；是否已按程序报验并允许使用；有无使用不合格材料，有无使用质量合格证明资料欠缺的材料。

（3）施工人员

1）施工现场管理人员，尤其是质检员、安全员等关键岗位人员是否到位，能否确保各项管理制度和质量保证体系是否落实；

2）特种作业人员是否持证上岗，人证是否相符，是否进行了技术交底并有记录；

3）现场施工人员是否按照规定佩戴安全防护用品。

（4）基坑土方开挖工程

1）土方开挖前的准备工作是否到位，开挖条件是否具备；

2）土方开挖顺序、方法是否与设计要求一致；

3）挖土是否分层、分区进行，分层高度和开挖面放坡坡度是否符合要求，垫层混凝土的浇筑是否及时；

4）基坑坑边和支撑上的堆载是否在允许范围，是否存在安全隐患；

5）挖土机械有无碰撞或损伤基坑围护和支撑结构、工程桩、降压（疏干）井等现象；

6）是否限时开挖，尽快形成围护支撑，尽量缩短围护结构无支撑暴露时间；

7）每道支撑底面粘附的土块、垫层、竹笆等是否及时清理；每道支撑上的安全通道和临边防护的搭设是否及时、符合要求；

8）挖土机械工作是否有专人指挥，有无违章、冒险作业现象。

（5）砌体工程

1）基层清理是否干净，是否按要求用细石混凝土/水泥砂浆进行了找平；

2）是否有"碎砖"集中使用和外观质量不合格的块材使用现象；

3）是否按要求使用皮数杆，墙体拉结筋形式、规格、尺寸、位置是否正确，砂浆饱满度是否合格，灰缝厚度是否超标，有无透明缝、"瞎缝"和"假缝"；

4）墙上的架眼，工程需要的预留、预埋等有无遗漏等。

（6）钢筋工程

1）钢筋有无锈蚀，有无被隔离剂和淤泥等污染的现象；

2）垫块规格、尺寸是否符合要求，强度能否满足施工需要，有无用木块、大理石板等代替水泥砂浆（或混凝土）垫块的现象；

3）钢筋搭接长度、位置、连接方式是否符合设计要求，搭接区段箍筋是否按要求加密；对于梁柱或梁梁交叉部位的"核心区"有无主筋被截断、箍筋漏放等现象。

（7）模板工程

1）模板安装和拆除是否符合施工组织设计（方案）的要求，支模前隐蔽内容是否已经验收合格；

2）模板表面是否清理干净、有无变形损坏，是否已涂刷隔离剂，模板拼缝是否严密，安装是否牢固；

3）拆模是否事先按程序和要求向项目监理机构报审并签认，有无违章、冒险行为；

模板捆扎、吊运、堆放是否符合要求。

(8) 混凝土工程

1) 现浇混凝土结构构件的保护层是否符合要求;

2) 拆模后构件的尺寸偏差是否在允许范围内,有无质量缺陷,缺陷修补处理是否符合要求;

3) 现浇构件的养护措施是否有效、可行、及时等;

4) 采用商品混凝土时,是否留置标养试块和同条件试块,是否抽查砂与石子的含泥量和粒径等。

(9) 钢结构工程

钢结构零部件加工条件是否合格(如场地、温度、机械性能等),安装条件是否具备(如基础是否已经验收合格等);施工工艺是否合理、符合相关规定;钢结构原材料及零部件的加工、焊接、组装、安装及涂饰质量是否符合设计文件和相关标准、要求等。

(10) 屋面工程

1) 基层是否平整坚固、清理干净;

2) 防水卷材搭接部位、宽度、施工顺序、施工工艺是否符合要求,卷材收头、节点、细部处理是否合格;

3) 屋面块材搭接、铺贴质量如何,有无损坏现象等。

(11) 装饰装修工程

1) 基层处理是否合格,是否按要求使用垂直、水平控制线,施工工艺是否符合要求;

2) 需要进行隐蔽的部位和内容是否已经按程序报验并通过验收;

3) 细部制作、安装、涂饰等是否符合设计要求和相关规定;

4) 各专业之间工序穿插是否合理,有无相互污染、相互破坏现象等。

(12) 安装工程

重点检查是否按规范、规程、设计图纸、图集和批准的施工组织设计(方案)施工;是否有专人负责,施工是否正常等。

(13) 施工环境

1) 施工环境和外界条件是否对工程质量、安全等造成不利影响,施工单位是否已采取相应措施;

2) 各种基准控制点、周边环境和基坑自身监测点的设置、保护是否正常,有无被压(损)现象;

3) 季节性天气中,工地是否采取了相应的季节性施工措施,比如暑期、冬期和雨期施工措施等。

(二)旁站

旁站是指项目监理机构对工程的关键部位或关键工序的施工质量进行的监督活动。

项目监理机构应根据工程特点和施工单位报送的施工组织设计,将影响工程主体结构安全的、完工后无法检测其质量的或返工会造成较大损失的部位及其施工过程作为旁站的关键部位、关键工序,安排监理人员进行旁站,并应及时记录旁站情况。旁站记录应按《建设工程监理规范》GB/T 50319—2013 的要求填写,见表 5-8。

旁站记录 表 5-8

工程名称： 编号：

旁站的关键部位、关键工序		施工单位	
旁站开始时间		旁站结束时间	
旁站的关键部位、关键工序施工情况：			
发现的问题及处理情况：			

旁站监理人员（签字）

年 月 日

注：本表一式一份，项目监理机构留存。

1. 旁站工作程序

(1) 开工前,项目监理机构应根据工程特点和施工单位报送的施工组织设计,确定旁站的关键部位、关键工序,并书面通知施工单位。

(2) 施工单位在需要实施旁站的关键部位、关键工序进行施工前书面通知项目监理机构。

(3) 接到施工单位书面通知后,项目机构应安排旁站监理人员实施旁站。

2. 旁站工作要点

(1) 编制监理规划时,应明确旁站的部位和要求。

(2) 根据部门规范性文件,房屋建筑工程旁站的关键部位、关键工序是:

基础工程方面包括:土方回填,混凝土灌注桩浇筑,地下连续墙、土钉墙、后浇带及其他结构混凝土、防水混凝土浇筑,卷材防水层细部构造处理,钢结构安装;

主体结构工程方面包括:梁柱节点钢筋隐蔽工程,混凝土浇筑,预应力张拉,装配式结构安装,钢结构安装,网架结构安装,索膜安装。

(3) 其他工程的关键部位、关键工序,应根据工程类别、特点及有关规定和施工单位报送的施工组织设计确定。

(4) 旁站人员的主要职责是:

1) 检查施工单位现场质检人员到岗、特殊工种人员持证上岗及施工机械、建筑材料准备情况;

2) 在现场监督关键部位、关键工序的施工执行施工方案以及工程建设强制性标准情况;

3) 核查进场建筑材料、构配件、设备和商品混凝土的质量检验报告等,并可在现场监督施工单位进行检验或者委托具有资格的第三方进行复验;

4) 做好旁站记录,保存旁站原始资料。

(5) 对施工中出现的偏差及时纠正,保证施工质量。发现施工单位有违反工程建设强制性标准行为的,应责令施工单位立即整改;发现其施工活动已经或者可能危及工程质量的,应当及时向专业监理工程师或总监理工程师报告,由总监理工程师下达暂停令,指令施工单位整改。

(6) 对需要旁站的关键部位、关键工序的施工,凡没有实施旁站监理或者没有旁站记录的,专业监理工程师或总监理工程师不得在相应文件上签字。工程竣工验收后,项目监理机构应将旁站记录存档备查。

(7) 旁站记录内容应真实、准确并与监理日志相吻合。对旁站的关键部位、关键工序,应按照时间或工序形成完整的记录。必要时可进行拍照或摄影,记录当时的施工过程。

二、见证取样与平行检验

(一) 见证取样

见证取样是指项目监理机构对施工单位进行的涉及结构安全的试块、试件及工程材料现场取样、封样、送检工作的监督活动。

1. 见证取样的工作程序

(1) 工程项目施工前,由施工单位和项目监理机构共同对见证取样的检测机构进行考察确定。对于施工单位提出的试验室，专业监理工程师要进行实地考察。试验室一般是和施工单位没有行政隶属关系的第三方。试验室要具有相应的资质，试验项目满足工程需要，试验室出具的报告对外具有法定效果。

（2）项目监理机构要将选定的试验室报送负责本项目的质量监督机构备案，同时要将项目监理机构中负责见证取样的监理人员在该质量监督机构备案。

（3）施工单位应按照规定制定检测试验计划，配备取样人员，负责施工现场的取样工作，并将检测试验计划报送项目监理机构。

（4）施工单位在对进场材料、试块、试件、钢筋接头等实施见证取样前要通知负责见证取样的监理人员，在该监理人员现场监督下，施工单位按相关规范的要求，完成材料、试块、试件等的取样过程。

（5）完成取样后，施工单位取样人员应在试样或其包装上做出标识、封志。标识和封志应标明工程名称、取样部位、取样日期、样品名称和样品数量等信息，并由见证取样的监理人员和施工单位取样人员签字。如钢筋样品、钢筋接头，则贴上专用加封标志，然后送往试验室。施工单位应按照单位工程分别建立钢筋试样、钢筋连接接头试样、混凝土试样、砂浆试样及需要建立的其他试样台账，检测试验结果为不合格或不符合要求的，应在试样台账中注明处置情况。

2. 实施见证取样的要求

（1）试验室要具有相应的资质并进行备案、认可。

（2）负责见证取样的监理人员要具有材料、试验等方面的专业知识，并经培训考核合格，且要取得见证人员培训合格证书。

（3）施工单位从事取样的人员一般应由试验室人员或专职质检人员担任。

（4）试验室出具的报告一式两份，分别由施工单位和项目监理机构保存，并作为归档材料，是工序产品质量评定的重要依据。

（5）见证取样的频率，国家或地方主管部门有规定的，执行相关规定；施工承包合同中如有明确规定的，执行施工承包合同的规定。

（6）见证取样和送检的资料必须真实、完整，符合相应规定。

（二）平行检验

平行检验是指项目监理机构在施工单位自检的同时，按有关规定、建设工程监理合同约定对同一检验项目进行的检测试验活动。项目监理机构应根据工程特点、专业要求，以及建设工程监理合同约定，对施工质量进行平行检验。

平行检验的项目、数量、频率和费用等应符合建设工程监理合同的约定。对平行检验不合格的施工质量，项目监理机构应签发监理通知单，要求施工单位在指定的时间内整改并重新报验。

例如高速公路工程中，工程监理单位应按工程建设监理合同约定组建项目监理中心试验室进行平行检验工作。公路工程检验试验可分为验证试验、标准试验、工艺试验、抽样试验和验收试验。验证试验是对材料或商品构件进行预先鉴定，以决定是否可以用于工程。标准试验是对各项工程的内在品质进行施工前的数据采集，它是控制和指导施工的科学依据，包括各种标准击实试验、集料的级配试验、混合料的配合比试验、结构的强度试验等。工艺试验是依据技术规范的规定，在动工之前对路基、路面及其他需要通过预先试验方能正式施工的分项工程预先进行工艺试验，然后依其试验结果全面指导施工。抽样试验是对各项工程实施中的实际内在品质进行符合性的检查，内容应包括各种材料的物理性能、土方及其他填筑施工的密实度、混凝土及沥青混凝土的强度等的测定和试验。验收试验是对各项已完工程的实际内在品质做出评定。项目监理中心试验室进行平行检验试验的是：

（1）验证试验。材料或商品构件运入现场后，应按规定的批量和频率进行抽样试验，不合格的材料或商品构件不准用于工程。

（2）标准试验。在各项工程开工前合同规定或合理的时间内，应由施工单位先完成标准试验。监理中心试验室应在施工单位进行标准试验的同时或以后，平行进行复核（对比）试验，以肯定、否定或调整施工单位标准试验的参数或指标。

（3）抽样试验。在施工单位的工地试验室（流动试验室）按技术规范的规定进行全频率抽样试验的基础上，监理中心试验室应按规定的频率独立进行抽样试验，以鉴定施工单位的抽样试验结果是否真实可靠。当施工现场的监理人员对施工质量或材料产生疑问并提出要求时，监理中心试验室随时进行抽样试验。

三、工程实体质量控制

根据住房和城乡建设部颁发的《工程质量安全手册（试行）》，各分部工程实体质量的控制要求如下：

1. 地基基础工程

（1）按照设计和规范要求进行基槽验收。验槽时，现场应具备岩土工程勘察报告、轻型动力触探记录、地基基础设计文件、地基处理或深基础施工质量检测报告等；验槽应在基坑或基槽开挖至设计标高后进行，对留置保护土层时其厚度不应超过100mm，槽底应为无扰动的原状土。

天然地基的验槽应根据勘察、设计文件核对基坑的位置、平面尺寸、坑底标高，根据勘察报告核对基坑底、坑边岩土体和地下水情况；检查孔穴、古墓、古井、暗沟、防空掩体及地下埋设物的情况，并应查明其位置深度和形状；检查基坑底土质的扰动情况以及扰动的范围和程度；检查基坑底土质受到冰冻、干裂、受水冲刷或浸泡扰动情况，并应查明影响范围和深度。

桩基工程的验槽，设计计算中考虑桩筏基础、低桩承台等桩基土共同作用时，应在开挖清理至设计标高后对桩基土进行检验；对人工挖孔桩，应在桩孔清理完毕后，对桩端持力层进行检验；对大直径挖孔桩，应逐孔检验孔底的岩土情况。

（2）按照设计和规范要求进行轻型动力触探。轻型动力触探的设备、检验深度及间距应符合规范要求，触探检查的内容包括：地基持力层的强度和均匀性，浅埋软弱下卧层或浅埋突出硬层，浅埋的会影响地基承载力或基础稳定性的古井、墓穴和空洞等。

经人工处理的地基，应根据处理土的类型合理选择圆锥动力触探试验类型，按天然地基试验方法和要求进行触探试验。

（3）地基强度或承载力检验结果应符合设计要求。施工结束后，预压地基、强夯地基、注浆地基除应进行地基承载力检验外，还应采用原位测试，进行地基的强度检验，检验结果不小于设计值；对于地基承载力的检验，采用静载试验，检验结果不小于设计值。

（4）复合地基承载力检验结果应符合设计要求。复合地基施工结束后，应对桩身的强度、桩体密实度、桩位、桩顶标高等进行检验，桩身的强度、桩体密实度、复合地基承载力检验结果不应小于设计值。采用静载试验对单桩与复合地基承载力进行检验。

（5）桩基础承载力检验结果应符合设计要求。施工结束后，混凝土灌注桩、预制桩应采用低应变法等方法对桩身完整性进行检验，混凝土灌注桩采用28d试块强度或钻芯法进行强度检验，检验结果不小于设计值。采用静载试验、高应变法等方法对桩基础承载力进行检验，检验结果不小于设计值。

（6）对于不满足设计要求的地基，应有经设计单位确认的地基处理方案，并有处理记录。常见地基处理方案有：素土、灰土地基，砂和砂石地基，粉煤灰地基，强夯地基，注浆地基，预压地基，高压喷射注浆地基，水泥土搅拌桩地基等。

（7）填方工程的施工应满足设计和规范要求。施工前应检查回填土料是否满足要求，有机质含量和含水量是否在控制范围内；施工中应检查分层厚度、辗迹重叠长度；施工后应检查分层压实系数、回填标高和表面平整度。

2. 钢筋工程

（1）确定细部做法并在技术交底中明确。施工单位应根据施工图设计文件和规范要求，确定混凝土板的构造配筋、梁的纵向与横向配筋、梁柱节点的钢筋设置、钢筋接头设置和箍筋、拉筋的末端弯钩设置的做法并在施工技术交底中明确。

（2）清除钢筋上的污染物和施工缝处的浮浆。钢筋应平直、无损伤，表面不得有裂纹、油污、颗粒状或片状老锈。施工缝浇筑混凝土，应清除浮浆、松动石子、软弱混凝土层。

（3）对预留钢筋进行纠偏。预留钢筋的位置应符合设计要求，预留钢筋的中心线位置允许偏差为5mm内。钢筋绑扎时，应将预留钢筋调直理顺，并将其表面砂浆等杂物清理干净。对伸出混凝土体外预留钢筋，可绑一道临时横筋固定预留筋间距，混凝土浇筑完后立即对预留筋进行修整。

（4）钢筋加工符合设计和规范要求。钢筋除锈后，钢筋表面不得有颗粒状或片状老锈；盘卷钢铁调直后应进行力学性能和重量偏差检验，其强度及断后伸长率、重量偏差应符合标准规定和规范要求；钢筋加工的形状、尺寸应符合设计要求，加工偏差及钢筋弯折的弯弧内直径应符合规范规定。

（5）钢筋的牌号、规格和数量符合设计和规范要求。钢筋安装时，应检查受力钢筋的牌号、规格和数量是否符合设计和规范的要求。

（6）钢筋的安装位置符合设计和规范要求。墙、柱、梁钢筋以及构件交界处的钢筋位置应符合设计要求。

（7）保证钢筋位置的措施到位。混凝土浇筑前应对钢筋间隔件的安放质量进行检查，其形式、规格、数量及固定方式应符合施工方案的要求；钢筋间隔件安放方向应与被间隔钢筋的排放方式一致；钢筋间隔件安放位置、安放的保护层厚度偏差应符合规程规定。

（8）钢筋连接符合设计和规范要求。直螺纹连接、锥螺纹连接、挤压连接和电阻焊连接钢筋接头的力学性能、弯曲性能应符合有关标准的规定，焊接连接接头试件应从工程实体中截取；闪光对焊、电弧焊、气压焊焊接接头以及预埋件钢筋埋弧焊T形接头，应分批进行外观质量检查和力学性能检验。

(9) 钢筋锚固符合设计和规范要求。混凝土结构中，梁柱节点锚固、钢筋网锚固、受力钢筋的锚固方式应符合设计要求；纵向钢筋的锚固长度及钢筋构造应符合设计要求，钢筋锚固板强度质量和外观尺寸应符合规范要求。

(10) 箍筋、拉筋弯钩符合设计和规范要求。箍筋的末端应按设计要求做弯钩；对一般结构构件，箍筋弯钩的弯折角度不应小于 90°；对有抗震设防专门要求的结构构件，箍筋弯钩的弯折角度不应小于 135°；圆形箍筋两末端均应做不小于 135°的弯钩。拉筋的末端应按设计要求做弯钩，并符合规范要求。

(11) 悬挑梁、板的钢筋绑扎符合设计和规范要求。悬挑梁、板的钢筋应安装牢固；受力钢筋的安装位置、锚固方式应符合设计要求。

(12) 后浇带预留钢筋的绑扎符合设计和规范要求。后浇带的留设符合设计要求，应按预留钢筋的纠偏与绑扎规范执行。

(13) 钢筋保护层厚度符合设计和规范要求。受力钢筋保护层厚度的合格点率应达到 90% 及以上，构件中受力钢筋的保护层厚度不应小于钢筋的公称直径，且不小于规范规定的最小厚度。对涉及混凝土结构安全的代表性部位应进行结构实体检验；结构实体检验应包括钢筋保护层厚度的检验。

3. 混凝土工程

(1) 模板板面应清理干净并涂刷隔离剂。模板表面应平整、清洁，符合设计和规范要求；隔离剂的品种和涂刷方法应符合施工方案的要求；隔离剂不得影响结构性能及装饰施工，不得沾污钢筋、预应力筋、预埋件和混凝土接槎处，不得对环境造成污染。

(2) 模板板面的平整度符合要求。现浇结构模板安装的表面平整度偏差为 5mm，预制构件模板安装的表面平整度偏差为 3mm。

(3) 模板的各连接部位应连接紧密。竹木模板面不得翘曲、变形、破损。框架梁的支模顺序不得影响梁筋绑扎。

(4) 楼板支撑体系的设计应考虑各种工况的受力情况。框架式支撑结构、桁架式支撑结构、悬挑支撑结构、跨空支撑结构的模板及支架，应根据安装、使用和拆除工况进行设计，并应满足承载力、刚度和整体稳固性要求。

楼板后浇带的模板支撑体系按规定单独设置。

(5) 严禁在混凝土中加水。严禁将洒落的混凝土浇筑到混凝土结构中。

(6) 各部位混凝土强度符合设计和规范要求。墙和板、梁和柱连接部位的混凝土强度符合设计和规范要求。柱、墙混凝土设计强度高于梁、板混凝土设计强度等级时，应在交界区域采取分隔措施，分隔位置应在低强度等级的构件中，且距高强度构件边缘不应小于 500mm。

(7) 混凝土构件的外观质量符合设计和规范要求。现浇结构的外观质量不应有严重缺陷；预制构件的外观质量不应有严重缺陷和一般缺陷。

(8) 混凝土构件的尺寸符合设计和规范要求。现浇结构不应有影响结构性能或使用功能的尺寸偏差，混凝土设备基础不应有影响结构性能或设备安装的尺寸偏差；预制构件不应有影响结构性能和安装、使用功能的尺寸偏差。

(9) 后浇带、施工缝的接槎处应处理到位。后浇带留设界面应垂直于结构构件和纵向受力钢筋，对于厚度或高度较大的结构构件，宜采用专用材料封挡；后浇带、施工缝的结合面应为粗糙面，应清除浮浆、松动石子和软弱混凝土层。为确保质量，后浇带、施工缝可采用提高一级强度等级的混凝土浇筑；为使后浇带处的混凝土与两侧的混凝土紧密结合，应采用减少混凝土收缩的技术措施；有防水要求的大体积底板与侧墙相连接的施工缝，应采取钢板止水带处理措施。

（10）后浇带的混凝土按设计和规范要求的时间进行浇筑。浇筑时间，应事先在施工方案中确定。

（11）按规定设置施工现场试验室。混凝土试块应及时进行标识。同条件试块应按规定在施工现场养护。

（12）楼板上的堆载不得超过楼板结构设计承载能力。不得把模板、预制构件等集中堆放在楼层上。

4. 钢结构工程

（1）焊工应当持证上岗，在其合格证规定的范围内施焊。焊工必须经考试合格并取得合格证书；持证焊工必须在其考试合格项目及其认可范围内施焊。

（2）一、二级焊缝应进行焊缝内部缺陷检验。一、二级焊缝应采用超声波探伤进行内部缺陷检验，超声波探伤不能对缺陷做出判断时，应采用射线探伤，其内部缺陷分级及探伤方法应符合相应标准要求；一级探伤比例为100%，二级探伤比例为20%。

（3）高强度螺栓连接副的安装符合设计和规范要求。高强度螺栓连接副的施拧顺序和初拧复拧扭矩应符合设计要求和标准规定；高强度大六角头螺栓连接副终拧完成1h后、48h内应进行终拧扭矩检查，检验结果符合规程规定；扭剪型高强度螺栓连接副的安装，对所有梅花头未拧掉的扭剪型高强度螺栓连接副，应采用扭矩法或转角法进行终拧并做标记。

（4）钢管混凝土柱与钢筋混凝土梁连接节点核心区的构造应符合设计要求。钢管内混凝土的强度等级应符合设计要求。

（5）钢结构防火涂料的粘结强度、抗压强度应符合设计和规范要求。每使用100t或不足100t薄涂型防火涂料应抽检一次粘结强度；每使用500t或不足500t厚涂型防火涂料应抽检一次粘结强度和抗压强度。

（6）薄涂型、厚涂型防火涂料的涂层厚度符合设计要求。超薄型钢结构防火涂料涂层厚度≤3mm，薄型钢结构防火涂料涂层厚度＞3mm，≤7mm，厚型钢结构防火涂料涂层厚度＞7mm，≤45mm；厚涂型防火涂料的涂层厚度，80%及以上面积应符合有关耐火极限的设计要求，且最薄处厚度不应低于设计要求的85%。

（7）钢结构防腐涂料涂装的涂料、涂装遍数、涂层厚度均符合设计要求。钢结构防腐涂料、稀释剂和固化剂等材料的品种、规格、性能等应符合现行产品标准和设计要求。

（8）多层和高层钢结构主体结构整体垂直度和整体平面弯曲偏差符合设计和规范要求。钢网架结构总拼完成后及屋面工程完成后，所测挠度值符合设计和规范要求。

5. 装配式混凝土工程

（1）预制构件的质量、标识符合设计和规范要求。预制构件的混凝土强度应达到设计的要求，结构性能检验应符合现行标准规定；预制构件和部品经检查合格后，应在构件上设置表面标识；预制构件和部品出厂时应有质量证明文件。

（2）预制构件的外观质量、尺寸偏差和预留孔、预留洞、预埋件、预留插筋、键槽的位置符合设计和规范要求。预制构件的外观质量不应有严重缺陷，且不应有影响结构性能和安装、使用功能的尺寸偏差；预制构件的预留、预埋件等应在进场时按设计要求对每件预制构件产品全数检查，合格后方可使用。

(3) 夹芯外墙板内外叶墙板之间的拉结件类别、数量、使用位置及性能符合设计要求。金属及非金属材料拉结件应具有规定的承载力、较小的变形能力和耐久性能，并应经过试验检验；拉结件应满足夹芯外墙板节能设计要求；应采取可靠措施，保证拉结件位置和保护层厚度，确保拉结件在混凝土中可靠锚固。

(4) 预制构件表面预贴饰面砖、石材等饰面与混凝土的粘结性能符合设计和规范要求。

(5) 后浇混凝土中钢筋安装、钢筋连接、预埋件安装符合设计和规范要求。用于固定连接件的预埋件与预埋吊件、临时支撑用预埋件不宜兼用；当兼用时应同时满足各种设计工况要求；预埋件和连接件等外露金属件应按不同环境类别进行封闭或防腐、防锈、防火处理，并应符合耐久性要求。

(6) 预制构件的粗糙面或键槽符合设计要求。预制构件与后浇混凝土、灌浆料、坐浆材料的结合面应设置粗糙面、键槽；粗糙面的面积不宜小于结合面的80%，预制板的粗糙面凹凸深度不应小于4mm，预制梁端、预制柱端、预制墙端的粗糙面凹凸深度不应小于6mm；预制梁端面应设置键槽且宜设置粗糙面；预制剪力墙的顶部和底部与后浇混凝土的结合面应设置粗糙面，侧面与后浇混凝土的结合面应设置粗糙面，也可设置键槽；预制柱的底部应设置键槽且宜设置粗糙面；键槽应均匀布置，键槽深度一般在30mm左右。

(7) 预制构件与预制构件、预制构件与主体结构之间的连接符合设计要求。多层装配式墙板结构纵横墙板交接处及楼层内相邻承重墙板之间可采用水平钢筋锚环灌浆连接，并应在交接处的预制墙板边缘设置构造柱；预制楼梯与支承构件之间宜采用简支连接，一端设置固定铰，另一端设置滑动铰；阳台板、空调板宜采用叠合构件或预制构件，预制构件应与主体结构可靠连接。

(8) 后浇筑混凝土强度符合设计要求。预制构件节点及接缝处后浇筑混凝土强度等级不应低于预制构件的混凝土强度等级；多层剪力墙结构中墙板水平接缝用坐浆材料的强度等级值应大于被连接构件的混凝土强度等级值。

(9) 钢筋灌浆套筒、灌浆套筒接头符合设计和规范要求。灌浆套筒连接接头应满足强度变形性能要求；预制构件采用钢筋套筒灌浆连接时，应检查套筒型式检验报告，应进行钢筋灌浆套筒连接接头的抗拉强度试验；钢筋灌浆套筒连接接头的抗拉强度不应小于连接钢筋抗拉强度标准值，屈服强度不应小于连接钢筋屈服强度标准值。

(10) 钢筋连接套筒、浆锚搭接的灌浆应饱满。钢筋采用套筒灌浆连接、浆锚搭接连接时，灌浆应饱满、密实，所有出口均应出浆。

(11) 预制构件连接接缝处防水做法符合设计要求。外墙板接缝防水施工前，应将板缝空腔清理干净，按设计要求填塞背衬材料，密封材料嵌填应饱满、密实、均匀、顺直、表面平滑，其厚度应满足设计要求；预制外墙板的接缝及门窗洞口等防水薄弱部位宜采用材料防水和构造防水相结合的做法；采用现场淋水试验方法检验防水效果。

(12) 预制构件的安装尺寸偏差符合设计和规范要求。后浇混凝土的外观质量和尺寸偏差符合设计和规范要求。

6. 砌体工程

砌块质量符合设计和规范要求。砌筑砂浆的强度符合设计和规范要求。严格按规定留置砂浆试块，做好标识。墙体转角处、交接处必须同时砌筑，临时间断处留槎符合规范要求。灰缝厚度及砂浆饱满度符合规范要求。构造柱、圈梁符合设计和规范要求。

7. 防水工程

（1）严禁在防水混凝土拌合物中加水。防水混凝土拌合物在运输后如出现离析，必须进行二次搅拌；当坍落度损失后不能满足施工要求时，应加入原水胶比的水泥浆或掺加同品种的减水剂进行搅拌，严禁直接加水。

（2）防水混凝土的节点构造符合设计和规范要求。防水混凝土的节点部位涉及施工缝、变形缝、后浇带、穿墙管、埋设件、预留通道接头、桩头、孔口及坑池等，所用止水带、止水条、止水胶、防水或补偿收缩混凝土的原材料及配合比、防水卷材、填缝材料、密封材料和防水构造等必须符合设计要求。

（3）中埋式止水带埋设位置符合设计和规范要求。埋设位置应准确，其中间空心圆环与变形线的中心线应重合，转弯处应做成圆弧形，顶板、底板内止水带应安装成盆状，接头宜采用热压焊接。

（4）水泥砂浆防水层各层之间应结合牢固。水泥砂浆防水层应采用聚合物水泥防水砂浆、掺外加剂或掺合物的防水砂浆；防水砂浆的原材料及配合比、粘结强度和抗渗性能必须符合设计要求；防水层施工缝留槎位置正确，接槎按层次顺序搭接紧密；防水层平均厚度应符合设计要求，最小厚度不得小于设计厚度的 85%。

（5）地下室卷材防水层的细部做法、涂料防水层的厚度和细部做法符合设计要求。

（6）地面防水隔离层的厚度、排水坡度、坡向符合设计要求，细部做法符合设计和规范要求。

（7）有淋浴设施的墙面的防水高度符合设计要求。浴室墙面的防水层不得低于 1800mm。

（8）屋面防水层（卷材防水层、涂膜防水层、复合防水层）的厚度符合设计要求。屋面防水层的排水坡度、坡向符合设计要求。烧结瓦、混凝土瓦屋面的坡度不应小于 30%；沥青瓦、波形瓦屋面的坡度不应小于 20%；压型金属板采用咬口锁边连接时，屋面的排水坡度不宜小于 5%；压型金属板采用紧固件连接时，屋面的排水坡度不宜小于 10%。屋面细部的防水构造符合设计和规范要求。

（9）外墙节点构造防水符合设计和规范要求。外窗与外墙的连接处做法符合设计和规范要求。

8. 装饰装修工程

（1）外墙外保温与墙体基层的粘结强度符合设计和规范要求。抹灰层与基层之间及各抹灰层之间应粘结牢固。

（2）外门窗安装牢固。推拉门窗扇安装牢固，并安装防脱落装置。

（3）幕墙的框架与主体结构连接、立柱与横梁的连接符合设计和规范要求。幕墙所采用的结构粘结材料符合设计和规范要求。应按设计和规范要求使用安全玻璃。

（4）重型灯具等重型设备严禁安装在吊顶工程的龙骨上。

(5) 饰面砖粘贴牢固。饰面板安装符合设计和规范要求。

(6) 护栏安装符合设计和规范要求。

9. 给水排水及采暖工程

(1) 管道安装符合设计和规范要求。

(2) 地漏水封深度符合设计和规范要求。

(3) PVC 管道的阻火圈、伸缩节等附件安装符合设计和规范要求。

(4) 管道穿越楼板、墙体时的处理符合设计和规范要求。

(5) 室内外消火栓安装符合设计和规范要求。

(6) 水泵安装牢固,平整度、垂直度等符合设计和规范要求。

(7) 仪表安装符合设计和规范要求;阀门安装应方便操作。

(8) 生活水箱安装符合设计和规范要求。

(9) 气压给水或稳压系统应设置安全阀。

10. 通风与空调工程

(1) 风管加工的强度和严密性符合设计和规范要求。防火风管和排烟风管使用的材料应为不燃材料。风机盘管和管道的绝热材料进场时,应取样复试合格。

(2) 风管系统的支架、吊架、抗震支架的安装符合设计和规范要求。风管穿过墙体或楼板时,应按要求设置套管并封堵密实。

(3) 水泵、冷却塔的技术参数和产品性能符合设计和规范要求。

(4) 空调水管道系统应进行强度和严密性试验。

(5) 空调制冷系统、空调水系统与空调风系统的联合试运转及调试符合设计和规范要求。

(6) 防排烟系统联合试运行与调试后的结果符合设计和规范要求。

11. 建筑电气工程

(1) 除临时接地装置外,接地装置应采用热镀锌钢材。接地(PE)或接零(PEN)支线应单独与接地(PE)或接零(PEN)干线相连接。

(2) 接闪器与防雷引下线、防雷引下线与接地装置应可靠连接。

(3) 电动机等外露可导电部分应与保护导体可靠连接。

(4) 母线槽与分支母线槽应与保护导体可靠连接。

(5) 金属梯架、托盘或槽盒本体之间的连接符合设计要求。

(6) 交流单芯电缆或分相后的每相电缆不得单根独穿于钢导管内,固定用的夹具和支架不应形成闭合磁路。

(7) 灯具的安装符合设计要求。

12. 智能建筑工程

(1) 紧急广播系统应按规定检查防火保护措施。

(2) 火灾自动报警系统的主要设备应是通过国家认证(认可)的产品。火灾探测器不得被其他物体遮挡或掩盖。

(3) 消防系统的线槽、导管的防火涂料应涂刷均匀。

(4) 当与电气工程共用线槽时,应与电气工程的导线、电缆有隔离措施。

13. 市政工程

（1）道路路基填料强度满足规范要求。道路各结构层压实度满足设计和规范要求。道路基层结构强度满足设计要求。道路不同种类面层结构满足设计和规范要求。

（2）预应力钢筋安装时，其品种、规格、级别和数量符合设计要求。

（3）垃圾填埋场站防渗材料类型、厚度、外观、铺设及焊接质量符合设计和规范要求。垃圾填埋场站导气石笼位置、尺寸符合设计和规范要求。垃圾填埋场站导排层厚度、导排渠位置、导排管规格符合设计和规范要求。

（4）按规定进行水池满水试验，并形成试验记录。

四、混凝土制备质量控制

项目监理机构应对施工单位的混凝土制备站或商品混凝土制备的质量进行控制。对装配式混凝土构件等有特别要求的混凝土制备，应实施驻厂（场）监理。根据现行国家标准《混凝土结构工程施工质量验收规范》GB 50204，应重点抓好进场材料合格性验收审查、混凝土配合比审查、制备生产记录检查、见证取样和检验报告审核等工作。

1. 生产原材料审查

（1）水泥合格性验收审查

配制混凝土所用的硅酸盐水泥、普通硅酸盐水泥的质量应符合现行国家标准《通用硅酸盐水泥》GB 175 的规定。水泥进场时，必须附有水泥生产厂的质量证明书。对进场的水泥应检查核对其生产厂名、品种、标号、包装（或散装仓）号、重量、出厂日期、出厂编号及是否受潮等，制备厂（场）应做好记录并按规定采取试样，进行有关项目的检验。

水泥的强度、安定性、凝结时间和细度，应分别按相应标准规定进行检验。钢筋混凝土结构、预应力混凝土结构中严禁使用含有氯化物的水泥。为能及时得知水泥强度，可按现行行业标准《水泥强度快速检验方法》JC/T 738 预测水泥 28d 强度。

取样送检要求：对同一水泥厂的同期出厂的同品种、同标号的散装水泥，以一次进场的同一出厂编号的水泥为一批，但一批的总量不得超过 500t。随机地从车罐中不同部位各取等量水泥，经混拌均匀后，再从中称取不少于 12kg 水泥作为检验试样。对所用水泥，应按批检验其强度和安定性，需要时还应检验其凝结时间和细度。

审查方法：检查水泥产品合格证、水泥厂出厂检验报告和制备厂进场复验报告。

（2）天然砂、机制砂的质量审查

天然砂的质量应符合现行国家标准《建筑用砂》GB/T 14684 的规定。对有耐酸、耐碱或其他特殊要求的混凝土用砂的质量，应分别符合有关标准规定。对接触水或处于高湿环境中的总碱含量较高的混凝土用砂的质量，应符合有关标准关于碱活性的规定。含泥量、泥块含量应符合表 5-9 的规定。对有抗冻抗渗或其他要求的小于或等于 C25 的混凝土用砂，含泥量应不大于 3.0%，泥块含量不应大于 1.0%。

机制砂中的石粉含量等质量指标，应符合有关标准规定。

混凝土用砂的检验项目包括颗粒级配、含泥量、泥块含量、坚固性、表观密度、堆积密度等，按现行行业标准《普通混凝土用砂、石质量及检验方法标准》JGJ 52 规定进行检验。

天然砂含泥量与泥块含量规定　　　　　　　　表 5-9

混凝土强度等级	≤C25	C30～C55	≥C60
含泥量（按重量计,%）	≤5.0	≤3.0	≤2.0
泥块含量（按重量计,%）	≤2.0	≤1.0	≤0.5

检验批要求：对产源固定、产量质量稳定的供砂单位，在正常情况下生产供应的天然砂，每批总量不得超过 400m³ 或 600t。对分散生产或用小型运输工具运送的产地或规格相同的砂，以 200m³ 或 300t 为一批。不足上述规定数量者也以一批论。

（3）卵（碎）石的质量审查

卵石或碎石的质量，应符合现行国家标准《建筑用卵石、碎石》GB/T 14685 的规定。对接触水或处于高湿环境中的总碱含量较高的混凝土用卵（碎）石的质量，应符合有关标准关于碱活性的规定。含泥量应符合表 5-10 的规定。对有抗冻抗渗或其他要求的混凝土用卵石或碎石，含泥量应不大于 1.0%。

卵石或碎石含泥量规定

表 5-10

混凝土强度等级	≤C25	C30～C55	≥C60
含泥量（按质量计，%）	≤2.0	≤1.0	≤0.5

卵石或碎石的坚固性应用硫酸钠溶液法检验，试样经 5 次循环后其质量损失应符合有关规定。卵石或碎石中的硫化物和硫酸盐含量，以及卵石中有机物等有害物质含量应符合有关规定，当卵石或碎石含有颗粒状硫酸盐或硫化物杂质时，应进行专门检验，确认能满足混凝土耐久性要求后，方可采用。

卵石或碎石的取样，应按现行行业标准《普通混凝土用砂、石质量及检验方法标准》JGJ 52 的规定进行。检验批要求：每批总量不得超过 400m³ 或 600t。对分散生产或用小型运输工具运送的产地或规格相同的卵（碎）石，以 200m³ 或 300t 为一批。不足上述规定数量者也以一批论。

（4）轻骨料的质量审查

拌制轻骨料混凝土用的粉煤灰陶粒和陶砂、黏土陶粒和陶砂、页岩陶粒和陶砂，以及天然轻骨料等的质量应符合现行国家标准《轻集料及其试验方法　第 1 部分：轻集料》GB/T 17431.1 的规定。

轻骨料的取样：在料堆上取样时，从料堆的顶部到底部不同方向、不同部位的 10 处采集等量试样组成一组。从袋装料取样时任取 10 袋，每袋采取等量试样组成一组。从皮带运输机取样时按一定时间间隔采取 10 份等量试样组成一组。

检验批要求：粉煤灰陶粒和陶砂、黏土陶粒和陶砂、页岩陶粒和陶砂，按同品种、同密度等级每 300m³ 为一批，不足 300m³ 者也以一批论。天然轻骨料按同品种、同密度等级每 500m³ 为一批，不足 500m³ 者也以一批论。

（5）混凝土用水的质量审查

混凝土拌制用水应符合现行行业标准《混凝土用水标准》JGJ 63 的规定。凡符合国家标准的生活用水，可不检测直接用于拌制混凝土，当采用地表水、地下水或工业废水时，应进行检验，符合下列规定方可用以拌制混凝土：

1）拌合用水应不影响混凝土的和易性及凝结；不影响混凝土强度的发展；不降低混凝土的耐久性；不加快钢筋的锈蚀及导致预应力钢筋脆断；不污染混凝土表面；

2）拌合用水的 pH 值、不溶物、可溶物、氯化物、硫酸盐及硫化物的含量应符合标准规定。

（6）粉煤灰及其他矿物质掺合料的质量审查

　　进厂（场）的粉煤灰必须附有供灰单位的出厂合格证。对进厂（场）的粉煤灰应检查核对生产厂名、合格证编号、批号、生产日期、粉煤等级、数量及质量检验结果等。

　　粉煤灰的细度、烧失量和需水量比及其他项目的检验方法，应分别按国家现行标准《粉煤灰混凝土应用技术规范》GB/T 50146、《水泥化学分析方法》GB/T 176、《水泥胶砂干缩试验方法》JC/T 603 及《用于水泥和混凝土中的粉煤灰》GB/T 1596 的规定进行。

　　非商品粉煤灰及其他矿物质掺合料，使用前必须进行全面检验，并对其质量稳定性进行一段时间的连续检验，并应进行混凝土和易性、强度及耐久性试验，合格后方可使用。

　　粉煤灰的检验试样应按批采样，粉煤灰以 1 昼夜连续供应相同等级的 200t（以含水率小于 1‰的干灰计）为一批，不足 200t 者也以一批论。

　　（7）外加剂的质量审查

　　混凝土外加剂的质量应符合现行国家标准《混凝土外加剂》GB 8076 的规定。进厂的外加剂，必须附有生产厂的质量证明书。对进厂外加剂应检查核对其生产厂名、品种、包装、重量、出厂日期、进厂的外加剂质量检验结果等。需要时，还应检验其氯化物、硫酸盐以及钾、钠等需控制的物质的含量，经验证确认对混凝土无有害影响时方可使用。

　　各类外加剂的检验方法，应按现行国家标准《混凝土外加剂》GB 8076、《混凝土外加剂匀质性试验方法》GB/T 8077、《混凝土外加剂应用技术规范》GB 50119 等进行。个别项目检验方法尚无国家标准时，可按供需双方协商制定的方法进行。

　　外加剂的检验试样应按每一品种、每次进料为一批采样。采取试样时，视每批进料时包装容器的容积、数量或逐件取样，或随机任取几件采取试样，进行检验。

　　2. 混凝土生产质量控制

　　混凝土的各项力学性能指标和相关结构混凝土材料的耐久性要求应符合现行国家标准《混凝土结构设计规范》GB 50010 及《混凝土结构耐久性设计标准》GB/T 50476 的规定。

　　（1）审核强度混凝土配合比及其试块报告是否符合规范要求。

　　（2）制备厂搅拌混凝土的检查，按现行国家标准《混凝土结构工程施工质量验收规范》GB 50204 的要求进行检验。混凝土搅拌设备应准确计量各种配料用量，生产数据应形成记录并能实时查询，驻厂监理不定期进行检查，形成检查记录台账。

　　（3）采用混凝土搅拌运输车运混凝土进入工地后对坍落度检查，对因道路堵塞或其他意外情况造成坍落度损失过大，不能满足施工要求时严禁加水，可在运输车罐内加入适量的与原配合比相同成分的减水剂。减水剂掺入后搅拌运输车应快速进行搅拌，搅拌的时间应由试验确定。

　　（4）选定同条件养护试件结构部位，检查结构构件混凝土强度试件取样，检查施工记录及试件强度试验报告。用于检查结构构件混凝土强度的试件，应在混凝土的浇筑地点随机抽取。制作 PC 混凝土构件强度试块时，尚应检验其坍落度、黏聚性、保水性及拌合物密度，并以此结果作为代表这一配合比混凝土拌合物的性能。混凝土试块应进行统一编号、封存。

　　五、装配式建筑 PC 构件施工质量控制

　　1. 生产准备阶段的质量控制

　　（1）图纸深化设计的审核。PC 构件图纸深化设计由非原设计单位设计出图的，应在原设计单位指导协助下由有拆分设计经验的专业设计单位拆分设计，最终图纸须得到原设计单位的审核盖章确认。项目监理机构应参与建设单位组织的图纸深化设计会审，审核要点如下：

1）审核拆分图、节点图、构件图是否有原设计单位签章；

2）审核水、电、暖通、装修专业制作施工各环节所需要的预埋件、吊点、预留孔洞是否已经汇集到构件制作图上，吊点设置是否符合作业要求；

3）审核构件和后浇混凝土连接节点处的钢筋、套筒、预埋件、预埋管线与线盒等距离是否符合要求；

4）审核夹心保温板的设计是否给出了拉结件、材质布置、锚固方式的明确要求；

5）对于建筑、结构一体化构件，审核是否有节点详图，如门窗固定窗框预埋件是否满足门窗安装要求；

6）对制作、施工环节无法或不宜实现的设计要求进行审核，由设计生产施工单位共同制定解决方案。

（2）生产方案的审查。预制构件生产前项目监理机构应审查生产方案，生产方案审查的具体内容包括：生产工艺、生产计划、模具方案、模具计划、技术质量控制措施、成本保护、存放及运输方案等。必要时，应审查预制构件脱模、吊运、码放、翻转及运输等工况的力学计算。预制构件和部品生产中采用新技术、新工艺、新材料、新设备时，生产单位应编制专门的生产方案，并报项目监理机构审核；必要时进行样品试制，经检验合格后方可实施。

（3）参与生产工艺技术交底会。项目监理机构参与的交底会包括：设计单位对 PC 构件生产工厂的图纸交底构件、生产工艺识图技术交底、关键质量预防措施交底、插筋连接套筒预埋精确度交底、吊点吊针预埋要求交底、构件生产内外叶防开裂技术交底等。

（4）生产原材料质量控制。PC 构件生产原材料，除混凝土制备所需原材料外还包括：PC 构件配置的钢筋、夹心保温材料、预埋灌浆筒、吊钉、玄武岩钢筋和玻璃纤维筋等。项目监理机构应依据相关标准规范对原材料质量进行审查，对原材料取样检验进行见证。PC 构件见证检验包括：①混凝土强度试块取样检验；②钢筋取样检验；③钢筋套筒取样检验；④拉结件取样检验；⑤预埋件取样检验；⑥保温材料取样检验。

2. 生产阶段的质量控制

（1）生产工艺流程审核。PC 主要构件生产工艺流程如下：

1）墙板：模具清理→模具安装→涂隔离剂→下层钢筋布置→反面预埋安装→振动浇捣→布置挤塑板→玄武岩筋布置→上层钢筋布置→正面预埋安装→浇捣振动→后处理→进窑养护→出窑拆模→脱模及检验→贴成品标识入库。

2）楼板：模具清理→模具安装→涂隔离剂→反面预埋安装→钢筋布置→振动浇捣→后处理→进窑养护→出窑拆模→脱模及检验→贴成品标识入库。

3）楼梯：模具清理→模具安装→涂隔离剂→底筋布置→反面预埋安装→钢筋布置→振动浇捣→后处理→进窑养护→出窑拆模→脱模及检验→贴成品标识入库。

4）梁柱：模具清理→涂隔离剂→钢筋绑扎→模具安装→预埋安装→振动浇捣→后处理→进窑养护→出窑拆模→脱模及检验→贴成品标识入库。

（2）制作过程的检验与报验。PC 构件制作质量控制环节要求如下：

1）制作各个作业环节的统计由生产质检员签字确认，报驻厂监理认可。

2）组模、涂刷隔离剂、钢筋制作、钢筋安装、套筒安装、预埋件安装等环节，必须检验合格并经驻厂监理完成隐蔽工程验收，才能进行下一道工序。

3）混凝土试块达到脱模强度，报驻厂监理认可后试验室给出脱模指令，作业班组才可脱模。

4）审核工厂提供的预制构件型式检验报告。除工程概况、检测鉴定内容和依据外，重点审查各项检测指标与鉴定结论是否满足设计及规范要求，包括：①外观质量；②尺寸偏差；③钢筋保护层厚度；④混凝土抗压强度；⑤放射性核素限量。

3. 构件存放、运输与吊装的质量控制

（1）构件存放与运输

1）PC 构件入库和出厂前，必须进行产品标识张贴，标明产品的各种具体信息；检测合格的预制构件在"准用证"上必须盖检验合格章。墙板构件采用竖向方式存放在存放架内；除墙板外的其他构件一般采用水平存放方式。

2）PC 构件的运输应编制专项运输方案，报项目监理机构批准后执行。专项运输方案一般包括：①编制依据与编制目的；②PC 构件参数及运输配车；③运输路线；④装车与运输中的质量安全保障措施；⑤过程监督；⑥卸车条件及步骤。

项目现场地面应平整硬化，有专用的构件存放区域与吊装通道，存放地面与通道道路承载能力应达到要求。

（2）构件吊装

1）项目监理机构应审核施工单位编制的吊装方案，提出审查意见，经总监理工程师签认后实施。吊装方案审查的主要内容是：①管理与技术人员的配置；②起重机械设备的选型；③吊装使用的吊具；④灌浆设备的选择；⑤现场辅材、工具的准备；⑥构件供应运输顺序与现场吊装顺序；⑦构件安装工艺流程与现场相关施工的配合；⑧质量安全控制措施与保障措施。

2）构件吊装前，项目专业监理工程师应对吊装准备工作进行检查，并形成书面记录。

3）楼板面测量放线时，项目监理机构应进行旁站，并对放样的细部尺寸构件安装标高进行测量放线。

4）构件（外挂板、外墙板、内墙板、隔墙板、预制柱、叠合梁、叠合板、楼梯）吊装时，项目监理机构应对吊装施工进行旁站监理。

5）项目监理机构应检查构件与构件之间的拼缝、构件与现浇构件之间的接缝，及其处理效果。

6）PC 构件灌浆时，项目监理机构应对钢筋套筒灌浆连接、钢筋浆锚搭接灌浆作业实施旁站监理。

7）项目监理机构应对装配式支撑方案进行审查，对支撑体系的搭设进行巡视检查。

六、监理通知单、工程暂停令、复工令的签发

1. 监理通知单的签发

在工程质量控制方面，项目监理机构发现施工存在质量问题的，或施工单位采用不适当的施工工艺，或施工不当，造成工程质量不合格的，应及时签发监理通知单（表5-11），要求施工单位整改。监理通知单由专业监理工程师或总监理工程师签发。

监理通知单 表 5-11

工程名称：　　　　　　　　　　　　　　　　　　　　　　　　编号：

致：＿＿＿＿＿＿＿＿＿＿＿＿＿＿＿＿＿＿＿＿（施工项目经理部）

事由：

内容：

要求：

项目监理机构（盖章）

总监理工程师或专业监理工程师（签字）

年　　月　　日

注：本表一式三份，项目监理机构、建设单位、施工单位各一份。

　　监理通知单对存在问题部位的表述应具体。如问题出现在主楼二层楼板某梁的具体部位时应注明："主楼二层楼板⑥轴、（A）～（B）列 L2 梁"；应用数据说话，详细叙述问题存在的违规内容。一般应包括监理实测值、设计值、允许偏差值、违反规范种类及条款等，如："梁钢筋保护层厚度局部实测值为 16mm，设计值为 25mm，已超出允许偏差 ±5mm，违反《混凝土结构工程施工质量验收规范》GB 50204 规定"；反映的问题如果能用照片予以记录，应附上照片。应要求施工单位整改时限应叙述具体，如："在 72h 内"；并注明施工单位申诉的形式和时限，如"对本监理通知单内容有异议，请在 24h 内向监理提出书面报告"。

　　项目监理机构签发监理通知单时，应要求施工单位在签发文本上签字，并注明签收时间。施工单位应按监理通知单的要求进行整改。整改完毕后，向项目监理机构提交监理通知回复单（表 5-12）。项目监理机构应根据施工单位报送的监理通知回复单对整改情况进行复查，并提出复查意见。

监理通知回复单

表 5-12

　　工程名称：　　　　　　　　　　　　　　　　　　　　　　　编号：

致：＿＿＿＿＿＿＿＿＿＿＿＿＿＿＿（项目监理机构） 　　我方接到编号为＿＿＿＿的监理通知单后，已按要求完成相关工作，请予以复查。 　　附：   <div align="right">施工项目经理部（盖章）</div><div align="right">项目经理（签字）</div><div align="right">年　月　日</div>
复查意见：   <div align="right">项目监理机构（盖章）</div><div align="right">总监理工程师或专业监理工程师（签字）</div><div align="right">年　月　日</div>

　　注：本表一式三份，项目监理机构、建设单位、施工单位各一份。

2. 工程暂停令的签发

监理人员发现可能造成质量事故的重大隐患或已发生质量事故的，总监理工程师应签发工程暂停令。

项目监理机构发现下列情形之一时，总监理工程师应及时签发工程暂停令（表 5-13）：

工程暂停令 表 5-13

工程名称： 编号：

致：_____（施工项目经理部）

　　由于_____原因，现通知你方于___年___月___日___时起，暂停_____

部位（工序）施工，并按下述要求做好后续工作。

要求：

项目监理机构（盖章）

总监理工程师（签字、加盖执业印章）

年　月　日

注：本表一式三份，项目监理机构、建设单位、施工单位各一份。

（1）建设单位要求暂停施工且工程需要暂停施工的；

（2）施工单位未经批准擅自施工或拒绝项目监理机构管理的；

（3）施工单位未按审查通过的工程设计文件施工的；

（4）施工单位违反工程建设强制性标准的；

（5）施工存在重大质量、安全事故隐患或发生质量、安全事故的。

对于建设单位要求停工的，总监理工程师经过独立判断，认为有必要暂停施工的，可签发工程暂停令；认为没有必要暂停施工的，不应签发工程暂停令。施工单位拒绝执行项目监理机构的要求和指令时，总监理工程师应视情况签发工程暂停令。对于施工单位未经批准擅自施工或分别出现上述（3）、（4）、（5）三种情况时，总监理工程师应签发工程暂停令。总监理工程师在签发工程暂停令时，可根据停工原因的影响范围和影响程度，确定停工范围。

总监理工程师签发工程暂停令，应事先征得建设单位同意。在紧急情况下，未能事先征得建设单位同意的，应在事后及时向建设单位书面报告。施工单位未按要求停工，项目监理机构应及时报告建设单位，必要时应向有关主管部门报送监理报告。

暂停施工事件发生时，项目监理机构应如实记录所发生的情况。对于建设单位要求停工且工程需要暂停施工的，应重点记录施工单位人工、设备在现场的数量和状态；对于因施工单位原因暂停施工的，应记录直接导致停工发生的原因。

3. 工程复工令的签发

因建设单位原因或非施工单位原因引起工程暂停的，在具备复工条件时，应及时签发工程复工令，指令施工单位复工。

（1）审核工程复工报审表

因施工单位原因引起工程暂停的，施工单位在复工前应向项目监理机构提交工程复工报审表（表 5-14）申请复工。工程复工报审时，应附有能够证明已具备复工条件的相关文件资料，包括相关检查记录、有针对性的整改措施及其落实情况、会议纪要、影像资料等。当导致暂停的原因是危及结构安全或使用功能时，整改完成后，应有建设单位、设计单位、监理单位各方共同认可的整改完成文件，其中涉及建设工程鉴定的文件必须由有资质的检测单位出具。

对需要返工处理或加固补强的质量缺陷，项目监理机构应要求施工单位报送经设计等相关单位认可的处理方案，并应对质量缺陷的处理过程进行跟踪检查，同时应对处理结果进行验收。

对需要返工处理或加固补强的质量事故，项目监理机构应要求施工单位报送质量事故调查报告和经设计等相关单位认可的处理方案，并对质量事故的处理过程进行跟踪检查，对处理结果进行验收。项目监理机构应及时向建设单位提交质量事故书面报告，并应将完整的质量事故处理记录整理归档。

（2）签发工程复工令

项目监理机构收到施工单位报送的工程复工报审表及有关材料后，应对施工单位的整改过程、结果进行检查、验收，符合要求的，总监理工程师应及时签署审批意见，并报建设单位批准后签发工程复工令（表 5-15），施工单位接到工程复工令后组织复工。施工单位未提出工程复工申请的，总监理工程师应根据工程实际情况指令施工单位恢复施工。

第五章

工程复工报审表   表 5-14

工程名称：_____   编号：_____

致：_____（项目监理机构）
编号为_____《工程暂停令》所停工的_____部位，现已满足复工条件，我方申请于___年___月___日复工，请予以审批。 　　附证明文件资料：   　　　　　　　　　　　　　　　　　　　　　　　施工项目经理部（盖章） 　　　　　　　　　　　　　　　　　　　　　　　　项目经理（签字） 　　　　　　　　　　　　　　　　　　　　　　　　　年　　月　　日
审核意见：   　　　　　　　　　　　　　　　　　　　　　　　项目监理机构（盖章） 　　　　　　　　　　　　　　　　　　　　　　　总监理工程师（签字） 　　　　　　　　　　　　　　　　　　　　　　　　　年　　月　　日
审批意见：   　　　　　　　　　　　　　　　　　　　　　　　　建设单位（盖章） 　　　　　　　　　　　　　　　　　　　　　　　建设单位代表（签字） 　　　　　　　　　　　　　　　　　　　　　　　　　年　　月　　日

注：本表一式三份，项目监理机构、建设单位、施工单位各一份。

工程复工令　　　　　　　　　　　　　　　表 5-15

工程名称：　　　　　　　　　　　　　　　　　　　　　编号：

致：＿＿＿＿＿＿＿＿＿＿＿＿＿＿＿（施工项目经理部）

　　我方发出的编号为＿＿＿＿《工程暂停令》，要求暂停＿＿＿＿＿部位（工序）施工，经查已具备复工条件。经建设单位同意，现通知你方于＿年＿月＿日＿时起恢复施工。

　　附件：工程复工报审表

项目监理机构（盖章）

总监理工程师（签字、加盖执业印章）

年　　月　　日

注：本表一式三份，项目监理机构、建设单位、施工单位各一份。

七、工程变更的控制

施工过程中，由于前期勘察设计的原因，或由于外界自然条件的变化，未探明的地下障碍物、管线、文物、地质条件不符等，以及施工工艺方面的限制、建设单位要求的改变，均会涉及工程变更。做好工程变更的控制工作，是工程质量控制的一项重要内容。

工程变更单（表 5-16）由提出单位填写，写明工程变更原因、工程变更内容，并附必要的附件，包括：工程变更的依据、详细内容、图纸；对工程造价、工期的影响程度分析，及对功能、安全影响的分析报告。

工程变更单　　　　　　　　　　　　　　　　　　　表 5-16

工程名称：　　　　　　　　　　　　　　　　　　　　　　　编号：

致：_____ 　　由于_____原因，兹提出_____工程变更，请予以审批。 　　附件 　　　　□变更内容 　　　　□变更设计图 　　　　□相关会议纪要 　　　　□其他 　　　　　　　　　　　　　　　　　　　　　变更提出单位： 　　　　　　　　　　　　　　　　　　　　　负责人： 　　　　　　　　　　　　　　　　　　　　　　　　年　　月　　日	
工程数量增或减	
费用增或减	
工期变化	
施工项目经理部（盖章） 项目经理（签字）	设计单位（盖章） 设计负责人（签字）
项目监理机构（盖章） 总监理工程师（签字）	建设单位（盖章） 负责人（签字）

　　注：本表一式四份，建设单位、项目监理机构、设计单位、施工单位各一份。

对于施工单位提出的工程变更，项目监理机构可按下列程序处理：

（1）总监理工程师组织专业监理工程师审查施工单位提出的工程变更申请，提出审查意见。对涉及工程设计文件修改的工程变更，应由建设单位转交原设计单位修改工程设计文件。必要时，项目监理机构应建议建设单位组织设计、施工等单位召开论证工程设计文件修改方案的专题会议。

（2）总监理工程师组织专业监理工程师对工程变更费用及工期影响做出评估。

（3）总监理工程师组织建设单位、施工单位等共同协商确定工程变更费用及工期变化，会签工程变更单。

（4）项目监理机构根据批准的工程变更文件监督施工单位实施工程变更。

施工单位提出工程变更的情形一般有：①图纸出现错、漏、碰、缺等缺陷而无法施工；②图纸不便施工，变更后更经济、方便；③采用新材料、新产品、新工艺、新技术的需要；④施工单位考虑自身利益，为费用索赔而提出工程变更。

施工单位提出的工程变更，当为要求进行某些材料/工艺/技术方面的技术修改时，即根据施工现场具体条件和自身的技术、经验和施工设备等，在不改变原设计文件原则的前提下，提出的对设计图纸和技术文件的某些技术上的修改要求，例如，对某种规格的钢筋采用替代规格的钢筋、对基坑开挖边坡的修改等。应在工程变更单及其附件中说明要求修改的内容及原因或理由，并附上有关文件和相应图纸。经各方同意签字后，由总监理工程师组织实施。

当施工单位提出的工程变更要求对设计图纸和设计文件所表达的设计标准、状态有改变或修改时，项目监理机构经与建设单位、设计单位、施工单位研究并做出变更决定后，由建设单位转交原设计单位修改工程设计文件，再由总监理工程师签发工程变更单，并附设计单位提交的修改后的工程设计图纸交施工单位按变更后的图纸施工。

建设单位提出的工程变更，可能是由于局部调整使用功能，也可能是方案阶段考虑不周，项目监理机构应对于工程变更可能造成的设计修改、工程暂停、返工损失、增加工程造价等进行全面的评估，为建设单位正确决策提供依据，避免工程反复和不必要的浪费。对于设计单位要求的工程变更，应由建设单位将工程变更设计文件下发项目监理机构，由总监理工程师组织实施。

如果变更涉及项目功能、结构主体安全，该工程变更还要按有关规定报送施工图原审查机构及管理部门进行审查与批准。

八、质量记录资料的管理

质量资料是施工单位进行工程施工或安装期间，实施质量控制活动的记录，还包括对这些质量控制活动的意见及施工单位对这些意见的答复，它详细地记录了工程施工阶段质量控制活动的全过程。因此，它不仅在工程施工期间对工程质量的控制有重要作用，而且在工程竣工和投入运行后，对于查询和了解工程建设的质量情况以及工程维修和管理提供大量有用的资料和信息。

质量记录资料包括以下三方面内容：

1. 施工现场质量管理检查记录资料

主要包括施工单位现场质量管理制度，质量责任制；主要专业工种操作上岗证书；分包单位资质及总承包施工单位对分包单位的管理制度；施工图审查核对资料（记录），地质勘察资料；施工组织设计、施工方案及审批记录；施工技术标准；工程质量检验制度；混凝土搅拌站（级配填料拌合站）及计量设置；现场材料、设备存放与管理等。

2. 工程材料质量记录

主要包括进场工程材料、构配件、设备的质量证明资料；各种试验检验报告（如力学性能试验、化学成分试验、材料级配试验等）；各种合格证；设备进场维修记录或设备进场运行检验记录。

3. 施工过程作业活动质量记录资料

施工或安装过程可按分项、分部、单位工程建立相应的质量记录资料。在相应质量记录资料中应包含有关图纸的图号、设计要求；质量自检资料；项目监理机构的验收资料；各工序作业的原始施工记录；检测及试验报告；材料、设备质量资料的编号、存放档案卷号。此外，质量记录资料还应包括不合格项的报告、通知以及处理及检查验收资料等。

质量记录资料应在工程施工或安装开始前，由项目监理机构和施工单位一起，根据建设单位的要求及工程竣工验收资料组卷归档的有关规定，研究列出各施工对象的质量资料清单。以后，随着工程施工的进展，施工单位应不断补充和填写关于材料、构配件及施工作业活动的有关内容，记录新的情况。当每一阶段（如检验批，一个分项或分部工程）施工或安装工作完成后，相应的质量记录资料也应随之完成，并整理组卷。

施工质量记录资料应真实、齐全、完整，相关各方人员的签字齐备、字迹清楚、结论明确，与施工过程的进展同步。在对作业活动效果的验收中，如缺少资料和资料不全，项目监理机构应拒绝验收。

监理资料的管理应由总监理工程师负责，并指定专人具体实施。总监理工程师作为项目监理机构的负责人应根据合同要求，结合监理项目的大小、工程复杂程度配置一至多名专职熟练的资料管理人员具体实施资料的管理工作。对于建设规模较小、资料不多的监理项目，可以结合工程实际，指定一名受过资料管理业务培训，懂得资料管理的监理人员兼职完成资料管理工作。

除了配置资料管理员外，还需要包括项目总监理工程师、各专业监理工程师、监理员在内的各级监理人员自觉履行各自监理职责，保证监理文件资料管理工作的顺利完成。

第四节　安全生产的监理行为和现场控制

一、安全生产的监理行为

1. 安全生产的监理行为准则

根据国务院《建设工程安全生产管理条例》与住房和城乡建设部发布的《工程质量安全手册（试行）》，工程施工阶段监理单位安全生产的监理行为准则如下：

（1）监理单位依法对工程质量安全负责；

（2）监理单位应当依法取得资质证书，并在其资质等级许可的范围内从事建设工程活动；

（3）从事工程建设活动的专业技术人员应当在注册许可范围和聘用单位业务范围内从业，对签署技术文件的真实性和准确性负责，依法承担质量安全责任；

（4）监理单位应当建立完善危险性较大的分部分项工程管理责任制，落实安全管理责任，严格按照相关规定实施危险性较大的分部分项工程清单管理、专项施工方案编制及论证、现场安全管理等制度；

（5）监理单位法定代表人和项目总监理工程师应当加强工程项目安全生产管理，依法对安全生产事故和隐患承担相应责任。

2. 安全生产的监理行为要求

根据住房和城乡建设部发布的《工程质量安全手册（试行）》，项目监理机构安全生产的监理行为应满足如下要求：

（1）按规定编制监理规划和安全监理实施细则；

（2）按规定审查施工组织设计中的安全技术措施或者专项施工方案；

（3）按规定审核各相关单位资质、安全生产许可证、"安管人员"安全生产考核合格证书和特种作业人员操作资格证书并做好记录；

（4）按规定对现场实施安全监理。发现安全事故隐患严重且施工单位拒不整改或者不停止施工的，应及时向政府主管部门报告。

二、安全生产现场控制

根据住房和城乡建设部发布的《工程质量安全手册（试行）》，项目监理机构应对下述分部分项工程、施工机械和生产工作进行现场控制：

1. 基坑工程

（1）基坑支护及开挖应符合规范、设计及专项施工方案的要求；

（2）基坑施工时对主要影响区范围内的建（构）筑物和地下管线保护措施应符合规范及专项施工方案的要求；

（3）基坑周围地面排水措施应符合规范及专项施工方案的要求；

（4）基坑地下水控制措施应符合规范及专项施工方案的要求；

（5）基坑周边荷载应符合规范及专项施工方案的要求；

（6）基坑监测项目、监测方法、测点布置、监测频率、监测报警及日常检查应符合规范、设计及专项施工方案的要求；

（7）基坑内作业人员上下专用梯道应符合规范及专项施工方案的要求；

（8）基坑坡顶地面应无明显裂缝，基坑周边建筑物应无明显变形。

2. 脚手架工程

（1）作业脚手架底部立杆上设置的纵向、横向扫地杆，连墙件的设置，步距、跨距，剪刀撑的设置，架体基础，架体材料和构配件，架体的封闭，脚手架上脚手板的设置等均应符合规范及专项施工方案要求。

（2）扣件应按规定进行抽样复试；脚手架上严禁集中荷载。

（3）对于附着式升降脚手架的使用，附着支座设置、防坠落与防倾覆安全装置、同步升降控制装置、构造尺寸等均应符合规范及专项施工方案要求。

（4）对于悬挑式脚手架的使用，型钢锚固段长度及锚固型钢的主体结构混凝土强度、悬挑钢梁卸荷钢丝绳设置方式、悬挑钢梁的固定方式、底层封闭、悬挑钢梁端立杆定位点等均应符合规范及专项施工方案要求。

（5）对于高处作业吊篮的使用，各限位装置应齐全有效，安全锁必须在有效的标定期限内，吊篮内作业人员不应超过2人；安全绳的设置和使用、吊篮悬挂机构前支架设置均应符合规范及专项施工方案要求；吊篮配重件重量和数量应符合说明书及专项施工方案要求。

（6）对于操作平台的使用，移动式、落地式、悬挑式操作平台的设置均应符合规范及专项施工方案要求。

3. 起重机械

（1）起重机械的备案、租赁，安装、拆卸，使用前的验收，定期检查和维护保养均应符合要求；并应按规定办理使用登记。

（2）起重机械的基础、附着均应符合使用说明书及专项施工方案要求。

（3）起重机械的安全装置应灵敏、可靠；主要承载结构件应完好；结构件的连接螺栓、销轴有效；机构、零部件、电气设备线路和元件应符合相关要求。

（4）起重机械与架空线路的安全距离应符合规范要求。

（5）施工与安装单位应按规定在起重机械安装、拆卸、顶升和使用前向相关作业人员进行安全技术交底。

（6）对于塔式起重机的使用，其作业环境应符合规范要求；多塔交叉作业防碰撞安全措施应符合规范及专项方案要求；起重力矩限制器、起重量限制器、行程限位装置等安全装置，吊索具的使用及吊装方法均应符合规范要求；应按规定在顶升（降节）作业前对相关机构、结构进行专项安全检查。

（7）对于施工升降机的使用，其防坠安全装置应在标定期限内，升降机的安装及其层门的设置应符合规范要求；应按规定制定各种载荷情况下齿条和驱动齿轮、安全齿轮的正确啮合保证措施；附墙架的使用和安装应符合使用说明书及专项施工方案要求。

（8）对于物料提升机的使用，其安全停层装置应齐全、有效；钢丝绳的规格、使用应符合规范要求；附墙应符合要求；缆风绳、地锚的设置应符合规范及专项施工方案要求。

4. 模板支撑体系

（1）应按规定对搭设模板支撑体系的材料、构配件进行现场检验，扣件应抽样复试。

（2）模板支撑体系的搭设和使用应符合规范及专项施工方案要求。

（3）混凝土浇筑时，必须按照专项施工方案规定的顺序进行，并指定专人对模板支撑体系进行监测。

（4）模板支撑体系的拆除应符合规范及专项施工方案要求。

5. 临时用电

（1）施工单位应按规定编制临时用电施工组织设计，并履行审核、验收手续。

（2）施工现场临时用电管理，施工现场配电系统，配电设备、线路防护设施设置，漏电保护器参数均应符合相关要求。

6. 安全防护及其他

洞口防护、临边防护、有限空间防护、大模板作业防护、人工挖孔桩作业防护等均应符合规范要求。

建筑幕墙安装作业，钢结构、网架和索膜结构安装作业，装配式建筑预制混凝土构件安装作业等均应符合规范及专项施工方案的要求。

第五节　危险性较大的分部分项工程施工安全管理

危险性较大的分部分项工程（以下简称"危大工程"），是指房屋建筑和市政基础设施工程在施工过程中，容易导致人员群死群伤或者造成重大经济损失的分部分项工程。根据住房和城乡建设部发布的《危险性较大的分部分项工程安全管理规定》（住房和城乡建设部令第 37 号）和《工程质量安全手册（试行）》，建设单位、勘察单位、设计单位等应履行好前期保障工作，施工单位应当编制专项施工方案，施工单位和监理单位应当履行好现场安全管理职责，住房城乡建设主管部门应加强监督管理。

一、危大工程范围

1. 危险性较大的分部分项工程范围

（1）基坑工程

1）开挖深度超过 3m（含 3m）的基坑（槽）的土方开挖、支护、降水工程。

2）开挖深度虽未超过 3m，但地质条件、周围环境和地下管线复杂，或影响毗邻建、构筑物安全的基坑（槽）的土方开挖、支护、降水工程。

（2）模板工程及支撑体系

1）各类工具式模板工程：包括滑模、爬模、飞模、隧道模等工程。

2）混凝土模板支撑工程：搭设高度 5m 及以上，或搭设跨度 10m 及以上，或施工总荷载（荷载效应基本组合的设计值，以下简称设计值）10kN/m² 及以上，或集中线荷载（设计值）15kN/m 及以上，或高度大于支撑水平投影宽度且相对独立无联系构件的混凝土模板支撑工程。

3）承重支撑体系：用于钢结构安装等满堂支撑体系。

（3）起重吊装及起重机械安装拆卸工程

1）采用非常规起重设备、方法，且单件起吊重量在 10kN 及以上的起重吊装工程。

2）采用起重机械进行安装的工程。

3）起重机械安装和拆卸工程。

（4）脚手架工程

1）搭设高度 24m 及以上的落地式钢管脚手架工程（包括采光井、电梯井脚手架）。

2）附着式升降脚手架工程。

3）悬挑式脚手架工程。

4）高处作业吊篮。

5）卸料平台、操作平台工程。

6）异型脚手架工程。

（5）拆除工程

可能影响行人、交通、电力设施、通讯设施或其他建、构筑物安全的拆除工程。

（6）暗挖工程

采用矿山法、盾构法、顶管法施工的隧道、洞室工程。

（7）其他

1）建筑幕墙安装工程。

2）钢结构、网架和索膜结构安装工程。

3）人工挖孔桩工程。

4）水下作业工程。

5）装配式建筑混凝土预制构件安装工程。

6）采用新技术、新工艺、新材料、新设备可能影响工程施工安全，尚无国家、行业及地方技术标准的分部分项工程。

2. 超过一定规模的危险性较大的分部分项工程范围

（1）深基坑工程

开挖深度超过5m（含5m）的基坑（槽）的土方开挖、支护、降水工程。

（2）模板工程及支撑体系

1）各类工具式模板工程：包括滑模、爬模、飞模、隧道模等工程。

2）混凝土模板支撑工程：搭设高度8m及以上，或搭设跨度18m及以上，或施工总荷载（设计值）15kN/m² 及以上，或集中线荷载（设计值）20kN/m 及以上。

3）承重支撑体系：用于钢结构安装等满堂支撑体系，承受单点集中荷载7kN 及以上。

（3）起重吊装及起重机械安装拆卸工程

1）采用非常规起重设备、方法，且单件起吊重量在100kN 及以上的起重吊装工程。

2）起重量300kN 及以上，或搭设总高度200m 及以上，或搭设基础标高在200m 及以上的起重机械安装和拆卸工程。

（4）脚手架工程

1）搭设高度50m 及以上的落地式钢管脚手架工程。

2）提升高度在150m 及以上的附着式升降脚手架工程或附着式升降操作平台工程。

3）分段架体搭设高度20m 及以上的悬挑式脚手架工程。

（5）拆除工程

1）码头、桥梁、高架、烟囱、水塔或拆除中容易引起有毒有害气（液）体或粉尘扩散，易燃易爆事故发生的特殊建、构筑物的拆除工程。

2）文物保护建筑、优秀历史建筑或历史文化风貌区影响范围内的拆除工程。

（6）暗挖工程

采用矿山法、盾构法、顶管法施工的隧道、洞室工程。

（7）其他

1）施工高度50m 及以上的建筑幕墙安装工程。

2）跨度36m 及以上的钢结构安装工程，或跨度60m 及以上的网架和索膜结构安装工程。

3）开挖深度16m 及以上的人工挖孔桩工程。

4）水下作业工程。

5）重量1000kN 及以上的大型结构整体顶升、平移、转体等施工工艺。

6）采用新技术、新工艺、新材料、新设备可能影响工程施工安全，尚无国家、行业及地方技术标准的分部分项工程。

二、前期保障

1. 建设单位保障工作

建设单位应当依法提供真实、准确、完整的工程地质、水文地质和工程周边环境等资料。应当组织勘察、设计等单位在施工招标文件中列出危大工程清单，要求施工单位在投标时补充完善危大工程清单并明确相应的安全管理措施。应当按照施工合同约定及时支付危大工程施工技术措施费以及相应的安全防护文明施工措施费，保障危大工程施工安全。在申请办理安全监督手续时，建设单位应当提交危大工程清单及其安全管理措施等资料。

2. 勘察设计单位保障工作

勘察单位应当根据工程实际及工程周边环境资料，在勘察文件中说明地质条件可能造成的工程风险。

设计单位应当在设计文件中注明涉及危大工程的重点部位和环节，提出保障工程周边环境安全和工程施工安全的意见，必要时进行专项设计。

三、专项施工方案

1. 专项施工方案的编制

施工单位应当在危大工程施工前组织工程技术人员编制专项施工方案。实行施工总承包的，专项施工方案应当由施工总承包单位组织编制。危大工程实行分包的，专项施工方案可以由相关专业分包单位组织编制。

专项施工方案应当由施工单位技术负责人审核签字、加盖单位公章，并由总监理工程师审查签字、加盖执业印章后方可实施。危大工程实行分包并由分包单位编制专项施工方案的，专项施工方案应当由总承包单位技术负责人及分包单位技术负责人共同审核签字并加盖单位公章。

2. 专项施工方案的论证审查

对于超过一定规模的危大工程，施工单位应当组织召开专家论证会对专项施工方案进行论证。实行施工总承包的，由施工总承包单位组织召开专家论证会。专家论证前专项施工方案应当通过施工单位审核和总监理工程师审查。

专家应当从地方人民政府住房城乡建设主管部门建立的专家库中选取，符合专业要求且人数不得少于 5 名。与本工程有利害关系的人员不得以专家身份参加专家论证会。

专家论证会后，应当形成论证报告，对专项施工方案提出通过、修改后通过或者不通过的一致意见。专家对论证报告负责并签字确认。

专项施工方案经论证需修改后通过的，施工单位应当根据论证报告修改完善后，重新履行审查的程序。专项施工方案经论证不通过的，施工单位修改后应当按规定重新组织专家论证。

四、现场安全管理

1. 施工单位现场安全管理工作

（1）应当在施工现场显著位置公告危大工程名称、施工时间和具体责任人员，并在危险区域设置安全警示标志。

（2）专项施工方案实施前，编制人员或者项目技术负责人应当向施工现场管理人员进行方案交底。

施工现场管理人员应当向作业人员进行安全技术交底，并由双方和项目专职安全生产管理人员共同签字确认。

（3）应当严格按照专项施工方案组织施工，不得擅自修改专项施工方案。

因规划调整、设计变更等原因确需调整的，修改后的专项施工方案应当按照《危险性较大的分部分项工程安全管理规定》（住房和城乡建设部令第37号）重新审核和论证。涉及资金或者工期调整的，建设单位应当按照约定予以调整。

（4）应当对危大工程施工作业人员进行登记，项目负责人应当在施工现场履职。

项目专职安全生产管理人员应当对专项施工方案实施情况进行现场监督，对未按照专项施工方案施工的，应当要求立即整改，并及时报告项目负责人，项目负责人应当及时组织限期整改。

应当按照规定对危大工程进行施工监测和安全巡视，发现危及人身安全的紧急情况，应当立即组织作业人员撤离危险区域。

（5）应当将专项施工方案及审核、专家论证、交底、现场检查、验收及整改等相关资料纳入档案管理。

2. 监理单位现场安全管理工作

（1）应当结合危大工程专项施工方案编制监理实施细则，并对危大工程施工实施专项巡视检查。

（2）发现施工单位未按照专项施工方案施工的，应当要求其进行整改；情节严重的，应当要求其暂停施工，并及时报告建设单位。施工单位拒不整改或者不停止施工的，应当及时报告建设单位和工程所在地住房城乡建设主管部门。

（3）应当将监理实施细则、专项施工方案审查、专项巡视检查、验收及整改等相关资料纳入档案管理。

3. 监测单位工作

对于按照规定需要进行第三方监测的危大工程，建设单位应当委托具有相应勘察资质的单位进行监测。

监测单位应当编制监测方案。监测方案由监测单位技术负责人审核签字并加盖单位公章，报送监理单位后方可实施。

监测单位应当按照监测方案开展监测，及时向建设单位报送监测成果，并对监测成果负责；发现异常时，及时向建设、设计、施工、监理单位报告，建设单位应当立即组织相关单位采取处置措施。

4. 危大工程的验收

对于按照规定需要验收的危大工程，施工单位、监理单位应当组织相关人员进行验收。验收合格的，经施工单位项目技术负责人及总监理工程师签字确认后，方可进入下一道工序。

危大工程验收合格后，施工单位应当在施工现场明显位置设置验收标识牌，公示验收时间及责任人员。

5. 危大工程应急处置

危大工程发生险情或者事故时，施工单位应当立即采取应急处置措施，并报告工程所在地住房城乡建设主管部门。建设、勘察、设计、监理等单位应当配合施工单位开展应急抢险工作。

危大工程应急抢险结束后，建设单位应当组织勘察、设计、施工、监理等单位制定工程恢复方案，并对应急抢险工作进行后评估。

五、监督管理

（1）设区的市级以上地方人民政府住房城乡建设主管部门应当建立专家库，制定专家库管理制度，建立专家诚信档案，并向社会公布，接受社会监督。

（2）县级以上地方人民政府住房城乡建设主管部门或者所属施工安全监督机构，应当根据监督工作计划对危大工程进行抽查。

县级以上地方人民政府住房城乡建设主管部门或者所属施工安全监督机构，可以通过政府购买技术服务方式，聘请具有专业技术能力的单位和人员对危大工程进行检查，所需费用向本级财政申请予以保障。

（3）县级以上地方人民政府住房城乡建设主管部门或者所属施工安全监督机构，在监督抽查中发现危大工程存在安全隐患的，应当责令施工单位整改；重大安全事故隐患排除前或者排除过程中无法保证安全的，责令从危险区域内撤出作业人员或者暂时停止施工；对依法应当给予行政处罚的行为，应当依法做出行政处罚决定。

（4）县级以上地方人民政府住房城乡建设主管部门应当将单位和个人的处罚信息纳入建筑施工安全生产不良信用记录。

六、监理单位的法律责任

（1）有下列行为之一的，依照《中华人民共和国安全生产法》《建设工程安全生产管理条例》对单位进行处罚；对直接负责的主管人员和其他直接责任人员处 1000 元以上 5000 元以下的罚款：

1）总监理工程师未按照《危险性较大的分部分项工程安全管理规定》（住房和城乡建设部令第 37 号）审查危大工程专项施工方案的；

2）发现施工单位未按照专项施工方案实施，未要求其整改或者停工的；

3）施工单位拒不整改或者不停止施工时，未向建设单位和工程所在地住房城乡建设主管部门报告的。

（2）有下列行为之一的，责令限期改正，并处 1 万元以上 3 万元以下的罚款；对直接负责的主管人员和其他直接责任人员处 1000 元以上 5000 元以下的罚款：

1）未按照《危险性较大的分部分项工程安全管理规定》（住房和城乡建设部令第 37 号）编制监理实施细则的；

2）未对危大工程施工实施专项巡视检查的；

3）未按照《危险性较大的分部分项工程安全管理规定》（住房和城乡建设部令第 37 号）参与组织危大工程验收的；

4）未按照《危险性较大的分部分项工程安全管理规定》（住房和城乡建设部令第 37 号）建立危大工程安全管理档案的。

思　考　题

1. 施工质量控制的依据主要有哪些方面？

2. 简要说明施工阶段监理工程师质量控制的工作程序。

第五章

3. 简要说明专业监理工程师审查施工组织设计的基本内容与程序。

4. 专业监理工程师对施工方案审查的重点是什么?

5. 专业监理工程师如何审查分包单位的资格?

6. 专业监理工程师如何查验施工控制测量成果?

7. 专业监理工程师如何进行施工试验室的检查?

8. 专业监理工程师如何进行进场材料构配件的质量控制?

9. 项目监理机构如何做好开工条件审查?

10. 专业监理工程师如何做好巡视与旁站?

11. 《工程质量安全手册 (试行)》对地基基础工程、钢筋工程、混凝土工程等分部工程实体质量控制有哪些内容要求?

12. 混凝土制备的质量控制有哪些内容要求?

13. 装配式建筑 PC 构件施工的质量控制有哪些内容要求?

14. 什么情况下可以签发工程暂停令?

15. 如何做好工程质量记录资料的管理?

16. 安全生产的监理行为和现场控制包括哪些内容?

17. 危大工程包括哪些工程?

18. 建设单位、勘察设计单位、施工单位、监理单位和检测单位在危大工程施工安全管理中各应履行好哪些方面的工作?

第六章　建设工程施工质量验收和保修

建设工程施工质量验收是指工程施工质量在施工单位自行检查合格的基础上，由工程质量验收责任方组织，工程建设相关单位参加，对检验批、分项、分部、单位工程及其隐蔽工程的质量进行抽样检验，对技术文件进行审核，并根据设计文件和相关标准以书面形式对工程质量是否达到合格做出确认。城市轨道交通建设工程验收分为单位工程验收、项目工程验收、竣工验收三个阶段，各个阶段的验收条件、要求和内容及程序都应符合规定。工程监理单位应把握与履行好工程质量验收和保修管理的工作内容。

第一节　建筑工程施工质量验收

根据《建筑工程施工质量验收统一标准》GB 50300—2013，建筑工程施工质量验收按以下方法进行。

一、建筑工程施工质量验收层次划分及目的

1. 施工质量验收层次划分

随着我国经济发展和施工技术的进步，工程建设规模不断扩大，技术复杂程度越来越高，出现了大量工程规模较大和具有综合使用功能的大型单体工程。由于大型单体工程可能在功能或结构上由若干子单体工程组成，且整个建设周期较长，也可能出现将已建成可使用的部分子单体工程先投入使用，或先将工程中一部分提前建成使用等情况，这就需要对其质量进行分段验收。再加之对规模较大的单体工程进行一次性质量验收，其工作量又很大等。因此《建筑工程施工质量验收统一标准》GB 50300 规定，将具备独立施工条件并能形成独立使用功能的工程划分为单位工程，将单位工程中能形成独立使用功能的部分划分为若干子单位工程，对其进行质量验收。同时为了更加科学地评价工程施工质量和有利于对其进行验收，根据工程特点，按结构分解原则将单位或子单位工程划分为若干个分部工程。每个分部工程划分为若干个子分部工程。每个子分部工程可划分为若干个分项工程。每个分项工程可划分为若干个检验批。检验批是工程施工质量验收的最小单位。

2. 施工质量验收层次划分目的

工程施工质量验收涉及工程施工过程质量验收和竣工质量验收，是工程施工质量控制的重要环节。根据工程特点，按结构分解的原则合理划分工程施工质量验收层次，将有利于对工程施工质量进行过程控制和阶段质量验收，特别是不同专业工程验收批的确定，将直接影响到工程施工质量验收工作的科学性、经济性和可操作性。因此，对施工质量验收层次进行合理划分是非常有必要的，这有利于保证工程施工质量符合有关标准和要求。

二、建筑工程施工质量验收层次划分原则

（一）单位工程的划分

单位工程是指具备独立施工条件并能形成独立使用功能的建筑物或构筑物。单位工程应按下列原则划分：

（1）具备独立施工条件并能形成独立使用功能的建筑物或构筑物为一个单位工程。如

一所学校中的一栋教学楼、办公楼、传达室，某城市的广播电视塔等。

（2）对于规模较大的单位工程，可将其能形成独立使用功能的部分划分为一个子单位工程。

单位或子单位工程划分，施工前可由建设、监理、施工单位商议确定，并据此收集整理施工技术资料和进行质量验收。

（二）分部工程的划分

分部工程是单位工程的组成部分，一个单位工程往往由多个分部工程组成。分部工程应按下列原则划分：

（1）可按专业性质、工程部位确定。如建筑工程划分为地基与基础、主体结构、建筑装饰装修、屋面、建筑给水排水及供暖、通风与空调、建筑电气、智能建筑、建筑节能、电梯十个分部工程。

（2）当分部工程较大或较复杂时，可按材料种类、施工特点、施工程序、专业系统及类别将分部工程划分为若干子分部工程。

如：建筑工程的地基与基础分部工程划分为地基、基础、基坑支护、地下水控制、土方、边坡、地下防水等子分部工程。建筑工程的主体结构分部工程划分为混凝土结构、砌体结构、钢结构、钢管混凝土结构、型钢混凝土结构、铝合金结构、木结构等子分部工程。建筑工程的建筑装饰装修分部工程划分为建筑地面、抹灰、外墙防水、门窗、吊顶、轻质隔墙、饰面板、饰面砖、幕墙、涂饰、裱糊与软包、细部等子分部工程。

（三）分项工程的划分

分项工程是分部工程的组成部分。分项工程可按主要工种、材料、施工工艺、设备类别进行划分。如建筑工程主体结构分部工程中，混凝土结构子分部工程划分为模板、钢筋、混凝土、预应力、现浇结构、装配式结构等分项工程。

建筑工程的分部工程、分项工程划分宜按《建筑工程施工质量验收统一标准》GB 50300—2013 附录 B 采用。

（四）检验批的划分

检验批是分项工程的组成部分。检验批是指按相同的生产条件或按规定的方式汇总起来供抽样检验用的，由一定数量样本组成的检验体。检验批可根据施工、质量控制和专业验收的需要，按工程量、楼层、施工段、变形缝进行划分。

施工前，应由施工单位制定分项工程和检验批的划分方案，并由项目监理机构审核。对于《建筑工程施工质量验收统一标准》GB 50300—2013 附录 B 及相关专业验收规范未涵盖的分项工程和检验批，可由建设单位组织监理、施工等单位协商确定。

通常，多层及高层建筑的分项工程可按楼层或施工段来划分检验批，单层建筑的分项工程可按变形缝划分检验批；地基与基础的分项工程一般划分为一个检验批，有地下层的基础工程可按不同地下层划分检验批；屋面工程的分项工程可按不同楼层屋面划分为不同的检验批；其他分部工程中的分项工程，一般按楼层划分检验批；对于工程量较少的分项工程可划分为一个检验批；安装工程一般按一个设计系统或设备组别划分为一个检验批；室外工程一般划分为一个检验批；散水、台阶、明沟等含在地面检验批中。

（五）室外工程的划分

室外工程可根据专业类别和工程规模划分子单位工程、分部工程和分项工程。室外工程的划分如表 6-1 所示。

室外工程的划分　　　　　　　　　　　　　　表 6-1

单位工程	子单位工程	分部工程
室外设施	道路	路基、基层、面层、广场与停车场、人行道、人行地道、挡土墙、附属构筑物
	边坡	土石方、挡土墙、支护
附属建筑及室外环境	附属建筑	车棚、围墙、大门、挡土墙
	室外环境	建筑小品、亭台、水景、连廊、花坛、场坪绿化、景观桥

三、建筑工程施工质量验收基本规定

（1）施工现场应具有健全的质量管理体系、相应的施工技术标准、施工质量检验制度和综合施工质量水平评定考核制度。

施工现场质量管理可按表 6-2 的要求进行检查记录。

施工现场质量管理检查记录　　　　　　　　　　表 6-2
开工日期：

工程名称			施工许可证号	
建设单位			项目负责人	
设计单位			项目负责人	
监理单位			总监理工程师	
施工单位		项目负责人		项目技术负责人

序号	项　　目	主要内容
1	项目部质量管理体系	
2	现场质量责任制	
3	主要专业工种操作岗位证书	
4	分包单位管理制度	
5	图纸会审记录	
6	地质勘察资料	
7	施工技术标准	
8	施工组织设计、施工方案编制及审批	
9	物资采购管理制度	
10	施工设施和机械设备管理制度	
11	计量设备配备	
12	检测试验管理制度	
13	工程质量检查验收制度	
14		

自检结果：	检查结论：
施工单位项目负责人：　　　年　月　日	总监理工程师：　　　年　月　日

（2）未实行监理的建筑工程，建设单位相关人员应履行有关验收标准涉及的监理职责。

（3）建筑工程的施工质量控制应符合下列规定：

1）建筑工程采用的主要材料、半成品、成品、建筑构配件、器具和设备应进行进场检验。凡涉及安全、节能、环境保护和主要使用功能的重要材料、产品，应按各专业工程施工规范、验收规范和设计文件等规定进行复验，并应经专业监理工程师检查认可。

2）各施工工序应按施工技术标准进行质量控制，每道施工工序完成后，经施工单位自检符合规定后，才能进行下道工序施工。各专业工种之间的相关工序应进行交接检验，并应记录。

3）对于项目监理机构提出检查要求的重要工序，应经专业监理工程师检查认可，才能进行下道工序施工。

（4）符合下列条件之一时，可按相关专业验收规范的规定适当调整抽样复验、试验数量，调整后的抽样复验、试验方案应由施工单位编制，并报项目监理机构审核确认。

1）同一项目中由相同施工单位施工的多个单位工程，使用同一生产厂家的同品种、同规格、同批次的材料、构配件、设备。

2）同一施工单位在现场加工的成品、半成品、构配件用于同一项目中的多个单位工程。

3）在同一项目中，针对同一抽样对象已有检验成果可以重复利用。

调整抽样复验、试验数量或重复利用已有检验成果应有具体的实施方案，实施方案应符合各专业验收规范的规定，并事先报项目监理机构认可。如施工单位或项目监理机构认为必要时，也可不调整抽样复验、试验数量或不重复利用已有检验成果。

（5）当专业验收规范对工程中的验收项目未做出相应规定时，应由建设单位组织监理、设计、施工等相关单位制定专项验收要求。涉及安全、节能、环境保护等项目的专项验收要求应由建设单位组织专家论证。专项验收要求应符合设计意图，包括分项工程及检验批的划分、抽样方案、验收方法、判定指标等内容。

（6）建筑工程施工质量应按下列要求进行验收：

1）工程施工质量验收均应在施工单位自检合格的基础上进行。

2）参加工程施工质量验收的各方人员应具备相应的资格。

3）检验批的质量应按主控项目和一般项目验收。

4）对涉及结构安全、节能、环境保护和主要使用功能的试块、试件及材料，应在进场时或施工中按规定进行见证检验。

5）隐蔽工程在隐蔽前应由施工单位通知项目监理机构进行验收，并应形成验收文件，验收合格后方可继续施工。

6）对涉及结构安全、节能、环境保护和使用功能的重要分部工程，应在验收前按规定进行抽样检验。

7）工程的观感质量应由验收人员现场检查，并应共同确认。

（7）建筑工程施工质量验收合格应符合下列规定：

1）符合工程勘察、设计文件的要求。

2）符合现行国家标准《建筑工程施工质量验收统一标准》GB 50300 和相关专业验收

规范的规定。

（8）检验批的质量检验，可根据检验项目的特点在下列抽样方案中选取：

1）计量、计数或计量-计数的抽样方案；

2）一次、二次或多次抽样方案；

3）对重要的检验项目，当有简易快速的检验方法时，选用全数检验方案；

4）根据生产连续性和生产控制稳定性情况，采用调整型抽样方案；

5）经实践证明有效的抽样方案。

（9）检验批抽样样本应随机抽取，满足分布均匀、具有代表性的要求，抽样数量应符合有关专业验收规范的规定。当采用计数抽样时，最小抽样数量应符合表 6-3 的要求。

明显不合格的个体可不纳入检验批，但应进行处理，使其满足有关专业验收规范的规定，对处理的情况应予以记录并重新验收。

检验批最小抽样数量　　表 6-3

检验批的容量	最小抽样数量	检验批的容量	最小抽样数量
2～15	2	151～280	13
16～25	3	281～500	20
26～90	5	501～1200	32
91～150	8	1201～3200	50

（10）计量抽样的错判概率 α 和漏判概率 β 可按下列规定采取：

1）主控项目：对应于合格质量水平的 α 和 β 均不宜超过 5%。

2）一般项目：对应于合格质量水平的 α 不宜超过 5%，β 不宜超过 10%。

错判概率 α 是指合格批被判为不合格批的概率，即合格批被拒收的概率。

漏判概率 β 是指不合格批被判为合格批的概率，即不合格批被误收的概率。

四、建筑工程施工质量验收程序和合格规定

（一）检验批质量验收

1. 检验批质量验收程序

检验批是工程施工质量验收的最小单位，是分项工程、分部工程、单位工程质量验收的基础。按检验批验收有助于及时发现和处理施工过程中出现的质量问题，确保工程施工质量符合有关标准和要求，也符合工程施工的实际需要。

检验批应由专业监理工程师组织施工单位项目专业质量检查员、专业工长等进行验收。检验批验收包括资料检查、主控项目和一般项目的质量检验。

验收前，施工单位应对施工完成的检验批进行自检，对存在的问题自行整改处理，合格后填写检验批报审、报验表（表 6-4）及检验批质量验收记录（表 6-5），并将相关资料报送项目监理机构申请验收。

专业监理工程师对施工单位所报资料进行审查，并组织相关人员到现场进行实体检查、验收。对验收不合格的检验批，专业监理工程师应要求施工单位进行整改，自检合格后予以复验；对验收合格的检验批，专业监理工程师应签认检验批报审、报验表及质量验收记录，准许进行下道工序施工。

表 6-4

_____报审、报验表

工程名称：   编号：

致：_____（项目监理机构）
我方已完成_____工作，经自检合格，请予以审查/验收。
附件：□隐蔽工程质量检验资料
□检验批质量检验资料
□分项工程质量检验资料
□施工试验室证明资料
□其他
施工项目经理部（盖章） 项目经理/项目技术负责人（签字） 年　月　日
审查或验收意见：
项目监理机构（盖章） 专业监理工程师（签字） 年　月　日

　　注：本表一式二份，项目监理机构、施工单位各一份。

<u>　　　　　　　</u>检验批质量验收记录　　　　　　　　　　表 6-5

编号：___

单位(子单位) 工程名称		分部(子分部) 工程名称		分项工程 名称	
施工单位		项目负责人		检验批容量	
分包单位		分包单位项目 负责人		检验批部位	
施工依据			验收依据		

		验收项目	设计要求及规范规定	最小/实际抽样数量	检查记录	检查结果
主控项目	1					
	2					
	3					
	4					
	5					
	6					
	7					
	8					
	9					
	10					
一般项目	1					
	2					
	3					
	4					
	5					
施工单位 检查结果		专业工长： 项目专业质量检查员： 　　　　　　　　年　月　日				
监理单位 验收结论		专业监理工程师： 　　　　　　　　年　月　日				

2. 检验批质量验收合格规定

检验批质量验收合格应符合下列规定：

(1) 主控项目的质量经抽样检验均应合格。

(2) 一般项目的质量经抽样检验合格。当采用计数抽样时，合格点率应符合有关专业验收规范的规定，且不得存在严重缺陷。对于计数抽样的一般项目，正常检验一次、二次抽样可分别按表 6-6、表 6-7 判定。

(3) 具有完整的施工操作依据、质量验收记录。

一般项目正常检验一次抽样判定 表 6-6

样本容量	合格判定数	不合格判定数	样本容量	合格判定数	不合格判定数
5	1	2	32	7	8
8	2	3	50	10	11
13	3	4	80	14	15
20	5	6	125	21	22

一般项目正常检验二次抽样判定 表 6-7

抽样次数	样本容量	合格判定数	不合格判定数	抽样次数	样本容量	合格判定数	不合格判定数
(1)	3	0	2	(1)	20	3	6
(2)	6	1	2	(2)	40	9	10
(1)	5	0	3	(1)	32	5	9
(2)	10	3	4	(2)	64	12	13
(1)	8	1	3	(1)	50	7	11
(2)	16	4	5	(2)	100	18	19
(1)	13	2	5	(1)	80	11	16
(2)	26	6	7	(2)	160	26	27

注：(1) 和 (2) 表示抽样次数，(2) 对应的样本容量为两次抽样的累计数量。

为加深理解检验批质量验收合格规定，应注意以下几方面的内容：

1) 主控项目的质量经抽样检验均应合格。主控项目是指建筑工程中对安全、节能、环境保护和主要使用功能起决定性作用的检验项目。主控项目是对检验批的基本质量起决定性影响的检验项目，是保证工程安全和使用功能的重要检验项目，必须从严要求，因此要求主控项目必须全部符合有关专业验收规范的规定。主控项目如果达不到有关专业验收规范规定的质量指标，降低要求就相当于降低该工程的性能指标，就会严重影响工程的安全性能。这意味着主控项目不允许有不符合要求的检验结果，必须全部合格。如混凝土、砂浆强度等级是保证混凝土结构、砌体强度的重要性能，必须全部达到有关专业验收规范规定的质量要求。

为了使检验批的质量满足工程安全和使用功能的基本要求，保证工程质量，各专业工程质量验收规范对各检验批主控项目的合格质量给予明确的规定。如钢筋安装时的主控项目为：受力钢筋的品种、级别、规格和数量必须符合设计要求。

2）一般项目的质量经抽样检验合格。当采用计数抽样时，合格点率应符合有关专业验收规范的规定，且不得存在严重缺陷。

一般项目是指除主控项目以外的检验项目。为了使检验批的质量满足工程安全和使用功能的基本要求，保证工程质量，各专业工程质量验收规范对各检验批一般项目的合格质量给予明确的规定。如钢筋连接的一般项目为：钢筋的接头宜设置在受力较小处；同一纵向受力钢筋不宜设置两个或两个以上接头；接头末端至钢筋弯起点的距离不应小于钢筋直径的 10 倍。

对于一般项目，虽然允许存在一定数量的不合格点，但某些不合格点的指标与合格要求偏差较大或存在严重缺陷时，仍将影响工程的使用功能或观感，因此对这些部位还应进行返修处理。

对于计数抽样的一般项目，正常检验一次抽样可按表 6-6 判定，正常检验二次抽样可按表 6-7 判定。抽样方案应在抽样前确定，具体的抽样方案应按有关专业验收规范执行。如有关专业验收规范无明确规定时，可采用一次抽样方案，也可由建设、设计、监理、施工等单位根据检验对象的特征协商采用二次抽样方案。样本容量在表 6-6 或表 6-7 给出的数值之间时，合格判定数可通过插值并四舍五入取整确定。

举例说明：表 6-6 和表 6-7 的使用方法。

对于一般项目正常检验一次抽样，假设样本容量为 20，在 20 个试样中如果有 5 个或 5 个以下试样被判为不合格时，该检验批可判定为合格；当 20 个试样中有 6 个或 6 个以上试样被判为不合格时，则该检验批可判定为不合格。

对于一般项目正常检验二次抽样，假设样本容量为 20，当 20 个试样中有 3 个或 3 个以下试样被判为不合格时，该检验批可判定为合格；当有 6 个或 6 个以上试样被判为不合格时，该检验批可判定为不合格；当有 4 个或 5 个试样被判为不合格时，应进行第二次抽样，样本容量也为 20 个，两次抽样的样本容量为 40，当两次不合格试样之和为 9 或小于 9 时，该检验批可判定为合格，当两次不合格试样之和为 10 或大于 10 时，该检验批可判定为不合格。

样本容量在表 6-6 或表 6-7 给出的数值之间时，合格判定数可通过插值并四舍五入取整确定。例如样本容量为 15，按表 6-6 插值得出的合格判定数为 3.571，取整可得合格判定数为 4，不合格判定数为 5。

3）具有完整的施工操作依据、质量验收记录。

质量控制资料反映了检验批从原材料到最终验收的各施工工序的操作依据、检查情况以及保证工程质量所必需的管理制度等。对其完整性的检查，实际是对过程控制的确认，这是检验批质量合格的前提。

通常，质量控制资料主要包括：

① 图纸会审记录、设计变更通知单、工程洽商记录。

② 工程定位测量、放线记录。

③ 原材料出厂合格证书及进场检验、试验报告。

④ 施工试验报告及见证检测报告。

⑤ 隐蔽工程验收记录。

⑥ 施工记录。

⑦ 按有关专业工程质量验收规范规定的抽样检测资料、试验记录。

⑧ 分项、分部工程质量验收记录。

⑨ 工程质量事故调查处理资料。

⑩ 新技术论证、备案及施工记录。

3. 检验批质量验收记录

检验批质量验收记录可按表 6-5 填写，填写时应具有现场验收检查原始记录，该原始记录应由专业监理工程师和施工单位项目专业质量检查员、专业工长共同签署，并在单位工程竣工验收前存档备查，保证该记录的可追溯性。现场验收检查原始记录的格式可由施工、监理等单位确定，包括检查项目、检查位置、检查结果等内容。

（二）隐蔽工程质量验收

隐蔽工程是指在下道工序施工后将被覆盖或掩盖，难以进行质量检查的工程。如钢筋混凝土工程中的钢筋工程，地基与基础工程中的混凝土基础和桩基础等。因此隐蔽工程完成后，在被覆盖或掩盖前必须进行质量检查验收，验收合格后方可继续施工。

隐蔽工程验收前，施工单位应对施工完成的隐蔽工程质量进行自检，对存在的问题自行整改处理，合格后填写隐蔽工程报审、报验表（表 6-4），并将相关隐蔽工程检查记录及有关材料证明等资料报送项目监理机构申请验收。

专业监理工程师对施工单位所报资料进行审查，并组织相关人员到现场进行实体检查、验收，同时宜留存检查、验收过程的照片、影像等资料。对验收不合格的隐蔽工程，专业监理工程师应要求施工单位进行整改，自检合格后予以复验；对验收合格的隐蔽工程，专业监理工程师应签认隐蔽工程报审、报验表及质量验收记录，准许进行下道工序施工。

如：对于钢筋分项工程浇筑混凝土之前，应进行钢筋隐蔽工程验收。钢筋隐蔽工程验收主要内容包括：纵向受力钢筋的品种、规格、数量和位置等；钢筋的连接方式、接头位置、接头数量、接头面积百分率等；箍筋、横向钢筋的品种、规格、数量、间距等；预埋件的规格、数量、位置等。

对于装配式混凝土结构连接部位及叠合构件浇筑混凝土之前，应进行隐蔽工程验收。隐蔽工程验收主要内容包括：混凝土粗糙面的质量，键槽的尺寸、数量、位置；钢筋的牌号、规格、数量、位置、间距，箍筋弯钩的弯折角度及平直段长度；钢筋的连接方式、接头位置、接头数量、接头面积百分率、搭接长度、锚固方式及锚固长度；预埋件、预留管线的规格、数量、位置；预制混凝土构件接缝处防水、防火等构造做法；保温及其节点施工；其他隐蔽项目；隐蔽项目施工过程记录照片。

（三）分项工程质量验收

1. 分项工程质量验收程序

分项工程应由专业监理工程师组织施工单位项目专业技术负责人等进行验收。

验收前，施工单位应对施工完成的分项工程进行自检，对存在的问题自行整改处理，合格后填写分项工程报审、报验表（表 6-4）及分项工程质量验收记录（表 6-8），并将相关资料报送项目监理机构申请验收。专业监理工程师对施工单位所报资料逐项进行审查，符合要求后签认分项工程报审、报验表及质量验收记录。

_____分项工程质量验收记录　　　　　　　表 6-8

单位（子单位） 工程名称			分部（子分部） 工程名称		
分项工程数量			检验批数量		
施工单位			项目负责人		项目技术 负责人
分包单位			分包单位 项目负责人		分包内容

序号	检验批名称	检验批容量	部位/区段	施工单位检查结果	监理单位验收结论
1					
2					
3					
4					
5					
6					
7					
8					
9					
10					
11					
12					
13					
14					
15					

说明：

施工单位 检查结果	项目专业技术负责人： 年　月　日
监理单位 验收结论	专业监理工程师： 年　月　日

第六章

2. 分项工程质量验收合格规定

分项工程质量验收合格应符合下列规定：

(1) 所含检验批的质量均应验收合格。

(2) 所含检验批的质量验收记录应完整。

分项工程的质量验收是以检验批为基础进行的。一般情况下，检验批和分项工程两者具有相同或相近的性质，只是批量的大小不同而已。分项工程质量合格的条件是构成分项工程的各检验批质量验收资料齐全完整，且各检验批质量均已验收合格。

(四) 分部工程质量验收

1. 分部工程质量验收程序

分部工程应由总监理工程师组织施工单位项目负责人和项目技术负责人等进行验收。

勘察、设计单位项目负责人和施工单位技术、质量部门负责人应参加地基与基础分部工程的验收。由于地基与基础分部工程情况复杂，专业性强，且关系到整个工程的安全，为保证工程质量，严格把关，规定勘察、设计单位项目负责人应参加验收，并要求施工单位技术、质量部门负责人也应参加验收。

设计单位项目负责人和施工单位技术、质量部门负责人应参加主体结构、节能分部工程的验收。由于主体结构直接影响使用安全，建筑节能又直接关系到国家资源战略、可持续发展等，因此规定对这两个分部工程，设计单位项目负责人应参加验收，并要求施工单位技术、质量部门负责人也应参加验收。

参加验收的人员，除指定的人员必须参加验收外，允许其他相关专业人员共同参加验收。由于各施工单位的机构和岗位设置不同，施工单位技术、质量部门负责人允许是两位人员，也可以是一位人员。勘察、设计单位项目负责人应为勘察、设计单位负责本工程项目的专业负责人，不应由与本项目无关或不了解本项目情况的其他人员、非专业人员代替。

验收前，施工单位应对施工完成的分部工程进行自检，对存在的问题自行整改处理，合格后填写分部工程报验表（表 6-9）及分部工程质量验收记录（表 6-10），并将相关资料报送项目监理机构申请验收。总监理工程师应组织相关人员进行检查、验收，对验收不合格的分部工程，应要求施工单位进行整改，自检合格后予以复验。对验收合格的分部工程，应签认分部工程报验表及验收记录。

2. 分部工程质量验收合格规定

分部工程质量验收合格应符合下列规定：

(1) 所含分项工程的质量均应验收合格。

(2) 质量控制资料应完整。

(3) 有关安全、节能、环境保护和主要使用功能的抽样检验结果应符合相应规定。

(4) 观感质量应符合要求。

分部工程质量验收是以所含各分项工程质量验收为基础进行的。首先，分部工程所含各分项工程已验收合格且相应的质量控制资料齐全、完整。此外，由于各分项工程的性质不尽相同，因此作为分部工程不能简单地组合而加以验收，尚须进行以下两方面检查项目：

_____分部工程报验表   表 6-9

工程名称：   编号：

致：_____（项目监理机构）
 	
    我方已完成_____（分部工程），经自检合格，请予以验收。
 	
    附件：分部工程质量资料
 	
                               施工项目经理部（盖章）
                               项目技术负责人（签字）
                                      年   月   日

验收意见：
 	
                               专业监理工程师（签字）
                                      年   月   日

验收意见：
 	
                               项目监理机构（盖章）
                                   总监理工程师（签字）
                                      年   月   日

    注：本表一式三份，项目监理机构、建设单位、施工单位各一份。

第六章

_____ 分部工程质量验收记录　　　　　　　　　　　　表 6-10

编号：____

单位（子单位）工程名称		子分部工程数量		分项工程数量	
施工单位		项目负责人		技术（质量）负责人	
分包单位		分包单位负责人		分包内容	

序号	子分部工程名称	分项工程名称	检验批数量	施工单位检查结果	监理单位验收结论
1					
2					
3					
4					
5					
6					
7					
8					
质量控制资料					
安全和功能检验结果					
观感质量检验结果					
综合验收结论					

施工单位	勘察单位	设计单位	监理单位
项目负责人：	项目负责人：	项目负责人：	总监理工程师：
年　月　日	年　月　日	年　月　日	年　月　日

注：1. 地基与基础分部工程的验收应由施工、勘察、设计单位项目负责人和总监理工程师参加并签字。
　　2. 主体结构、节能分部工程的验收应由施工、设计单位项目负责人和总监理工程师参加并签字。

第六章

1）涉及安全、节能、环境保护和主要使用功能的地基与基础、主体结构和设备安装等分部工程应进行有关的见证检验或抽样检验。总监理工程师应组织相关人员，检查各专业验收规范中规定应见证检验或抽样检验的项目是否都进行了检验；查阅各项检测报告（记录），核查有关检测方法、内容、程序、检测结果等是否符合有关标准规定；核查有关检测机构的资质，见证取样和送检人员资格，检测报告出具机构负责人的签署情况是否符合相关要求。

2）观感质量验收，这类检查往往难以定量，只能以观察、触摸或简单量测的方式进行观感质量验收，并结合验收人的主观判断，检查结果并不给出"合格"或"不合格"的结论，而是由各方协商确定，综合给出"好""一般""差"的质量评价结果。对于"差"的检查点应进行返修处理。所谓"好"是指在观感质量符合验收规范的基础上，能到达精致、流畅的要求，细部处理到位、精度控制好；所谓"一般"是指观感质量能符合验收规范的要求；所谓"差"是指观感质量勉强达到验收规范的要求，或有明显的缺陷，但不影响安全或使用功能。

（五）单位工程质量验收

1. 单位工程质量验收程序

（1）预验收

单位工程完工后，施工单位应依据验收规范、设计图纸等组织有关人员进行自检，对存在的问题自行整改处理，合格后填写单位工程竣工验收报审表（表6-11），并将相关竣工资料报送项目监理机构申请预验收。

总监理工程师应组织各专业监理工程师审查施工单位报送的相关竣工资料，并对工程质量进行竣工预验收。存在施工质量问题时，应由施工单位及时整改。整改完毕且复验合格后，总监理工程师应签认单位工程竣工验收的相关资料。项目监理机构应编写工程质量评估报告，并应经总监理工程师和监理单位技术负责人审核签字后报建设单位。

竣工预验收合格后，由施工单位向建设单位提交工程竣工报告和完整的质量控制资料，申请建设单位组织工程竣工验收。

工程竣工预验收由总监理工程师组织，各专业监理工程师参加，施工单位项目经理、项目技术负责人等参加，其他各单位人员可不参加。工程竣工预验收除参加人员与竣工验收不同外，其方法、程序、要求等均应与工程竣工验收相同。

单位工程中的分包工程完工后，分包单位应对所承包的工程项目进行自检，并应按验收标准规定的程序进行验收。验收时，总包单位应派人参加。验收合格后，分包单位应将所分包工程的质量控制资料整理完整，并移交给总包单位。建设单位组织单位工程质量验收时，分包单位负责人应参加验收。

（2）验收

建设单位收到工程竣工报告后，应由建设单位项目负责人组织监理、施工、设计、勘察等单位项目负责人进行单位工程验收。对验收中提出的整改问题，项目监理机构应督促施工单位及时整改。工程质量符合要求的，总监理工程师应在工程竣工验收报告中签署验收意见。需要说明的是，在单位工程质量验收时，由于勘察、设计、施工、监理等单位都是责任主体，因此各单位项目负责人应参加验收，考虑到施工单位对工程质量负有直接生产责任，而施工项目经理部不是法人单位，故施工单位的技术、质量负责人也应参加验收。

在一个单位工程中，对满足生产要求或具备使用条件，施工单位已自行检验，项目监理机构已预验收的子单位工程，建设单位可组织进行验收。由几个施工单位负责施工的单位工程，当其中的子单位工程已按设计要求完成，并经自行检验，也可按规定的程序组织正式验收，办理交工手续。在整个单位工程验收时，已验收的子单位工程验收资料应作为单位工程验收的附件。

《建设工程质量管理条例》规定，建设工程竣工验收应当具备下列条件：

1）完成建设工程设计和合同约定的各项内容。

2）有完整的技术档案和施工管理资料。

3）有工程使用的主要建筑材料、建筑构配件和设备的进场试验报告。

4）有勘察、设计、施工、工程监理等单位分别签署的质量合格文件。

5）有施工单位签署的工程保修书。

根据建设工程竣工验收应当具备的条件，对于不同性质的建设工程还应满足其他一些具体要求，如工业建设项目，还应满足必要的生活设施已按设计要求建成，生产准备工作和生产设施能适应投产的需要；环境保护设施、劳动、安全与卫生设施、消防设施以及必需的生产设施已按设计要求与主体工程同时建成，并经有关专业部门验收合格交付使用。

2. 单位工程质量验收合格规定

单位工程质量验收合格应符合下列规定：

(1) 所含分部工程的质量均应验收合格。

(2) 质量控制资料应完整。

(3) 所含分部工程中有关安全、节能、环境保护和主要使用功能的检验资料应完整。

(4) 主要使用功能的抽查结果应符合相关专业质量验收规范的规定。

(5) 观感质量应符合要求。

单位工程质量验收也称质量竣工验收，是建筑工程投入使用前的最后一次验收，也是最重要的一次验收。参建各方责任主体和有关单位及人员，应给予足够的重视，认真做好单位工程质量竣工验收，把好工程质量竣工验收关。

为加深理解单位工程质量验收合格规定，应注意以下几方面内容：

1）所含分部工程的质量均应验收合格。施工单位事前应认真做好验收准备工作，将所有分部工程的质量验收记录表及相关资料，及时收集整理，并列出目次表，依序将其装订成册。在核查和整理过程中，应注意以下三点：

① 核查各分部工程中所含的子分部工程是否齐全。

② 核查各分部工程质量验收记录表及相关资料的质量评价是否完善。

③ 核查各分部工程质量验收记录表及相关资料的验收人员是否是符合规定的具备相应资格的技术人员，并进行了评价和签认。

2）质量控制资料应完整。质量控制资料完整是指所收集到的资料，能反映工程所采用的建筑材料、构配件和设备的质量技术性能，施工质量控制和技术管理状况，涉及结构安全和主要使用功能的施工试验和抽样检测结果，以及工程参建各方质量验收的原始依据、客观记录、真实数据和见证取样等资料，能确保工程结构安全和使用功能满足设计要求。它是客观评价工程质量的主要依据。

尽管质量控制资料在分部工程质量验收时已经检查过，但某些资料由于受试验龄期的影响，或受系统测试的需要等，难以在分部工程验收时到位。因此应对所有分部工程质量控制资料的系统性和完整性进行一次全面的核查，在全面梳理的基础上，重点检查资料是否齐全、有无遗漏，从而达到完整无缺的要求。

3) 所含分部工程中有关安全、节能、环境保护和主要使用功能等的检验资料应完整。涉及安全、节能、环境保护和主要使用功能的分部工程检验资料应复查合格，这些检验资料与质量控制资料同等重要。资料复查不仅要全面检查其完整性，不得有漏检缺项，还要复核分部工程验收时要补充进行的见证抽样检验报告，这体现了对安全和主要使用功能的重视。

4) 主要使用功能的抽查结果应符合相关专业质量验收规范的规定。

对主要使用功能应进行抽查，这是对建筑工程和设备安装工程质量的综合检验，也是用户最为关心的内容，体现了验收标准完善手段、过程控制的原则，也将减少工程投入使用后的质量投诉和纠纷。因此，在分项、分部工程质量验收合格的基础上，竣工验收时应再做全面的检查。主要使用功能抽查项目是在检查资料文件的基础上由参加验收的各方人员商定，并用计量、计数的方法抽样检验，检验结果应符合有关专业验收规范的规定。

5) 观感质量应符合要求。观感质量验收不单纯是对工程外表质量进行检查，同时也是对部分使用功能和使用安全所做的一次全面检查。如门窗启闭是否灵活、关闭后是否严密；又如室内顶棚抹灰层的空鼓、楼梯踏步高差过大等。涉及使用的安全，在检查时应加以关注。观感质量验收须由参加验收的各方人员共同进行，最后共同协商确定是否通过验收。

3. 单位工程质量竣工验收、检查记录

单位工程质量竣工验收应按表 6-12 记录，表中的验收记录由施工单位填写，验收结论由监理单位填写；综合验收结论经参加验收各方共同商定，由建设单位填写，应对工程质量是否符合设计文件和相关标准的规定要求及总体质量水平做出评价。

单位工程质量控制资料核查按表 6-13 记录。单位工程安全和功能检验资料核查及主要功能抽查按表 6-14 记录。单位工程观感质量检查按表 6-15 记录，单位工程观感质量检查记录中的质量评价结果填写"好""一般""差"，可由各方协商确定，也可按下列原则确定：项目检查点中有 1 处或多于 1 处"差"可评价为"差"，有 60% 及以上的检查点"好"可评价为"好"，其余情况可评价为"一般"。

单位工程竣工验收报审表

表 6-11

工程名称：　　　　　　　　　　　　　　　　　　　　　编号：

致：＿＿＿＿＿＿＿＿＿＿（项目监理机构）
我方已按施工合同要求完成＿＿＿＿＿＿＿＿＿工程，经自检合格，现将有关资料报上，请予以验收。
附件：1. 工程质量验收报告
2. 工程功能检验资料
<div align="right">施工单位（盖章）</div> <div align="right">项目经理（签字）</div> <div align="right">年　　月　　日</div>
预验收意见：
经预验收，该工程合格/不合格，可以/不可以组织正式验收。
<div align="right">项目监理机构（盖章）</div> <div align="right">总监理工程师（签字、加盖执业印章）</div> <div align="right">年　　月　　日</div>

　　注：本表一式三份，项目监理机构、建设单位、施工单位各一份。

第六章

单位工程质量竣工验收记录 表 6-12

工程名称		结构类型		层数/建筑面积	
施工单位		技术负责人		开工日期	
项目负责人		项目技术负责人		完工日期	

序号	项 目	验 收 记 录	验 收 结 论
1	分部工程验收	共 分部，经查符合设计及标准规定 分部	
2	质量控制资料核查	共 项，经核查符合规定 项	
3	安全和使用功能核查及抽查结果	共核查 项，符合规定 项，共抽查 项，符合规定 项，经返工处理符合规定 项	
4	观感质量验收	共抽查 项，达到"好"和"一般"的 项，经返修处理符合要求的 项	
	综合验收结论		

参加验收单位	建设单位	监理单位	施工单位	设计单位	勘察单位
	（公章）项目负责人：年 月 日	（公章）总监理工程师：年 月 日	（公章）项目负责人：年 月 日	（公章）项目负责人：年 月 日	（公章）项目负责人：年 月 日

注：单位工程验收时，验收签字人员应由相应单位的法人代表书面授权。

单位工程质量控制资料核查记录　　　　　　　　表 6-13

工程名称			施工单位				
序号	项目	资 料 名 称	份数	施工单位		监理单位	
				核查意见	核查人	核查意见	核查人
1	建筑与结构	图纸会审记录、设计变更通知单、工程洽商记录					
2		工程定位测量、放线记录					
3		原材料出厂合格证书及进场检验、试验报告					
4		施工试验报告及见证检测报告					
5		隐蔽工程验收记录					
6		施工记录					
7		地基、基础、主体结构检验及抽样检测资料					
8		分项、分部工程质量验收记录					
9		工程质量事故调查处理资料					
10		新技术论证、备案及施工记录					
1	给水排水与供暖	图纸会审记录、设计变更通知单、工程洽商记录					
2		原材料出厂合格证书及进场检验、试验报告					
3		管道、设备强度试验、严密性试验记录					
4		隐蔽工程验收记录					
5		系统清洗、灌水、通水、通球试验记录					
6		施工记录					
7		分项、分部工程质量验收记录					
8		新技术论证、备案及施工记录					
1	通风与空调	图纸会审记录、设计变更通知单、工程洽商记录					
2		原材料出厂合格证书及进场检验、试验报告					
3		制冷、空调、水管道强度试验、严密性试验记录					
4		隐蔽工程验收记录					
5		制冷设备运行调试记录					
6		通风、空调系统调试记录					
7		施工记录					
8		分项、分部工程质量验收记录					
9		新技术论证、备案及施工记录					

续表

工程名称				施工单位				
序号	项目	资 料 名 称	份数	施工单位		监理单位		
				核查意见	核查人	核查意见	核查人	
1	建筑电气	图纸会审记录、设计变更通知单、工程洽商记录						
2		原材料出厂合格证书及进场检验、试验报告						
3		设备调试记录						
4		接地、绝缘电阻测试记录						
5		隐蔽工程验收记录						
6		施工记录						
7		分项、分部工程质量验收记录						
8		新技术论证、备案及施工记录						
1	智能建筑	图纸会审记录、设计变更通知单、工程洽商记录						
2		原材料出厂合格证书及进场检验、试验报告						
3		隐蔽工程验收记录						
4		施工记录						
5		系统功能测定及设备调试记录						
6		系统技术、操作和维护手册						
7		系统管理、操作人员培训记录						
8		系统检测报告						
9		分项、分部工程质量验收记录						
10		新技术论证、备案及施工记录						
1	建筑节能	图纸会审记录、设计变更通知单、工程洽商记录						
2		原材料出厂合格证书及进场检验、试验报告						
3		隐蔽工程验收记录						
4		施工记录						
5		外墙、外窗节能检验报告						
6		设备系统节能检测报告						
7		分项、分部工程质量验收记录						
8		新技术论证、备案及施工记录						

续表

工程名称				施工单位				
序号	项目	资 料 名 称	份数	施工单位		监理单位		
				核查意见	核查人	核查意见	核查人	
1	电梯	图纸会审记录、设计变更通知单、工程洽商记录						
2		设备出厂合格证书及开箱检验记录						
3		隐蔽工程验收记录						
4		施工记录						
5		接地、绝缘电阻试验记录						
6		负荷试验、安全装置检查记录						
7		分项、分部工程质量验收记录						
8		新技术论证、备案及施工记录						

结论:

施工单位项目负责人:　　　　　　　　　　　总监理工程师:

　　　　　　　年　月　日　　　　　　　　　　　　　　　年　月　日

第六章

单位工程安全和功能检验资料核查及主要功能抽查记录　　表 6-14

工程名称				施工单位			
序号	项目	安全和功能检查项目	份数	检查意见	抽查结果	核查（抽查）人
1	建筑与结构	地基承载力检验报告				
2		桩基承载力检验报告				
3		混凝土强度试验报告				
4		砂浆强度试验报告				
5		主体结构尺寸、位置抽查记录				
6		建筑物垂直度、标高、全高测量记录				
7		屋面淋水或蓄水试验记录				
8		地下室渗漏水检测记录				
9		有防水要求的地面蓄水试验记录				
10		抽气（风）道检查记录				
11		外窗气密性、水密性、耐风压检测报告				
12		幕墙气密性、水密性、耐风压检测报告				
13		建筑物沉降观测测量记录				
14		节能、保温测试记录				
15		室内环境检测报告				
16		土壤氡气浓度检测报告				
1	给水排水与供暖	给水管道通水试验记录				
2		暖气管道、散热器压力试验记录				
3		卫生器具满水试验记录				
4		消防管道、燃气管道压力试验记录				
5		排水干管通球试验记录				
6		锅炉试运行、安全阀及报警联动测试记录				
1	通风与空调	通风、空调系统试运行记录				
2		风量、温度测试记录				
3		空气能量回收装置测试记录				
4		洁净室洁净度测试记录				
5		制冷机组试运行调试记录				

续表

工程名称			施工单位			
序号	项目	安全和功能检查项目	份数	检查意见	抽查结果	核查（抽查）人
1	建筑电气	建筑照明通电试运行记录				
2		灯具固定装置及悬吊装置的载荷强度试验记录				
3		绝缘电阻测试记录				
4		剩余电流动作保护器测试记录				
5		应急电源装置应急持续供电记录				
6		接地电阻测试记录				
7		接地故障回路阻抗测试记录				
1	智能建筑	系统试运行记录				
2		系统电源及接地检测报告				
3		系统接地检测报告				
1	建筑节能	外墙节能构造检查记录或热工性能检验报告				
2		设备系统节能性能检查记录				
1	电梯	运行记录				
2		安全装置检测报告				

结论：

施工单位项目负责人：　　　　　　　　　　总监理工程师：

　　　　　　年　月　日　　　　　　　　　　　　　　年　月　日

注：抽查项目由验收组协商确定。

单位工程观感质量检查记录　　　　　　　表 6-15

序号		项目	抽查质量状况	质量评价
工程名称			施工单位	
1	建筑与结构	主体结构外观	共检查　点，好　点，一般　点，差　点	
2		室外墙面	共检查　点，好　点，一般　点，差　点	
3		变形缝、雨水管	共检查　点，好　点，一般　点，差　点	
4		屋面	共检查　点，好　点，一般　点，差　点	
5		室内墙面	共检查　点，好　点，一般　点，差　点	
6		室内顶棚	共检查　点，好　点，一般　点，差　点	
7		室内地面	共检查　点，好　点，一般　点，差　点	
8		楼梯、踏步、护栏	共检查　点，好　点，一般　点，差　点	
9		门窗	共检查　点，好　点，一般　点，差　点	
10		雨罩、台阶、坡道、散水	共检查　点，好　点，一般　点，差　点	
1	给水排水与供暖	管道接口、坡度、支架	共检查　点，好　点，一般　点，差　点	
2		卫生器具、支架、阀门	共检查　点，好　点，一般　点，差　点	
3		检查口、扫除口、地漏	共检查　点，好　点，一般　点，差　点	
4		散热器、支架	共检查　点，好　点，一般　点，差　点	
1	通风与空调	风管、支架	共检查　点，好　点，一般　点，差　点	
2		风口、风阀	共检查　点，好　点，一般　点，差　点	
3		风机、空调设备	共检查　点，好　点，一般　点，差　点	
4		管道、阀门、支架	共检查　点，好　点，一般　点，差　点	
5		水泵、冷却塔	共检查　点，好　点，一般　点，差　点	
6		绝热	共检查　点，好　点，一般　点，差　点	
1	建筑电气	配电箱、盘、板、接线盒	共检查　点，好　点，一般　点，差　点	
2		设备器具、开关、插座	共检查　点，好　点，一般　点，差　点	
3		防雷、接地、防火	共检查　点，好　点，一般　点，差　点	
1	智能建筑	机房设备安装及布局	共检查　点，好　点，一般　点，差　点	
2		现场设备安装	共检查　点，好　点，一般　点，差　点	
1	电梯	运行、平层、开关门	共检查　点，好　点，一般　点，差　点	
2		层门、信号系统	共检查　点，好　点，一般　点，差　点	
3		机房	共检查　点，好　点，一般　点，差　点	
	观感质量综合评价			

结论：

施工单位项目负责人：　　　　　　　　　　总监理工程师：

　　　　　　年　月　日　　　　　　　　　　　　　　　年　月　日

注：1. 对质量评价为差的项目应进行返修；
　　2. 观感质量现场检查原始记录应作为本表附件。

五、建筑工程质量验收时不符合要求的处理

一般情况,不合格现象在检验批验收时就应发现并及时处理,但实际工程中不能完全避免不合格情况的出现,因此建筑工程施工质量验收时不符合要求的应按下列方式进行处理:

(1)经返工或返修的检验批,应重新进行验收。检验批验收时,对于主控项目不能满足验收规范规定或一般项目超过偏差限值的样本数量不符合验收规范规定时,应及时进行处理。其中,对于严重的质量缺陷应重新施工;一般的质量缺陷可通过返修、更换予以解决,允许施工单位在采取相应的措施后重新验收。如能够符合相应的专业验收规范要求,应认为该检验批合格。

(2)经有资质的检测机构检测鉴定能够达到设计要求的检验批,应予以验收。当个别检验批发现问题,难以确定能否验收时,应请具有资质的法定检测机构进行检测鉴定。当鉴定结果认为能够达到设计要求时,该检验批可以通过验收。这种情况通常出现在某检验批的材料试块强度不满足设计要求时。

(3)经有资质的检测机构检测鉴定达不到设计要求,但经原设计单位核算认可能够满足安全和使用功能的检验批,可予以验收。如经有资质的检测机构检测鉴定达不到设计要求,但经原设计单位核算、鉴定,仍可满足相关设计规范和使用功能的要求时,该检验批可予以验收。这主要是因为一般情况下,标准、规范的规定是满足安全和功能的最低要求,而设计往往在此基础上留有一些余量。在一定范围内,会出现不满足设计要求而符合相应规范要求的情况,两者并不矛盾。

(4)经返修或加固处理的分项、分部工程,满足安全及使用功能要求时,可按技术处理方案和协商文件的要求予以验收。经法定检测机构检测鉴定后认为达不到规范的相应要求,即不能满足最低限度的安全储备和使用功能时,则必须进行加固或处理,使之能满足安全使用的基本要求。这样可能会造成一些永久性的影响,如增大结构外形尺寸,影响一些次要的使用功能。但为了避免建筑物的整体或局部拆除,避免社会财富更大的损失,在不影响安全和主要使用功能条件下,可按技术处理方案和协商文件进行验收,责任方应按法律法规承担相应的经济责任和接受处罚。需要特别注意的是,这种方法不能作为降低质量要求、变相通过验收的一种出路。

(5)经返修或加固处理仍不能满足安全或重要使用要求的分部工程及单位工程,严禁验收。分部工程及单位工程经返修或加固处理后仍不能满足安全或重要使用功能时,表明工程质量存在严重的缺陷。重要的使用功能不满足要求时,将导致建筑物无法正常使用,安全不满足要求时,将危及人身健康或财产安全,严重时会给社会带来巨大的安全隐患,因此对这类工程严禁通过验收,更不得擅自投入使用,需要专门研究处置方案。

(6)工程质量控制资料应齐全完整。当部分资料缺失时,应委托有资质的检测机构按有关标准进行相应的实体检验或抽样试验。实际工程中偶尔会遇到因遗漏检验或资料丢失而导致部分施工验收资料不全的情况,使工程无法正常验收。对此可有针对性地进行工程质量检验,采取实体检验或抽样试验的方法确定工程质量状况。上述工作应由有资质的检测机构完成,出具的检验报告可用于工程施工质量验收。

第六章

第二节　城市轨道交通工程施工质量验收

根据住房和城乡建设部《城市轨道交通建设工程验收管理暂行办法》（建质〔2014〕42 号），城市轨道交通是指采用专用轨道导向运行的城市公共客运交通系统，包括地铁、轻轨、单轨、磁浮、自动导向轨道等系统。住房和城乡建设主管部门负责城市轨道交通建设工程验收的监督管理，政府其他有关部门按照法律法规规定负责相关的专项验收。

城市轨道交通建设工程验收分为单位工程验收、项目工程验收、竣工验收三个阶段。

单位工程验收是指在单位工程完工后，检查工程设计文件和合同约定内容的执行情况，评价单位工程是否符合有关法律法规和工程技术标准，符合设计文件及合同要求，对各参建单位的质量管理进行评价的验收。单位工程划分应符合国家、行业等现行有关规定和标准。

项目工程验收是指各项单位工程验收后、试运行之前，确认建设项目工程是否达到设计文件及标准要求，是否满足城市轨道交通试运行要求的验收。

竣工验收是指项目工程验收合格后、试运营之前，结合试运行效果，确认建设项目是否达到设计目标及标准要求的验收。

专项验收是指为保证城市轨道交通建设工程质量和运行安全，依据相关法律法规由政府有关部门负责的验收。

城市轨道交通建设工程所包含的单位工程验收合格且通过相关专项验收后，方可组织项目工程验收；项目工程验收合格后，建设单位应组织不载客试运行，试运行三个月、并通过全部专项验收后，方可组织竣工验收；竣工验收合格后，城市轨道交通建设工程方可履行相关试运营手续。

一、单位工程验收

1. 单位工程验收应具备的条件

（1）完成工程设计和合同约定的各项内容，对不影响运营安全及使用功能的缓建项目已经相关部门同意；

（2）质量控制资料应完整；

（3）单位工程所含分部工程的质量均应验收合格；

（4）有关安全和功能的检测、测试和必要的认证资料应完整；主要功能项目的检验检测结果应符合相关专业质量验收规范的规定；设备、系统安装工程需通过各专业要求的检测、测试或认证；

（5）有勘察、设计、施工、工程监理等单位签署的质量合格文件或质量评价意见；

（6）观感质量应符合验收要求；

（7）住房城乡建设主管部门及其委托的工程质量监督机构等有关部门责令整改的问题已经整改完毕。

2. 单位工程验收的要求

（1）施工单位对单位工程质量自验合格后，总监理工程师应组织专业监理工程师，依据有关法律、法规、工程建设强制性标准、设计文件及施工合同，对施工单位报送的验收资料进行审查后，组织单位工程预验。单位工程各相关参建单位须参加预验，预验程序可参照单位工程验收程序。

（2）单位工程预验合格、遗留问题整改完毕后，施工单位应向建设单位提交单位工程验收报告，申请单位工程验收。验收报告须经该工程总监理工程师签署意见。

（3）单位工程验收由建设单位组织，勘察、设计、施工、监理等各参建单位的项目负责人参加，组成验收小组。

1）建设单位应对验收小组主要成员资格进行核查；

2）建设单位应制定验收方案，验收方案的内容应包括验收小组人员组成、验收方法等；方案应明确对工程质量进行抽样检查的内容、部位等详细内容，抽样检查应具有随机性和可操作性；

3）建设单位应当在单位工程验收7个工作日前，将验收的时间、地点及验收方案书面报送工程质量监督机构。

（4）当一个单位工程由多个子单位工程组成时，子单位工程质量验收的组织和程序应参照单位工程质量验收组织和程序进行。

3. 单位工程验收的内容和程序

（1）建设、勘察、设计、施工、监理等单位分别汇报工程合同履约情况和在工程建设各个环节执行法律、法规和工程建设强制性标准的情况。

（2）验收小组实地查验工程质量，审阅建设、勘察、设计、监理、施工单位的工程档案资料，并形成验收意见。查验及审阅至少应包括以下内容：

1）检查合同和设计相关内容的执行情况；

2）检查单位工程实体质量（涉及运营安全及使用功能的部位应进行抽样检测），检查工程档案资料；

3）检查施工单位自检报告及施工技术资料（包括主要产品的质量保证资料及合格报告）；

4）检查监理单位独立抽检资料、监理工作总结报告及质量评价资料。

单位工程验收时，对重要分部工程应核查质量验收记录，进行质量抽样检查，经验收记录核查和质量抽样检查合格后，方可判定所含的分部工程质量合格。单位工程质量验收时，可委托第三方质量检测机构进行工程质量抽测。

（3）工程质量监督机构出具验收监督意见。

二、项目工程验收

1. 项目工程验收应具备的条件

（1）项目所含单位工程均已完成设计及合同约定的内容，并通过了单位工程验收。对不影响运营安全及使用功能的缓建、缓验项目已经相关部门同意；

（2）单位工程质量验收提出的遗留问题、住房城乡建设行政主管部门或其委托的工程质量监督机构责令整改的问题已全部整改完毕；

（3）设备系统经联合调试符合运营整体功能要求，并已由相关单位出具认可文件；

（4）已通过对试运行有影响的相关专项验收。

2. 项目工程验收的要求

城市轨道交通建设项目工程验收工作由建设单位组织，各参建单位项目负责人以及运营单位、负责专项验收的城市政府有关部门代表参加，组成验收组。

（1）建设单位应对验收组主要成员资格进行核查；

（2）建设单位应制定验收方案，验收方案的内容应包括验收组人员组成、验收方法等；

（3）建设单位应当在项目工程验收7个工作日前，将验收的时间、地点及验收方案书面报送工程质量监督机构。

3. 项目工程验收的内容和程序

（1）建设单位代表向验收组汇报工程合同履约情况和在工程建设各个环节执行法律、法规和工程建设强制性标准的情况；

（2）各验收小组实地查验工程质量，复查单位工程验收遗留问题的整改情况；审阅建设、勘察、设计、监理、施工单位的工程档案和各项功能性检测、监测资料；

（3）验收组对工程勘察、设计、施工、监理、设备安装质量等方面进行评价，审查对试运行有影响的相关专项验收情况；审查系统设备联合调试情况，签署项目工程验收意见；

（4）工程质量监督机构出具验收监督意见。

城市轨道交通建设工程自项目工程验收合格之日起可投入不载客试运行，试运行时间不应少于三个月。

三、竣工验收

1. 竣工验收应具备的条件

（1）项目工程验收的遗留问题全部整改完毕；

（2）有完整的技术档案和施工管理资料；

（3）试运行过程中发现的问题已整改完毕，有试运行总结报告；

（4）已通过规划部门对建设工程是否符合规划条件的核实和全部专项验收，并取得相关验收或认可文件；暂时甩项的，应经相关部门同意。

2. 竣工验收的要求

城市轨道交通建设工程竣工验收由建设单位组织，各参建单位项目负责人以及运营单位、负责规划条件核实和专项验收的城市政府有关部门代表参加，组成验收委员会。住房城乡建设主管部门应当加强对本行政区域内城市轨道交通建设工程竣工验收的监督。

（1）建设单位应对验收组主要成员资格进行核查；

（2）建设单位应制定验收方案，验收方案的内容应包括验收委员会人员组成、验收内容及方法等；

（3）验收委员会可按专业分为若干专业验收组；

（4）建设单位应当在竣工验收7个工作日前，将验收的时间、地点及验收方案书面报送工程质量监督机构。

3. 竣工验收的内容和程序

（1）建设、勘察、设计、监理、施工等单位代表简要汇报工程概况、合同履约情况和在工程建设各个环节执行法律、法规和工程建设强制性标准的情况；

（2）建设单位汇报试运行情况；

（3）相关部门代表进行专项验收工作总结；

（4）验收委员会审阅工程档案资料、运行总结报告及检查项目工程验收遗留问题和试运行中发现问题的整改情况；

（5）验收委员会质询相关单位，讨论并形成验收意见；

（6）验收委员会签署工程竣工验收报告，并对遗留问题做出处理决定；

（7）工程质量监督机构出具验收监督意见。

施工单位应在竣工验收合格后，签订工程质量保修书，自竣工验收合格之日开始履行质保义务。建设单位应在竣工验收合格之日起 15 个工作日内，将竣工验收报告和相关文件，报城市建设主管部门备案。

第三节　工程质量保修管理

一、工程保修的相关规定

1. 保修范围和保修期限的规定

《中华人民共和国建筑法》第六十二条规定："建筑工程的保修范围应当包括地基基础工程、主体结构工程、屋面防水工程和其他土建工程，以及电气管线、上下水管线的安装工程，供热、供冷系统工程等项目；保修的期限应当按照保证建筑物合理寿命年限内正常使用，维护使用者合法权益的原则确定。"

《建设工程质量管理条例》第四十条明确规定了最低保修期限："在正常使用条件下，建设工程的最低保修期限为：（一）基础设施工程、房屋建筑的地基基础工程和主体结构工程，为设计文件规定的该工程的合理使用年限；（二）屋面防水工程、有防水要求的卫生间、房间和外墙面的防渗漏，为 5 年；（三）供热与供冷系统，为 2 个采暖期、供冷期；（四）电气管线、给排水管道、设备安装和装修工程，为 2 年。其他项目的保修期限由发包方与承包方约定。建设工程的保修期，自竣工验收合格之日起计算。"

2. 关于保修期义务的规定

建设工程在保修范围和保修期限内出现质量缺陷，施工单位应当履行保修义务。

《房屋建筑工程质量保修办法》第九条规定："建设工程在保修期限内出现质量缺陷，建设单位或者建设工程所有人应当向施工单位发出保修通知。施工单位接到保修通知后，应当到现场核查情况，在保修书约定的时间内予以保修。发生涉及结构安全或者严重影响使用功能的紧急抢修事故，施工单位接到保修通知后，应当立即到达现场抢修。"

第十条规定："发生涉及结构安全的质量缺陷，建设单位或者建设工程所有人应当立即向当地建设行政主管部门报告，采取安全防范措施，由原设计单位或者具有相应资质等级的设计单位提出保修方案，施工单位实施保修，原工程质量监督机构负责监督。"

同时，《办法》第十四条、十五条明确了相关的责任承担，在保修期限内，因工程质量缺陷造成建设工程所有人、使用人或者第三方人身、财产损害的，建设工程所有人、使用人或者第三方可以向建设单位提出赔偿要求。建设单位向造成房屋建设工程质量缺陷的责任方追偿。因保修不及时造成新的人身、财产损害，由造成拖延的责任方承担赔偿责任。

第十七条明确了因使用不当或者第三方造成的质量缺陷以及不可抗力造成的质量缺陷不属于保修范围。

3. 关于工程质量保证金的规定

建设工程质量保证金是指发包人与承包人在建设工程承包合同中约定，从应付的工程款中预留，用以保证承包人在缺陷责任期内对建设工程出现的缺陷进行维修的资金。其中。所谓"缺陷"是指建设工程质量不符合工程建设强制性标准、设计文件，以及承包合同的约定，而缺陷责任期一般为1年，最长不超过2年，由发、承包双方在合同中约定。

按照2017年修订的《建设工程质量保证金管理办法》的相关规定，发包人应按照合同约定方式预留保证金，保证金总预留比例不得高于工程价款结算总额的3%。合同约定由承包人以银行保函替代预留保证金的，保函金额不得高于工程价款结算总额的3%。

但是需要注意的是，根据相关规定，若在工程项目竣工前，承包人已经缴纳履约保证金的，发包人不得同时预留工程质量保证金；采用工程质量保证担保、工程质量保险等其他保证方式的，发包人也不得再预留质量保证金。

二、工程保修阶段的主要工作

工程保修阶段工程监理单位应完成下列工作：

（1）定期回访

承担工程保修阶段的服务工作时，工程监理单位应定期回访，及时征求建设单位或使用单位的意见，及时发现使用中存在的问题。

（2）协调联系

对建设单位或使用单位提出的工程质量缺陷，工程监理单位应安排监理人员进行检查和记录，并应向施工单位发出保修通知，要求施工单位予以修复。施工单位接到保修通知后，应当到现场核查情况，在保修书约定的时间内予以保修。发生涉及结构安全或者严重影响使用功能的紧急抢修事故，监理单位应单独或通过建设单位向政府管理部门报告，并立即通知施工单位到达现场抢修。

（3）界定责任

监理单位应对工程质量缺陷原因进行调查，组织相关单位对于质量缺陷责任归属进行界定。首先应界定是否是使用不当责任，如果是使用者责任，施工单位修复的费用应由使用者承担；如果不是使用者责任，应界定是施工责任还是材料缺陷，该缺陷部位的施工方的具体情况。分清情况，按施工合同的约定合理界定责任方。对非施工单位原因造成的工程质量缺陷，应核实施工单位申报的修复工程费用，并应签认工程款支付证书，同时应报建设单位。

（4）督促维修

施工单位对于质量缺陷的维修过程，监理单位应予监督，合格后应予以签认。

（5）检查验收

施工单位保修完成后，经监理单位验收合格，由建设单位或者工程所有人组织验收。涉及结构安全的，应当报当地建设行政主管部门备案。

由于保修工作千差万别，监理单位应根据具体项目的工作量决定保修期间的具体工作计划，并根据与建设单位的合同约定具体决定工作方式和资料留存。

思 考 题

1. 分部工程、单位工程的划分原则是什么?

2. 检验批、分项工程、分部工程和单位工程的验收程序是什么?

3. 检验批、分项工程、分部工程和单位工程的验收合格规定是什么?

4. 建筑工程质量验收时不符合要求的应如何处理?

5. 城市轨道交通建设工程单位工程验收、项目工程验收和竣工验收各应具备哪些条件?

6. 城市轨道交通建设工程单位工程验收、项目工程验收和竣工验收各应满足哪些要求?

7. 城市轨道交通建设工程单位工程验收、项目工程验收和竣工验收的内容和程序是什么?

8. 工程保修阶段主要包括哪些工作?

第七章 建设工程质量缺陷及事故处理

项目监理机构应采取有效措施预防工程质量缺陷及事故的出现。工程施工过程中一旦出现工程质量缺陷及事故，项目监理机构应按规定的程序予以处理。

第一节 工程质量缺陷及处理

一、工程质量缺陷的涵义

工程质量缺陷是指工程不符合国家或行业的有关技术标准、设计文件及合同中对质量的要求。工程质量缺陷可分为施工过程中的质量缺陷和永久质量缺陷，施工过程中的质量缺陷又可分为可整改质量缺陷和不可整改质量缺陷。房屋建筑工程在保修范围和保修期限内出现质量缺陷，施工单位应当履行保修义务。

二、工程质量缺陷的成因

（一）常见质量缺陷的成因

由于建设工程施工周期较长，所用材料品种繁杂，在施工过程中，受社会环境和自然条件等方面因素的影响，产生的工程质量问题表现形式千差万别，类型多种多样。这使得引起工程质量缺陷的成因也错综复杂，往往一项质量缺陷是由于多种原因引起。虽然每次发生质量缺陷的类型各不相同，但通过对大量质量缺陷调查与分析发现，其发生的原因有不少相同或相似之处，归纳其最基本的因素主要有以下几方面：

1. 违背基本建设程序

基本建设程序是工程项目建设过程及其客观规律的反映，不按建设程序办事，例如，未搞清地质情况就仓促开工；边设计、边施工；无图施工；不经竣工验收就交付使用等。

2. 违反法律法规

例如，无证设计；无证施工；越级设计；越级施工；转包、挂靠；工程招标投标中的不公平竞争；超常的低价中标；非法分包；擅自修改设计等。

3. 地质勘察数据失真

例如，未认真进行地质勘察或勘探时钻孔深度、间距、范围不符合规定要求，地质勘察报告不详细、不准确、不能全面反映实际的地基情况，从而使得地下情况不清，或对基岩起伏、土层分布误判，或未查清地下软土层、墓穴、孔洞等，均会导致采用不恰当或错误的基础方案，造成地基不均匀沉降、失稳，使上部结构或墙体开裂、破坏，或引发建筑物倾斜、倒塌等。

4. 设计差错

例如，盲目套用图纸，采用不正确的结构方案，计算简图与实际受力情况不符，荷载取值过小，内力分析有误，沉降缝或变形缝设置不当，悬挑结构未进行抗倾覆验算，以及计算错误等。

5. 施工与管理不到位

不按图施工或未经设计单位同意擅自修改设计。例如，将铰接做成刚接，将简支梁做成连续梁，导致结构破坏；挡土墙不按图设滤水层、排水孔，导致压力增大，墙体破坏或倾覆；不按有关的施工规范和操作规程施工，浇筑混凝土时振捣不良，产生薄弱部位；砖砌体砌筑上下通缝，灰浆不饱满等均能导致砖墙破坏。施工组织管理紊乱，不熟悉图纸，盲目施工；施工方案考虑不周，施工顺序颠倒；图纸未经会审，仓促施工；技术交底不清，违章作业；疏于检查、验收等。

6. 操作工人素质差

近年来，施工操作人员的素质不断下降，过去师傅带徒弟的技术传承方式没有了，熟练工人的总体数量无法满足全国大量开工的基本建设需求，工人流动性大，缺乏培训，操作技能差，质量意识和安全意识差。

7. 使用不合格的原材料、构配件和设备

近年来，假冒伪劣的材料、构配件和设备大量出现，一旦把关不严，不合格的建筑材料及制品被用于工程，将导致质量隐患，造成质量缺陷和质量事故。例如，钢筋物理力学性能不良导致钢筋混凝土结构破坏；骨料中碱活性物质导致碱骨料反应使混凝土产生破坏；水泥安定性不合格会造成混凝土爆裂；水泥受潮、过期、结块，砂石含泥量及有害物含量超标，外加剂掺量等不符合要求时，影响混凝土强度、和易性、密实性、抗渗性，从而导致混凝土结构强度不足、裂缝、渗漏等质量缺陷。此外，预制构件截面尺寸不足，支承锚固长度不足，未可靠地建立预应力值，漏放或少放钢筋，板面开裂等均可能出现断裂、坍塌；变配电设备质量缺陷可能导致自燃或火灾。

8. 自然环境因素

空气温度、湿度、暴雨、大风、洪水、雷电、日晒和浪潮等。

9. 盲目抢工

盲目压缩工期，不尊重质量、进度、造价的内在规律。

10. 使用不当

竣工后对建筑物、构筑物或设施的装修、改造或使用不当等原因造成的质量缺陷。例如，装修中未经校核验算就任意对建筑物加层；任意拆除承重结构部件；任意在结构物上开槽、打洞、削弱承重结构截面等。

（二）质量缺陷成因分析方法

工程质量缺陷的发生，既可能因设计计算和施工图纸中存在错误，也可能因施工中出现不合格或质量缺陷，还可能因使用不当。要分析究竟是哪种原因所引起，必须对质量缺陷的特征表现，以及其在施工中和使用中所处的实际情况和条件进行具体分析。分析的基本步骤和要领如下：

1. 基本步骤

（1）进行细致的现场调查研究，观察记录全部实况，充分了解与掌握引发质量缺陷的现象和特征；

（2）收集调查与质量缺陷有关的全部设计和施工资料，分析摸清工程在施工或使用过程中所处的环境及面临的各种条件和情况；

（3）找出可能产生质量缺陷的所有因素；

（4）分析、比较和判断，找出最可能造成质量缺陷的原因；

（5）进行必要的计算分析或模拟试验予以论证确认。

2. 分析要领

（1）确定质量缺陷的初始点，即所谓原点，它是一系列独立原因集合起来形成的爆发点。因其可反映出质量缺陷的直接原因，故在分析过程中具有关键性作用。

（2）围绕原点对现场各种现象和特征进行分析，区别导致同类质量缺陷的不同原因，逐步揭示质量缺陷萌生、发展和最终形成的过程。

（3）综合考虑原因复杂性，确定诱发质量缺陷的起源点即真正原因。工程质量缺陷原因分析是对一堆模糊不清的事物和现象客观属性和联系的反映，它的准确性和管理人员的能力学识、经验和态度有极大关系，其结果不单是简单的信息描述，而是逻辑推理的产物，其推理可用于工程质量的事前控制。

三、工程质量缺陷的处理

工程施工过程中，由于种种主观和客观原因，出现质量缺陷往往难以避免。对已发生的质量缺陷，项目监理机构应按下列程序进行处理，如图 7-1 所示。

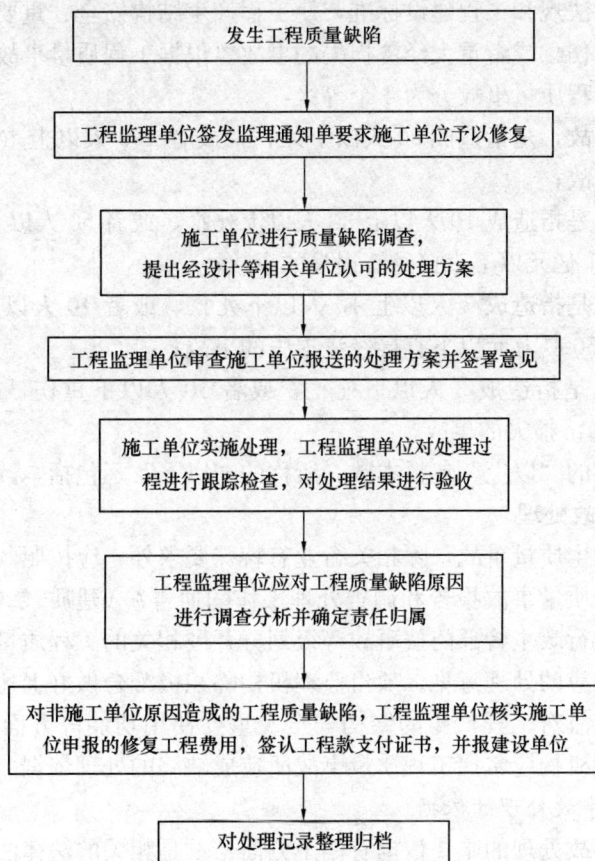

```
┌─────────────────────────────────┐
│        发生工程质量缺陷            │
└─────────────────────────────────┘
                 │
┌─────────────────────────────────┐
│ 工程监理单位签发监理通知单要求施工单位予以修复 │
└─────────────────────────────────┘
                 │
┌─────────────────────────────────┐
│   施工单位进行质量缺陷调查，         │
│ 提出经设计等相关单位认可的处理方案    │
└─────────────────────────────────┘
                 │
┌─────────────────────────────────┐
│ 工程监理单位审查施工单位报送的处理方案并签署意见 │
└─────────────────────────────────┘
                 │
┌─────────────────────────────────┐
│ 施工单位实施处理，工程监理单位对处理过 │
│ 程进行跟踪检查，对处理结果进行验收    │
└─────────────────────────────────┘
                 │
┌─────────────────────────────────┐
│ 工程监理单位应对工程质量缺陷原因      │
│ 进行调查分析并确定责任归属          │
└─────────────────────────────────┘
                 │
┌─────────────────────────────────┐
│ 对非施工单位原因造成的工程质量缺陷，工程监理单 │
│ 位核实施工单位申报的修复工程费用，签认工程款支付证书，并报建设单位 │
└─────────────────────────────────┘
                 │
┌─────────────────────────────────┐
│        对处理记录整理归档          │
└─────────────────────────────────┘
```

图 7-1　工程质量缺陷处理程序

（1）发生工程质量缺陷，工程监理单位安排监理人员进行检查和记录，并签发监理通知单，责成施工单位进行修复处理。

（2）施工单位进行质量缺陷调查，分析质量缺陷产生的原因，并提出经设计等相关单位认可的处理方案。

（3）工程监理单位审查施工单位报送的质量缺陷处理方案，并签署意见。

（4）施工单位按审查认可的处理方案实施修复处理，工程监理单位对处理过程进行跟踪检查，对处理结果进行验收。

（5）对非施工单位原因造成的工程质量缺陷，工程监理单位核实施工单位申报的修复工程费用，签认工程款支付证书，并报建设单位。

（6）对处理记录整理归档。

第二节　工程质量事故等级划分及处理

一、工程质量事故等级划分

依据《关于做好房屋建筑和市政基础设施工程质量事故报告和调查处理工作的通知》（建质〔2010〕111号），工程质量事故是指由于建设、勘察、设计、施工、监理等单位违反工程质量有关法律法规和工程建设标准，使工程产生结构安全、重要使用功能等方面的质量缺陷，造成人身伤亡或者重大经济损失的事故。根据工程质量事故造成的人员伤亡或者直接经济损失，工程质量事故分为4个等级：

（1）特别重大事故，是指造成30人以上死亡，或者100人以上重伤，或者1亿元以上直接经济损失的事故；

（2）重大事故，是指造成10人以上30人以下死亡，或者50人以上100人以下重伤，或者5000万元以上1亿元以下直接经济损失的事故；

（3）较大事故，是指造成3人以上10人以下死亡，或者10人以上50人以下重伤，或者1000万元以上5000万元以下直接经济损失的事故；

（4）一般事故，是指造成3人以下死亡，或者10人以下重伤，或者100万元以上1000万元以下直接经济损失的事故。

该等级划分所称的"以上"包括本数，所称的"以下"不包括本数。

二、工程质量事故处理

建设工程一旦发生质量事故，除相关行业有特殊要求外，应按照《关于做好房屋建筑和市政基础设施工程质量事故报告和调查处理工作的通告》（建质〔2010〕111号）的要求，由各级政府建设行政主管部门按事故等级划分开展相关的工程质量事故调查，明确相应责任单位，提出相应的处理意见。项目监理机构除积极配合做好上述工程质量事故调查外，还应做好由于事故对工程产生的结构安全及重要使用功能等方面的质量缺陷处理工作，为此，项目监理机构应掌握工程质量事故所造成缺陷的处理依据、程序和基本方法。

（一）工程质量事故处理的依据

进行工程质量事故处理的主要依据有四个方面：一是相关的法律法规；二是具有法律效力的工程承包合同、设计委托合同、材料或设备购销合同以及监理合同或分包合同等合同文件；三是质量事故的实况资料；四是有关的工程技术文件、资料、档案。

1. 相关法律法规

相关法律法规包括《中华人民共和国建筑法》《建设工程质量管理条例》等。《中华人民共和国建筑法》颁布实施，对加强建筑活动的监督管理，维护市场秩序，保证建设工程质量提供了法律保障。《建设工程质量管理条例》以及相关的配套法规的相继颁布，完善了工程质量及质量事故处理有关的法律法规体系。

2. 有关合同及合同文件

(1) 所涉及的合同文件可以是：工程承包合同（工程总分包合同）；勘察合同；设计合同；设备与器材购销合同；监理合同；基坑监测合同等。

(2) 有关合同和合同文件在处理质量事故中的作用是：确定在施工过程中有关各方是否按照合同有关条款实施其活动，借以探寻产生事故的可能原因。例如，施工单位是否在规定时间内通知项目监理机构进行隐蔽工程验收，项目监理机构是否按规定时间实施了检查验收；施工单位在材料进场时，是否按规定或约定进行了检验等。此外，有关合同文件还是界定质量责任的重要依据。

3. 质量事故的实况资料

要搞清质量事故的原因和确定处理对策，首要的是要掌握质量事故的实际情况。有关质量事故实况的资料主要来自以下几个方面：

(1) 施工单位的质量事故调查报告

质量事故发生后，施工单位有责任就所发生的质量事故进行周密的调查、研究，掌握情况，并在此基础上写出调查报告，提交项目监理机构和建设单位。在调查报告中首先就与质量事故有关的实际情况做详尽的说明，其内容应包括：

1) 质量事故发生的时间、地点、工程部位及工程情况。

2) 质量事故发生的简要经过，造成工程损失状况，伤亡人数和直接经济损失的初步估计。

3) 质量事故发展的情况（其范围是否继续扩大，程度是否已经稳定，是否已采取应急措施等）。

4) 事故原因的初步判断。

5) 质量事故调查中收集的有关数据和资料。

6) 涉及人员和主要责任者的情况。

(2) 项目监理机构所掌握的质量事故相关资料

其内容大致与施工单位调查报告中有关内容相似，可用来与施工单位所提供的情况对照、核实。

4. 有关的工程技术文件、资料和档案

(1) 有关的设计文件

如施工图纸和技术说明等。在处理质量事故中，其作用一方面是可以对照设计文件，核查施工质量是否完全符合设计的规定和要求；另一方面是可以根据所发生的质量事故情况，核查设计中是否存在问题或缺陷，成为导致质量事故的原因。

(2) 与施工有关的技术文件、档案和资料

与施工有关的技术文件、档案和资料主要包括：

1) 施工组织设计或施工方案、施工计划。

2) 施工记录、施工日志等。根据它们可以查对发生质量事故的工程施工时的情况，如：施工时的气温、降雨、风力、海浪等有关的自然条件；施工人员的情况；施工工艺与操作过程的情况；使用的材料情况；施工场地、工作面、交通等情况；地质及水文地质情况等。借助这些资料可以追溯和探寻事故的可能原因。

3）有关建筑材料的质量证明资料。例如，材料批次、出厂日期、出厂合格证或检验报告、施工单位抽检或试验报告等。

4）现场制备材料的质量证明资料。例如，混凝土拌合料的级配、水灰比、坍落度记录；混凝土试块强度试验报告；沥青拌合料配比、出机温度和摊铺温度记录等。

5）质量事故发生后，对事故状况的观测记录、试验记录或试验报告等。例如，对地基沉降的观测记录；对建筑物倾斜或变形的观测记录；对地基钻探取样记录与试验报告；对混凝土结构物钻取试样的记录与试验报告等。

上述各类技术资料对于分析质量事故原因，判断其发展变化趋势，推断事故影响及严重程度，确定处理措施等都是不可缺少的。

（二）工程质量事故处理程序

工程质量事故发生后，项目监理机构可按以下程序进行处理，如图 7-2 所示。

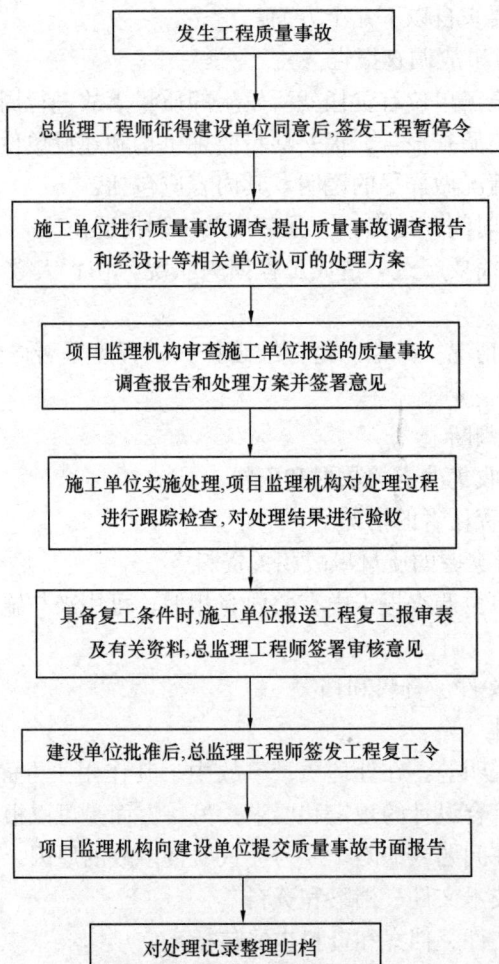

图 7-2　工程质量事故处理程序

（1）工程质量事故发生后，总监理工程师应签发工程暂停令，要求暂停质量事故部位和与其有关联部位的施工，要求施工单位采取必要的措施，防止事故扩大并保护好现场。同时，要求质量事故发生单位迅速按类别和等级向相应的主管部门上报。

（2）项目监理机构要求施工单位进行质量事故调查、分析质量事故产生的原因，并提交质量事故调查报告。

对于由质量事故调查组处理的，项目监理机构应积极配合，客观地提供相应证据。

（3）根据施工单位的质量调查报告或质量事故调查组提出的处理意见，项目监理机构要求相关单位完成技术处理方案。质量事故技术处理方案一般由施工单位提出，经原设计单位同意签认，并报建设单位批准。对于涉及结构安全和加固处理等的重大技术处理方案，一般由原设计单位提出。必要时，应要求相关单位组织专家论证，以确保处理方案可靠、可行、保证结构安全和使用功能。

（4）技术处理方案经相关各方签认后，项目监理机构应要求施工单位制定详细的施工方案。项目监理机构对处理过程进行跟踪检查，对处理结果进行验收。必要时应组织有关单位对处理结果进行鉴定。

（5）质量事故处理完毕后，具备工程复工条件时，施工单位提出复工申请，项目监理机构应审查施工单位报送的工程复工报审表及有关资料，符合要求后，总监理工程师签署审核意见，报建设单位批准后，签发工程复工令。

（6）项目监理机构应及时向建设单位提交质量事故书面报告，并应将完整的质量事故处理记录整理归档。质量事故书面报告应包括如下内容：

1）工程及各参建单位名称；

2）质量事故发生的时间、地点、工程部位；

3）事故发生的简要经过、造成工程损伤状况、伤亡人数和直接经济损失的初步估计；

4）事故发生原因的初步判断；

5）事故发生后采取的措施及处理方案；

6）事故处理的过程及结果。

（三）工程质量事故处理的基本方法

工程质量事故处理的基本方法包括工程质量事故处理方案的确定及工程质量事故处理后的鉴定验收。其目的是消除质量缺陷，以达到建筑物的安全可靠和正常使用功能及寿命要求，并保证后续施工的正常进行。其一般处理原则是：正确确定事故性质，是表面性还是实质性、是结构性还是一般性、是迫切性还是可缓性；正确确定处理范围，除直接发生部位，还应检查处理事故相邻影响作用范围的结构部位或构件。其处理基本要求是：安全可靠，不留隐患；满足建筑物的功能和使用要求；技术可行，经济合理。

1. 工程质量事故处理方案的确定

工程质量事故处理方案的确定，要以分析事故调查报告中事故原因为基础，结合实地勘查成果，并尽量满足建设单位的要求。因同类和同一性质的事故常可以选择不同的处理方案，在确定处理方案时，应审核其是否遵循一般处理原则和要求，尤其应重视工程实际条件，如建筑物实际状态、材料实测性能、各种作用的实际情况等，以确保做出正确判断和选择。尽管质量事故的技术处理方案多种多样，但根据质量事故的情况可归纳为三种类型的处理方案，监理人员应掌握从中选择最适用处理方案的方法，方能对相关单位上报的事故处理方案做出正确审核结论。

（1）工程质量事故处理方案类型

1）修补处理。这是最常用的一类处理方案。通常当工程的某个检验批、分项或分部工程的质量虽未达到规定的规范、标准或设计要求，存在一定缺陷，但通过修补或更换构配件、设备后还可达到要求的标准，又不影响使用功能和外观要求，在此情况下，可以进行修补处理。

属于修补处理类的具体方案很多，诸如封闭保护、复位纠偏、结构补强、表面处理等。某些事故造成的结构混凝土表面裂缝，可根据其受力情况，仅做表面封闭处理；某些混凝土结构表面的蜂窝、麻面，经调查分析，可进行剔凿、抹灰等表面处理，一般不会影响其使用和外观。

对较严重的质量缺陷，可能影响结构的安全性和使用功能，必须按一定的技术方案进行加固补强处理，这样往往会造成一些永久性缺陷，如改变结构外形尺寸，影响一些次要的使用功能等。

2) 返工处理。当工程质量未达到规定的标准和要求，存在的严重质量缺陷，对结构的使用和安全构成重大影响，且又无法通过修补处理的情况下，可对检验批、分项、分部工程甚至整个工程返工处理。例如，某防洪堤坝填筑压实后，其压实土的干密度未达到规定值，经核算将影响土体的稳定且不满足抗渗能力要求，可挖除不合格土，重新填筑，进行返工处理。对某些存在严重质量缺陷，且无法采用加固补强等修补处理或修补处理费用比原工程造价还高的工程，应进行整体拆除，全面返工。

3) 不做处理。某些工程质量缺陷虽然不符合规定的要求和标准构成质量事故，但视其严重情况，经过分析、论证、法定检测单位鉴定和设计等有关单位认可，对工程或结构使用及安全影响不大，也可不做专门处理。通常不用专门处理的情况有以下几种：

① 不影响结构安全和正常使用。例如，有的建筑物出现放线定位偏差，且严重超过规范标准规定，若要纠正会造成重大经济损失，若经过分析、论证其偏差不影响生产工艺和正常使用，在外观上也无明显影响，可不做处理。又如，某些隐蔽部位结构混凝土表面裂缝，经检查分析，属于表面养护不够的干缩微裂，不影响使用及外观，也可不做处理。

② 有些质量缺陷，经过后续工序可以弥补。例如，混凝土墙表面轻微麻面，可通过后续的抹灰、喷涂或刷白等工序弥补，亦可不做专门处理。

③ 经法定检测单位鉴定合格。例如，某检验批混凝土试块强度值不满足规范要求，强度不足，在法定检测单位对混凝土实体采用非破损检验方法，测定其实际强度已达规范允许和设计要求值时，可不做处理。对经检测未达要求值，但相差不多，经分析论证，只要使用前经再次检测达设计强度，也可不做处理。

④ 出现的质量缺陷，经检测鉴定达不到设计要求，但经原设计单位核算，仍能满足结构安全和使用功能。例如，某一结构构件截面尺寸不足，或材料强度不足，影响结构承载力，但经按实际检测所得截面尺寸和材料强度复核验算，仍能满足设计的承载力，可不进行专门处理。这是因为一般情况下，规范标准给出了满足安全和功能的最低限度要求，而设计往往在此基础上留有一定余量，这种处理方式实际上是挖掘了设计潜力或降低了设计的安全系数。

不论哪种情况，特别是不做处理的质量缺陷，均要备好必要的书面文件，对技术处理方案、不做处理结论和各方协商文件等有关档案资料认真组织签认。对责任方应承担的经济责任和合同中约定的罚则应正确判定。

(2) 选择最适用工程质量事故处理方案的辅助方法

选择工程质量处理方案，是复杂而重要的工作，它直接关系到工程的质量、费用和工期。处理方案选择不合理，不仅劳民伤财，严重的会留有隐患，危及人身安全，特别是对需要返工或不做处理的方案，更应慎重对待。下面给出一些可采取的选择工程质量事故处理方案的辅助决策方法。

1）试验验证。即对某些有严重质量缺陷的项目，可采取合同规定的常规试验以外的试验方法进一步进行验证，以便确定缺陷的严重程度。如，公路工程的沥青面层厚度误差超过了规范允许的范围，可采用弯沉试验，检查路面的整体强度等。监理人员可根据对试验验证结果的分析、论证，再研究选择最佳的处理方案。

2）定期观测。有些工程在发现其质量缺陷时，其状态可能尚未达到稳定仍会继续发展，在这种情况下一般不宜过早做出决定，可以对其进行一段时间的观测，然后再根据情况做出决定。属于这类的质量缺陷有桥墩或其他工程的基础在施工期间发生沉降超过预计的或规定的标准；混凝土表面发生裂缝，并处于发展状态等。有些有缺陷的工程，短期内其影响可能不十分明显，需要较长时间的观测才能得出结论。对此，项目监理机构应与建设单位及施工单位协商，是否可以留待责任期解决或采取修改合同，延长责任期的办法。

3）专家论证。对于某些工程质量缺陷，可能涉及的技术领域比较广泛，或问题很复杂，有时仅根据合同规定难以决策，这时可提请专家论证。而采用这种办法时，应事先做好充分准备，尽早为专家提供尽可能详尽的情况和资料，以便使专家能够进行较充分、全面和细致地分析、研究，提出切实的意见与建议。实践证明，采取这种方法，对于监理人员正确选择重大工程质量缺陷的处理方案十分有益。

4）方案比较。这是比较常用的一种方法。同类型和同一性质的事故可先设计多种处理方案，然后结合当地的资源情况、施工条件等逐项给出权重，进行对比，从而选择具有较高处理效果又便于施工的处理方案。例如，结构构件承载力达不到设计要求，可采用改变结构构造来减少结构内力、结构卸荷或结构补强等不同处理方案，可将其每一方案按经济、工期、效果等指标列项并分配相应权重值，进行对比，辅助决策。

2. 工程质量事故处理的鉴定验收

质量事故的技术处理是否达到了预期目的，消除了工程质量不合格和工程质量缺陷，是否仍留有隐患，项目监理机构应通过组织检查和必要的鉴定，对此进行验收并予以最终确认。

（1）检查验收

工程质量事故处理完成后，项目监理机构在施工单位自检合格的基础上，应严格按施工验收标准及有关规范的规定进行检查，依据质量事故技术处理方案设计要求，通过实际量测，检查各种资料数据进行验收，并应办理验收手续，组织各有关单位会签。

（2）必要的鉴定

为确保工程质量事故的处理效果，凡涉及结构承载力等使用安全和其他重要性能的处理工作，常需做必要的试验和检验鉴定工作。如果质量事故处理施工过程中建筑材料及构配件保证资料严重缺乏，或对检查验收结果各参与单位有争议时，常见的检验工作有：混凝土钻芯取样，用于检查密实性和裂缝修补效果，或检测实际强度；结构荷载试验，确定其实际承载力；超声波检测焊接或结构内部质量；池、罐、箱柜工程的渗漏检验等。检测鉴定必须委托具有资质的法定检测单位进行。

（3）验收结论

对所有质量事故无论经过技术处理，通过检查鉴定验收还是不需专门处理的，均应有明确的书面结论。若对后续工程施工有特定要求，或对建筑物使用有一定限制条件，应在结论中提出。验收结论通常有以下几种：

1）事故已排除，可以继续施工；

2）隐患已消除，结构安全有保证；

3）经修补处理后，完全能够满足使用要求；

4）基本上满足使用要求，但使用时应有附加限制条件，例如限制荷载等；

5）对耐久性的结论；

6）对建筑物外观影响的结论；

7）对短期内难以做出结论的，可提出进一步观测检验意见。

对于处理后符合现行国家标准《建筑工程施工质量验收统一标准》GB 50300 规定的，监理人员应予以验收、确认，并应注明责任方承担的经济责任。对经加固补强或返工处理仍不能满足安全使用要求的分部工程、单位（子单位）工程，应拒绝验收。

思 考 题

1. 试述工程质量缺陷处理的程序。

2. 简述工程质量事故的等级划分。

3. 工程质量事故处理的依据是什么？

4. 简述对工程质量事故原因进行分析的基本步骤和原理。

5. 简述工程质量事故处理的程序。

6. 质量事故处理方案确定的一般原则和基本要求是什么？

7. 质量事故处理可能采取的处理方案有哪几类？它们各适合在何种情况下采用？

第八章 设备采购和监造质量控制

设备采购和设备监造的质量控制工作也是监理单位控制工程质量的重要工作内容。本章着重介绍工程建设中设备采购和设备监造的共性质量控制工作。

第一节 设备采购质量控制

设备可通过市场采购、向生产厂家订货或招标采购等方式进行采购。项目监理机构在设备采购过程中的质量控制工作，主要体现在编制的设备采购与设备监造工作计划中的质量的要求以及对采购方案的编制或审查。

一、市场采购设备质量控制

市场采购方式主要用于对标准设备的采购。

（一）设备采购方案

设备由建设单位直接采购的，项目监理机构应协助建设单位编制设备采购方案；由总承包单位或设备安装单位采购的，项目监理机构应对总承包单位或设备安装单位编制的采购方案进行审查。

1. 设备采购方案的编制

设备采购方案应根据建设项目的总体计划和相关设计文件的要求编制，以使采购的设备符合设计文件要求。采购方案要明确设备采购的原则、范围和内容、程序、方式和方法，包括采购设备的类型、数量、质量要求、技术参数、供货周期要求、价格控制要求等要素。设备采购方案经建设单位的批准后方可实施。

2. 设备采购的原则

（1）应向有良好社会信誉、供货质量稳定的供货商进行采购；

（2）所采购设备应质量可靠，同时满足设计文件所确定的各项技术要求，以保证整个项目生产或运行的稳定性；

（3）所采购设备和配件价格合理、技术先进、交货及时，维修和保养能得到充分保障；

（4）符合国家对特定设备采购的相关政策法规规定。

3. 设备采购的范围和内容

根据设计文件，相关单位应对需采购的设备编制拟采购设备表以及相应的备品配件表，表中应包括名称、型号、规格、数量、主要技术参数、要求交货期，以及这些设备相应的图纸、数据表、技术规格、说明书、其他技术附件等。

（二）市场采购设备的质量控制要点

（1）为使采购的设备满足要求，负责设备采购质量控制的监理人员应熟悉和掌握设计文件中设备的各项要求、技术说明和规范标准。这些要求、说明和标准包括采购设备的名称、型号、规格、数量、技术性能，适用的制造和安装验收标准，要求的交货时间及交货方式与地点，以及其他技术参数、经济指标等各种资料和数据。同时，就上述要求、说明和标准中存在的问题，项目监理机构应通过建设单位向设计单位提出意见和建议。

（2）负责设备采购质量控制的监理人员应了解和把握总承包单位或设备安装单位负责设备采购人员的技术能力情况，这些人员应具备设备的专业知识，了解设备的技术要求、市场供货情况，熟悉合同条件及采购程序。

（3）总承包单位或安装单位负责采购设备的，采购前应向项目监理机构提交设备采购方案，按程序审查同意后方可实施。项目监理机构对设备采购方案的审查应包括，但不限于以下内容：采购的基本原则、范围和内容，依据的图纸、规范和标准、质量标准、检查及验收程序，质量文件要求，以及保证设备质量的具体措施等。

二、向生产厂家订购设备质量控制

选择一个合格的供货厂商，是向生产厂家订购设备质量控制工作的首要环节。因此，做好设备订购前的厂商初选入围与实地考察工作十分重要。

1. 合格供货厂商的初选入围

备选厂商应按照建设单位、监理单位或设备招标代理单位规定的评审内容，通过在各同类厂商中进行横向比较来确定。在评审过程中，可对以往的工程项目中有业务来往且实践表明能充分合作的厂商优先考虑。

对供货厂商进行初选的内容可包括以下几项：

（1）供货厂商的资质审查。

审查供货厂商的营业执照、生产许可证、经营范围是否涵盖了拟采购设备，对需要承担设计并制造专用设备的供货厂商或承担制造并安装设备的供货厂商，还应审查是否具有设计资格证书或安装资格证书。

（2）设备供货能力。包括企业的生产能力、装备条件、技术水平、工艺水平、人员组成、生产管理、质量的稳定性、财务状况的好坏、售后服务的优劣及企业的信誉，检测手段、人员素质、生产计划调度和文明生产的情况、工艺规程执行情况、质量管理体系运行情况、原材料和配套零部件及元器件采购渠道等。

（3）近几年供应、生产、制造类似设备的情况，目前正在生产的设备情况、生产制造设备情况、产品质量状况。

（4）过去几年的资金平衡表和资产负债表。

（5）需要另行分包采购的原材料、配套零部件及元器件的情况。

（6）各种检验检测手段及试验室资质。

（7）企业的各项生产、质量、技术、管理制度等的执行情况。

2. 实地考察

在初选确定备选供货厂商名单后，项目监理机构应与建设单位或采购单位一起对供货厂商做进一步现场实地考察调研，提出建议，与建设单位和相关单位一起做出考察结论。

三、招标采购设备的质量控制

设备招标采购一般用于大型、复杂、关键设备和成套设备及生产线设备的采购。

在设备招标采购阶段，项目监理机构应当好建设单位的参谋和助手，对设备订货合同中技术标准、质量标准等内容进行审查把关，具体内容包括：

（1）掌握设计对设备提出的要求。协助建设单位或设备招标代理单位起草招标文件、审查投标单位的资质情况和投标单位的设备供货能力，做好资格预审工作。

（2）参加对设备供货制造厂商或投标单位的考察，提出建议，与建设单位和相关单位一起做出考察结论。

（3）协助建设单位进行综合比较，对设备的制造质量、使用寿命和成本、维修的难易及备件的供应、安装调试组织，以及投标单位的生产管理、技术管理、质量管理和企业的信誉等做出评价。

（4）协助建设单位进行设备采购合同谈判，并应协助签订设备采购合同。

（5）协助建设单位向中标单位或设备供货厂商移交必要的技术文件。

第二节　设备监造质量控制

设备的制造过程是形成设备实体并使之具备所需要的技术性能和使用价值的过程。设备监造就是要督促和协调设备制造单位的工作，使制造出来的设备在技术性能上和质量上全面符合采购的要求，使设备的交货时间和价格符合合同的规定，并为以后的设备运输、储存与安装调试打下良好的基础。

一、设备制造的质量控制方式

设备监造是指监理单位依据监理合同和设备订货合同对设备制造过程进行的监督活动。对于某些重要的设备，项目监理机构应对设备制造厂生产制造的全过程实行监造。建设单位对设备采取直接采购或招标采购的，可通过监理合同委托监理单位实施监造设备由总承包单位或设备安装单位采购的，可自行安排监造人员，必要时也可由项目监理机构派出监造人员。对主要设备或关键设备，项目监理机构应将设备制造厂视为工程项目总承包单位的分包单位实施监理，按程序和要求做好监造工作。

（一）驻厂监造

对于特别重要的设备，监理单位可以采取驻厂方式进行监造。采取此方式实施设备监造时，项目监理机构应成立相应的监造小组，编制监造规划，由监造人员直接进驻设备制造厂的制造现场，实施设备制造全过程的质量监控。驻厂监造人员应及时了解设备制造过程质量的真实情况，负责审批设备制造工艺方案，实施过程控制，进行质量检查与控制，同时对出厂设备签署相应的质量证明文件。

（二）巡回监控

对某些设备（如制造周期长的设备），可采用巡回监控的方式。采取此方式实施设备监造时，质量控制的主要任务是督促制造厂商不断完善质量管理体系，审查设备制造生产计划和工艺方案，监督检查主要材料进厂使用的质量控制，复核专职质检人员质量检验的准确性、可靠性。设备监造人员应根据设备制造计划及生产工艺安排，在设备制造进入某一特定部位或某一阶段时，见证对完成的零件、半成品质量的复核性检验，对主要及关键零部件的制造工序进行抽检，参加整机装配及整机出厂前的检查验收，检查设备包装、运输的质量措施等。在设备制造过程中，监造人员还应定期及不定期地到制造现场，检查了解设备制造过程中的质量状况，做好相应记录，发现问题及时处理。

（三）定点监控

大部分设备可以采取定点监控的方式。定点监控通过对影响设备制造质量的诸多因素设置质量控制点，以做好预控及技术复核，从而实现设备制造过程中的质量控制。

1. 质量控制点的设置

　　质量控制点应设置在对设备制造质量有明显影响的特殊或关键工序上，或设置在设备的主要零件、关键部件、加工制造的薄弱环节及易产生质量缺陷的工艺过程上。常见的质量控制点包括：

　　(1) 设备制造图纸的复核；

　　(2) 制造工艺流程安排、加工设备精度的审查；

　　(3) 原材料、外购配件、零部件的进厂、出库，使用前的检查；

　　(4) 零部件、半成品的检查设备、检查方法、采用的标准；

　　(5) 专职质检人员、试验人员、操作人员的上岗资格，试验人员岗位职责及技术水平；

　　(6) 工序交接见证点；

　　(7) 成品零件的标识入库、出库管理；

　　(8) 零部件的现场装配；

　　(9) 出厂前整机性能检测（或预拼装）；

　　(10) 出厂前装箱的检查确认。

　　2. 质量控制点设置示例

　　例如，当机械类部件、电气自动化部件均是设备制造中的关键部件时，其质量控制点可设置为：

　　(1) 机械类部件：质量控制点应设置在调直处理、机械加工精度、组装等工序及工艺过程；

　　(2) 电气自动化部件：元件、组件、部件组装前的检查、组装过程、仪表安装、线路布线、空载和负荷试验等。

二、设备制造的质量控制内容

　　(一) 设备制造前的质量控制

　　1. 熟悉图纸、合同，掌握相关的标准、规范和规程，明确质量要求

　　在总监理工程师的组织和指导下，监理人员应熟悉和掌握设备制造图纸及有关技术说明和规范标准，掌握设计意图和各项设备制造的工艺规程要求以及采购订货合同中有关设备制造的各项规定和质量要求。

　　2. 明确设备制造过程的要求及质量标准

　　项目监理机构在参加建设单位组织的设备制造图纸的设计交底或图纸会审时，应进一步明确设备制造过程的要求及质量标准，对图纸中存在的差错或问题应通过建设单位向设计单位提出意见或建议。同时，项目监理机构应督促制造单位认真进行图纸核对，尤其对尺寸、公差、各种配合精度要求应及时进行技术澄清。

　　3. 审查设备制造的工艺方案

　　设备制造单位必须根据设备制造图纸和技术文件的要求，采用先进合理且切实可行的工艺技术与流程，运用科学管理的方法，将加工设备、工艺装备、操作技术、检测手段和材料、能源、劳动力等合理地组织起来，做好设备制造的生产技术准备。这种生产技术准备包括工艺设计、工艺装备设计与制造、主要及关键部件检验工艺设计和专用检测工具设计及制造、试车作业指导书、包装作业指导书、生产计划、外协作加工计划、原材料和毛坯准备、外购配件及元器件准备等。此外，当采用新工艺、新材料和新的工艺装备时，设

备制造单位应按相关要求和程序进行试验、论证或鉴定，并提供相关的质量认证材料和相关验收标准的适用性。只有经过项目监理机构审查批准的新工艺、新材料，才能在正式产品生产中实施运用。

4. 对设备制造分包单位的审查

总监理工程师应严格审查设备制造过程中的分包单位的资质情况，分包的范围和内容，分包单位的实际生产能力和质量管理体系，试验、检验手段等，符合要求的应予以确认。

5. 对检验计划和检验要求的审查

审查内容包括设备制造各阶段的检验部位、内容、方法、标准及检测手段，检测设备和仪器，制造厂的试验室资质，管理制度等，符合要求的应予以确认。

6. 对生产人员上岗资格的检查

项目监理机构应对设备制造的生产人员是否具有相应的技术操作证书、技术水平进行检查，符合要求的人员方可上岗，尤其针对特殊作业工种，如电焊工、模具钳工、装配钳工、专用设备的操作人员（如仿形铣床、数控车床等的操作人员），应加强管理。

7. 对用料的检查

项目监理机构应对设备制造过程中使用的原材料、外购标准件、配件、元器件以及坯料的材质证明书、合格证书等质量证明文件及制造厂自检的检验报告进行审查，并对外购器件、外协作加工件和材料进行质量验收，符合规定的方可使用。

（二）设备制造过程的质量控制

制造过程的质量控制，是设备制造质量控制的重点，制造过程涉及一系列不同的工序工艺作业，也涉及不同加工制造工艺形成的工序产品、零件、半成品。项目监理机构在设备制造过程中的监督和检验工作包括以下内容：

1. 对加工作业条件的控制

加工制造作业条件，包括作业开始前编制的工艺卡片、工艺流程、工艺要求，对操作者的技术交底，加工设备的完好情况及精度，加工制造车间的环境，生产调度安排，作业管理等，做好这些方面的控制可为加工制造打下良好的基础。

2. 对工序产品的检查与控制

对工序产品的监督和检查包括监督零件加工制造是否按工艺规程的规定进行、零件制造是否经检验合格（检验合格之后才能转入下一道工序）等。监督和检查还包括主要及关键零件的材质，主要及关键零件的关键工序以及它们的检验是否严格执行图纸和工艺规定。这种检查包括操作者自检与下道工序操作者的交接检查，车间或工厂质检科专业质检员的专业检查，以及项目监理机构必要的抽检、复验或检查。

3. 对不合格零件的处置

项目监理机构应掌握不合格零件的情况，分析产生的原因并指令设备制造单位消除造成不合格的因素。项目监理机构还应掌握返修零件的情况，检查返修工艺和返修文件的签署，检查返修件的质量是否符合要求。当项目监理机构认为设备制造单位的制造活动不符合质量要求时，应要求设备制造单位进行整改、返修或返工。当发生质量失控或重大质量事故时，应由总监理工程师签发暂停令，提出处理意见，并及时报告建设单位。

4. 对设计变更的处理

在设备制造过程中，如因设备订货方、原设计单位、监造单位或设备制造单位需要对设备的设计提出修改时，应由原设计单位出具书面设计变更通知或变更图，并由总监理工程师组织项目监理机构审查设计变更及协调因变更引起的费用增减和制造工期的变化。设计变更应得到建设单位的同意，各方会签后方可实施。设计变更不得降低设备质量。

5. 对零件、半成品、制成品的保护

项目监理机构应监督设备制造单位对已合格的零部件做好贮存、保管工作，防止产品遭受污染、锈蚀及控制系统的失灵，避免配件、备件的遗失。

（三）设备装配和整机性能检测

设备装配、试车和整机性能检测是设备制造质量的综合评定，是设备出厂前质量控制的重要检测阶段。

1. 设备装配过程的监督

装配是指将合格的零件和外购元器件、配件按设计图纸的要求和装配工艺的规定进行配合、定位和连接，将它们装配在一起并调整零件之间的关系，使之形成具有规定的技术性能的设备。项目监理机构应监督装配过程，检查配合面的配合质量、零部件的定位质量及它们的连接质量、运动件的运动精度等，符合装配质量要求后应予以签认。

2. 监督设备的调整试车和整机性能检测

按设计要求及合同规定，如设备需进行出厂前的试车或整机性能检测，项目监理机构应在接到制造厂的申请后进行审查，符合要求后应予以签认。

此时，总监理工程师应组织专业监理工程师参加设备的调整试车和整机性能检测，记录数据，验证设备是否达到合同规定的技术质量要求、是否符合设计和设备制造规程的规定，符合要求后应予以签认。

（四）质量记录资料

质量记录资料是设备制造过程质量情况的记录，它不但是设备出厂验收的内容，对今后的设备使用及维修也有意义。质量记录资料包括质量管理资料，设备制造依据，制造过程的检查、验收资料，设备制造原材料、构配件的质量资料等。

1. 设备制造单位质量管理检查资料

主要包括以下内容：质量管理制度、质量责任制、试验检验制度，试验、检测仪器设备质量证明资料，特殊工种、试验检测人员的上岗证书，分包制造单位的资质及制造单位对其的管理制度，原材料进场复验检查规定，零件、外购部件进场检查制度等。

2. 设备制造依据及工艺资料

设备制造依据主要包括制造检验技术标准，设计图审查记录，制造图、零件图、装配图、工艺流程图，工艺设计等；工艺资料包括工艺设备设计及制造资料，主要及关键部件检验工艺设计和专用检测工具设计制造资料等。

3. 设备制造材料的质量记录

主要包括原材料进厂合格资料，进厂后材料理化性能检测复验报告，外购零部件的质量证明资料。

4. 零部件加工检查验收资料

主要包括工序交接检查验收记录，焊接探伤检测报告，设备试装、试拼记录，整机性能检测资料，设计变更记录，不合格零配件处理返修记录等。

三、设备运输与交接的质量控制

（一）出厂前的检查

为防止零件锈蚀、使设备美观协调及满足其他方面的要求，设备制造单位必须对零件和设备涂抹防锈油脂或涂装漆，此项工作也常穿插在零件制造和装配中进行。

在设备运往现场前，项目监理机构应按设计要求检查设备制造单位对待运设备采取的防护和包装措施，并应检查是否符合运输、装卸、储存、安装的要求，以及相关的随机文件、装箱单和附件是否齐全，符合要求后由总监理工程师签认同意后方可出厂。

（二）设备运输的质量控制

为保证设备的质量，制造单位在设备运输前应做好包装工作并制订合理的运输方案。项目监理机构要对设备包装质量进行检查，并审查设备运输方案。

1. 包装的基本要求

（1）设备在运输过程中可能要经受多次装卸和搬运，为此，必须采取良好的防湿、防潮、防尘、防锈和防震等保护措施，确保设备安全无损运抵安装现场。

（2）必须按照国家或国际包装标准及订货合同约定的运输包装条款进行包装，满足验箱机构的检验要求。

（3）运输前应对放置形式、装卸起重位置等进行标识。

（4）运输前应核对、检查设备及其配件的相关随机文件、装箱单和附件等资料。

2. 运输方案的审查

（1）审查设备运输方案，特别是大型、关键设备的运输，包括运输前的准备工作，运输时间、运输方式、人员安排、起重和加固方案。

（2）对承运单位的审查，包括考察其承运实力、技术水平、运输条件及服务、信誉等。

（3）必要时应审查办理海关、保险业务的情况。

（4）审查运货台账、运输状态报告的准备情况。

（5）运输安全措施。

3. 设备交货地点的检查与清点

除对现场接货准备工作的检查外，设备交货的检查和清点内容包括：

（1）审查制定的开箱检验方案，以及检查措施的落实情况。

（2）按合同规定，在开箱前确定是否需要由设备制造单位、订货单位、建设单位、设计单位等单位代表参加设备交接。

（3）参加设备交货的清点，并做好必要的检查。

思 考 题

1. 设备采购的方式有哪几种？相应的质量控制工作主要是什么？
2. 设备制造的质量监控方式有哪几种？
3. 设备制造前的质量控制工作有哪些？
4. 如何做好设备制造过程中的质量控制工作？

第八章

参 考 文 献

1. 中国建设监理协会. 建设工程监理政策法规选编[M]. 北京：中国建筑工业出版社，2012.
2. 中国建设监理协会. 建设工程质量控制[M]. 北京：中国建筑工业出版社，2014.
3. 中国建设监理协会. 建设工程监理规范 GB/T 50319—2013 应用指南[M]. 北京：中国建筑工业出版社，2013.
4. 李明安，邓铁军，杨卫东. 工程项目管理理论与实务[M]. 长沙：湖南大学出版社，2012.
5. 李明安. 建设工程监理操作指南(第2版)[M]. 北京：中国建筑工业出版社，2017.
6. 邓铁军，邓世维. 工程建设项目管理(第4版)[M]. 武汉：武汉理工大学出版社，2018.
7. 吴松勤，高新京. 工程质量安全手册实施细则系列丛书[M]. 北京：中国建筑工业出版社，2019.
8. 中国建设教育协会，远大住宅工业集团股份有限公司. 预制装配式建筑监理质量控制要点[M]. 北京：中国建筑工业出版社，2019.

网上增值服务说明

　　为了给全国监理工程师职业资格考试人员提供更优质、持续的服务，我社为购买正版考试图书的读者免费提供网上增值服务，增值服务分为文档增值服务和视频增值服务，具体内容如下：

　　文档增值服务：主要包括各科目的考点解析、应试技巧、在线答疑，每本图书都会提供相应内容的增值服务。

　　视频增值服务：由权威老师进行网络在线授课，对考试用书重点难点内容进行全面讲解，旨在帮助考生掌握重点内容。视频涵盖所有考试科目，网上免费增值服务使用方法如下：

微信扫描 封面二维码	→	关注"建知云服务" 服务号	→	刮开封面增值服务码 涂层，扫描涂层下条 形码，验证	→	通过验证， 享受增值服务

　　注：增值服务从本书发行之日起开始提供，至次年新版图书上市时结束，提供形式为在线阅读、观看。如果输入卡号和密码或扫码后无法通过验证，请及时与我社联系。

　　Email：jls@cabp.com.cn

　　防盗版举报电话：010-58337026，举报查实重奖。

　　网上增值服务如有不完善之处，敬请广大读者谅解。欢迎提出宝贵意见和建议，谢谢！